JN409698

스마트 식품화학

FOOD CHEMISTRY

스마트 식품화학

이호재 · 김상오 · 노재필 · 신승호
이병호 · 이혜영 · 이희섭

수학사

머리말

프랑스의 미식평론가 브리야사바랭(Brillat-Savarin)은 일찍이 "국가의 운명은 국민들의 음식 선택에 달려 있다."라고 하였다. 그만큼 식품은 우리 생활에 있어 중요한 몫을 담당하고 있기에 사람들은 오랫동안 식품에 대한 과학적인 이해를 위하여 노력을 경주해 왔다. 식품과학의 영역은 식품의 생산, 가공, 평가, 이용 등의 광범위한 부분에 연계되어 있기에 이들 각 영역 간의 정보 교류 및 상호 협조를 필요로 한다. 따라서 식품과학은 인접 학문인 화학, 생물학, 생리학, 미생물학, 공학 등의 학문과 밀접하게 연계하여 발전하는 종합 학문의 성격을 띠고 있다.

우리가 다루는 식품화학은 식품과학의 핵심 학문 분야로서 특히 식품 재료가 음식의 형태로 식탁에 올라가는 순간까지의 모든 과정에서 발생하거나 발생할 수 있는 물리적, 화학적, 생화학적 변화를 이해하고 연구하는 학문이다.

현재 우리나라는 식생활 수준의 급속한 향상과 더불어 이에 부합하는 다양한 지식과 정보 제공이 더욱 요구되고 있는 실정이다. 그러나 아쉽게도 최근 고교 과정에서 화학에 대한 지식을 접하지 못한 학생들의 비율이 증가하면서 식품화학이 다소 어려운 교과목으로 인식되어 온 것이 사실이다.

따라서 본 교재에서는 먼저 식품을 이해하는 데 필요한 최소한의 화학적 지식을 보다 쉽게 이해하고 습득할 수 있도록 기초화학 내용을 도입부에 담았다. 그리고 전반부에서는 식품의 일반 성분의 특징 및 물리·화학적 변화를 다루고, 후반부에서는 비록 적은 양으로 함유되어 있지만 식품의 품질에 중요한 영향을 미치는 효소의 작용과 색, 맛 및 물성에 대한 내용을 포함하였다. 이어 마지막 장에서는 식품기사 및 산업기사 시험에서 요구하는 식품화학 실험에 관한 내용을 다루어 앞부분에서 다룬 이론적 지식의 실무 활용 측면을 보완할 수 있도록 하였다.

이 책을 기술하면서 공부하는 사람들이 흥미를 가질 수 있도록 가능한 한 도표와 그림을 많이 활용하고, 실무 이해에 도움이 되는 팁(tip)들을 적절하게 배치하였으므로 영양학, 조리학, 식품과학 등 식품과학 관련 전공자와 영양사, 식품기사 및 산업기사, 조리기능사 등의 자격증을 준비하는 사람들에게 유용한 지침서가 될 수 있을 것으로 기대한다.

끝으로 이 책을 이용하시는 독자 여러분의 많은 조언을 부탁드리며, 그동안 함께 원고를 정리해 주신 집필진 교수님들과 출간을 위해 애써주신 수학사 이영호 사장님을 비롯한 직원들께 깊은 감사를 드린다.

2021년 8월

저자 이호재

차례

CHAPTER 13 식품의 물성

CHAPTER 14 식품화학 실험

CHAPTER 1

식품과 식품화학

1. 식품이란

식품이란 '사람에게 필요한 영양소를 한 종류 이상 지니고 있으며 유해하지 않은 천연물 및 그 가공품'을 말한다. 우리나라 「식품위생법」에서는 '의약품을 제외한 모든 음식물'을 식품으로 정의하고 있다. 식품은 사람의 생명을 유지하고 활동을 하는 데 필요한 힘의 근원이 된다. 따라서 양질의 식품을 생산하고 공급하는 것은 국민의 건강을 향상시키고 건강한 사회를 만드는 기본이 된다. 바람직한 식품은 다음과 같은 조건을 충족해야 한다.

1) 영양성

식품은 신체의 성장 유지 및 대사 활동 등에 필요한 영양 성분이나 에너지를 공급할 수 있어야 한다. 그러나 사람에게 필요한 모든 영양소를 함유하고 있는 완벽한 식품이란 거의 없기 때문에 각 식품이 지니고 있는 영양소 함량을 고려하여 균형 있는 식단을 구성하여야 한다.

2) 안전성

식품은 인체에 해를 주지 않아 안심하고 먹을 수 있어야 한다. 식품의 안전성을 위협하는 요인은 식품 자체가 지니고 있는 경우도 있지만, 조리나 가공 과정에서 발생하거나 또는 위해 미생물의 생육에 의해 발생하기도 한다. 이들 위협 요인을 제거하여 소비자를 보호하고 안전한 식품을 제공하는 과정에서 식품과학자들의 역할이 매우 중요하다.

3) 기호성

식품은 섭취하기에 적당한 맛, 냄새, 물성, 색깔 등을 지님으로써 인간에게 먹는 즐거움과 행복을 제공한다. 소비자가 식품을 선택하는 과정에서 식품의 기호성은 직접적으로 요구되는 중요한 요소이다. 따라서 아무리 영양적으로 우수한 식품일지라도 기호성을 만족하지 못하면 식품으로서의 가치가 떨어지게 된다.

4) 경제성

식품은 적절한 비용으로 구입할 수 있어야 한다. 식품의 가격은 식품 원료의 생산량, 공급량, 자급률 등에 의해 영향을 받는다. 그리고 각 개인이나 국가의 경제적 여건에 따라 이용할 수 있는 식품의 종류는 많은 차이를 나타내기 때문에 경제성은 궁극적으로 식품의 선택에 영향을 미치게 된다.

Tip **바람직한 식품의 조건**

- 영양성 : 사람에게 필요한 영양소를 공급할 수 있어야 한다.
- 위생성 : 인체에 해를 주지 않아야 한다.
- 기호성 : 식욕을 증진시키는 기호적인 가치를 충족해야 한다.
- 경제성 : 적절한 가격을 유지해야 한다.

2. 식품의 분류

식품은 그 기원에 따라 식물성, 동물성 그리고 광물성 식품으로 나눌 수 있고, 생산 방식에 따라 농산식품, 수산식품, 축산식품, 가공식품 등으로 나눌 수 있다. 우리나라 「식품공전」에서는 식품의 원료로 사용되는 재료를 식물성 원료와 동물성 원료로 크게 나누고 나머지를 기타 항목으로 분류하고 있다. 식물성 원료에는 곡류, 두류(콩류), 서류(감자류), 채소류, 과실류, 견과류 등이 포함되어 있고, 동물성 원료에는 식육류, 우유류, 어류, 패류, 갑각류, 알류 등이 포함되어 있다(표 1-1).

표 1-1 • 식품 원료의 분류

대분류	소분류	품목
식물성 원료	곡류	쌀, 보리, 밀, 옥수수 등
	두류	대두, 팥, 강낭콩, 완두 등
	서류	감자, 고구마, 카사바, 토란, 곤약 등
	채소류	배추, 무, 부추, 호박, 오이, 가지 등
	과일류	감, 감귤류, 배, 복숭아, 사과, 포도 등
	견과류	땅콩, 아몬드, 밤, 호두 등
	유지식물류	참깨, 들깨, 검정깨, 유채씨, 홍화씨 등

(계속)

대분류	소분류	품목
식물성 원료	향신식물	로즈마리, 겨자, 계피, 강황, 후추 등
	버섯류	느타리버섯, 송이버섯, 싸리버섯, 표고버섯 등
	조류	김, 다시마, 매생이, 미역, 톳, 파래 등
	기타	차, 커피, 사탕무, 사탕수수, 감초 등
동물성 원료	식육류	쇠고기, 돼지, 양고기, 닭, 오리 등
	우유류	우유, 산양유 등
	알류	달걀, 오리알, 메추리알 등
	어류	갈치, 고등어, 다랑어, 멸치, 명태, 미꾸라지 등
	어란류	명태알, 연어알, 철갑상어알 등
	연체류	굴, 홍합, 전복, 문어, 오징어, 해파리 등
	갑각류	새우, 게, 바닷가재, 가재 등
	극피류	성게, 해삼 등
	피낭류	멍게, 미더덕 등
	기타	메뚜기, 식용개구리, 식용달팽이 등

자료 : 식품의약품안전처, 식품공전, 2020

3. 식품의 성분

식품에 함유되어 있는 성분은 여러 가지 기준에 의해 분류할 수 있지만 가장 널리 사용되는 분류 방법은, 대부분의 식품에 고르게 함유되어 있는 일반 성분과 특정 식품에만 많이 함유되어 있는 특수 성분으로 분류하는 방법이다.

일반 성분은 수분과 고형분으로 구분할 수 있는데 고형분에는 탄수화물, 지질, 단백질, 비타민 등의 유기물과 무기질이 포함되어 있다. 그리고 특수 성분에는 색소, 향기 성분, 맛 성분, 효소, 독성 성분 등이 포함된다.

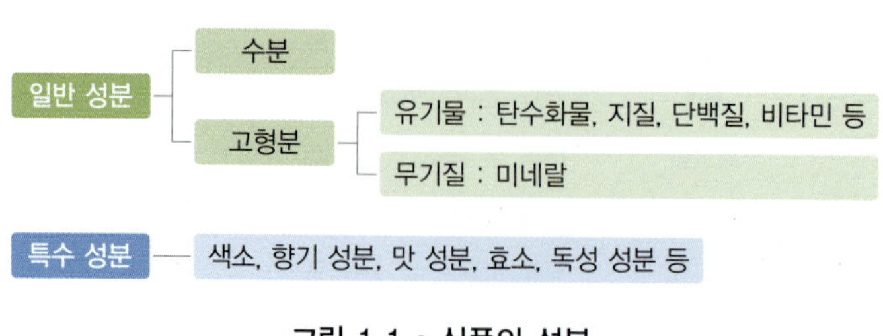

그림 1-1 • 식품의 성분

인간은 식품을 섭취함으로써 식품에 포함된 이들 성분을 체내에서 필요한 형태로 변화시켜 건강한 삶을 유지한다. 이러한 일련의 과정을 영양(nutrition)이라고 하는데 영양을 유지하기 위하여 식품으로부터 몸 안으로 받아들이는 물질을 영양소(nutrients)라고 부른다.

식품에 함유되어 있는 6가지 주요 영양소를 기능에 따라 분류하면 열량, 즉 에너지를 제공하는 역할을 하는 '열량소', 신체의 성장, 발달 및 몸을 구성하고 유지하는 성분이 되는 '구성소', 그리고 신체 기능을 조절하는 역할을 하는 '조절소' 등으로 구분할 수 있다.

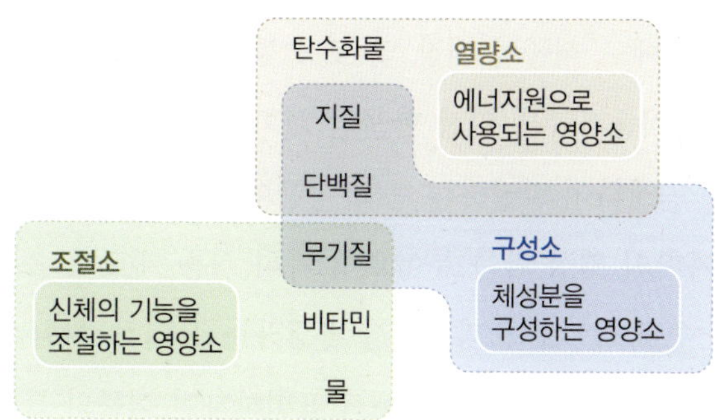

그림 1-2 • 기능에 따른 영양소의 분류

4. 식품과학과 식품화학

사람들은 오랫동안 식품을 과학적으로 이해하려고 노력해 왔다. 식품과학의 영역은 식품의 생산, 가공, 평가, 이용 등의 광범위한 부분에 걸쳐 있으며 이들 각 영역 간의 정보교류 및 상호 협조가 필수적이다.

먼저 식품의 생산은 농업이나 수산업을 통해 얻는 1차적 생산뿐만 아니라 생물공학적 방법이나 미생물을 이용한 생산 등의 방법까지 그 영역이 다양하게 확장되고 있다. 다음으로 식품의 가공은 식품 원재료의 형태나 크기를 바꾸는 단순 가공에서부터 식품의 유용한 성분만을 추출하거나 물리적, 또는 화학적인 성질을 변화시켜 새로운 식품의 형태를 만들어 내는 등의 과정을 포함한다. 이러한 일들은 유수한 식품 제조회사에서 현재 수행하고 있는 일들의 일부분에 포함된다. 식품을 조리하거나 가공하는 과정에서 수많은 성분의 변화가 발생하는데 이러한 변화가 좋은 방향으로 작용하는 경우도 있지만 바람직하지 않은 결과를 가져오는 경우도 있기 때문에 이러한 과정을 과학적으로 분석하고 예측하거나 유도하는 등의 노력이 필요하다. 이러한 시도에 의해 수집한 과학적 데이터의 적용이 새로운 조리 방법이나 식품가공 방법의 개발 성과로 나타나는 것이다.

그리고 식품영양 분야에서는 식품을 섭취하였을 때 몸 안에서 진행되는 대사 과정을 연구해서 영양 과정이 효율적으로 이루어질 수 있도록 식품의 섭취 균형과 섭취 방법 등에 관한 연구를 진행한다. 또 좋은 식품을 개발하고 이용하기 위해서는 식품의 성능과 만족도를 평가하는 기술이 필요하며, 이를 위한 관능검사, 소비자 조사 등의 기법이 활용되기도 한다. 이외에도 식품의 저장 및 포장 등 다양한 분야에 식품과학의 필요성이 대두된다. 따라서 식품과학은 인접 학문인 화학, 생물학, 생리학, 미생물학, 공학 등의 학문과 밀접하게 연계하여 발전하는 종합 학문이라고 할 수 있다.

식품화학은 식품과학의 핵심 학문 분야로서 특히 식품 재료가 음식의 형태로 식탁에 올라가는 순간까지 수행되는 모든 과정에서 발생하는 물리적, 화학적, 생화학적 변화를 이해하고 연구하는 학문이다. 좀 더 함축해서 표현하자면 식품의 특성을 화학적인 차원에서 연구하는 학문이라고 할 수 있다.

따라서 식품화학에서는 식품 성분의 구조 및 성질 등에 대하여 살펴보고, 식품의 조리와 가공 및 저장 중에 발생하는 식품 성분의 물리적, 화학적 변화에 대한 공부가 핵심을 이룬다. 그리고 인체의 영양생리를 화학적으로 연구하는 영양화학과도 아주 밀접하게 연관되어 있다.

따라서 본 교재의 전반부에서는 식품의 일반 성분의 종류와 특성에 대하여 살펴보고, 후반부에서는 식품의 특수 성분의 특성 및 역할에 대하여 살펴볼 것이다. 한편, 식품에 대한 화학적 이해를 위해서는 식품 성분의 조성을 확인할 필요가 있는데 이것은 식품화학 실험을 통해서 알아낼 수 있다. 마지막 장에서 다루는 식품화학 실험에 대한 기본적인 이론과 실제를 공부해 두면 식품화학을 효율적으로 공부하는 데 많은 도움이 될 것이다.

- 식품과학은 식품의 생산에서부터 최종 소비자가 식품을 섭취할 때까지의 일련의 과정과 관련한 모든 분야를 취급하는 종합 학문이다.
- 식품화학은 식품과학의 핵심 학문 분야로서 특히 식품 재료가 음식의 형태로 식탁에 올라가는 순간까지 수행되는 모든 과정에서 발생하는 물리적, 화학적, 생화학적 변화를 이해하고 연구하는 학문이다.
- 영양이란 식품에 포함된 성분을 체내에 필요한 형태로 변화시켜 건강을 유지하는 활동이다.
- 영양을 유지하기 위하여 식품으로부터 몸 안으로 받아들이는 물질을 영양소라고 부른다.
- 각각의 영양소는 인체에서 각기 다른 기능을 수행한다.

연습문제

1 바람직한 식품이 갖추어야 할 조건은?

2 식품에 함유되어 있는 영양소 중에서 열량소 역할을 하는 물질은?

3 인체의 성장, 발달 및 신체 유지에 필요한 영양소는?

정답

1 영양성, 위생성, 기호성, 경제성 **2** 탄수화물, 지질, 단백질 **3** 단백질, 지질, 무기질

CHAPTER 2

식품화학에 요구되는 기초화학

식품화학이라는 학문의 명칭에서부터 식품의 본질은 화학으로 파악할 수 있음을 알 수 있다. 화학은 물질에 대한 구성 요소, 구성 방법, 특징 등을 다루는 기초과학이며, 식품 또한 물질의 한 분류에 해당하므로 화학을 알지 못하고서는 식품의 구성 요소 등을 포함한 특징 및 특성을 제대로 알 수가 없다.

식품의 제조·가공·조리·저장·섭취·소화 등 식품과 관련된 제반 변화의 원리 및 규칙성을 이해하기 위해서는 '화학'이라는 범주를 벗어나서는 이해할 수 없는데 그 이유는 앞에서 설명한 바와 같이 식품 또한 하나의 물질이기 때문이다.

화학의 영역은 매우 방대하여 '양자'로 대표되는 미시적 개념에서부터 고분자 물질로 대표되는 거대 물질까지 있으나, 식품화학을 이해하기 위해 필요한 화학적 지식은 높은 수준의 영역에 해당하지는 않는다. 식품은 주로 탄소가 중심이 된 유기물로 구성되어 있기 때문에 이 책에서 소개하는 수준의 화학적 개념 및 원리를 이해해도 식품화학을 학습하는 데는 큰 문제가 없으리라 예상된다.

우리는 흔히 '유기적(organic)'이라는 용어를 자주 사용한다. 이 용어는 화학에서 탄소를 중심으로 여러 원자들이 연결되어 하나의 분자를 형성하여 고유의 특성을 나타냄을 말하는 용어이다. 유기적이라는 용어에는 결합이라는 개념이 필수적으로 수반되는데, 결합을 이해하려면 결합하는 물질(원소와 원자), 결합 요인(octet rule 등), 결합 방식(이온 및 공유결합 등), 주요 결합 물질(작용기 등) 등을 이해할 수 있으면 된다. 마지막으로 유기 물질이 가지고 있는 특징 중 하나인 이성질체(isomer)를 파악할 수 있으면 식품을 이해하기 위해 요구되는 화학적 기초 지식을 알고 있다고 하여도 무방할 것이다. 우리가 공부를 하는 이유는 무지에서 오는 두려움을 걷어내기 위한 것이고, 처음에는 누구나 무지에서 시작하니, 두려움을 떨쳐내고 화학에 관한 공부를 차근차근하여 화학을 알아가면서 느낄 수 있는 기쁨을 즐겨 보기로 하자.

1. 원소와 원자

1808년 영국의 과학자 존 돌턴(John Dalton, 1766~1844)에 의해서 주창된 원자(atom)는 물질을 구성하는 작은 입자로 더 이상 쪼개지지 않는 기본 구성 물질을 말한다. 물론 200년이 지난 현대 과학에서는 원자가 양성자, 중성자, 전자 등으로 구성되어 있음을 알게 되었지만, 존 돌턴이 확립한 원자라는 용어는 원소(elements)와 함께 화학에서 가장 유용하게 사용되며, 원자와 원소는 약간의 개념 차이는 있지만 혼용해서 사용해도 무방하리라고 생각한다.

주기율표상에 등재된 원소는 약 120종이나, 현재 공식적으로 자연계에 존재하는 원소는 90여 종이 확인되었으며, 이 중 20개 정도만이 생명체를 구성하고 있다. 특히 탄소(C), 수소(H), 산소(O) 및 질소(N)의 4가지 원소는 식품 및 생명체를 구성하는 대표적 원소에 해당하며, 식품의 주요 영양성분인 탄수화물, 지질, 단백질 또한 대부분 위의 4개 원소로 구성되어 있다.

원소는 고유의 영문 및 한글명 그리고 원소기호가 있는데, 주로 원소기호를 사용하여 표시한다. 원소기호는 특별히 중복되지 않는 한 알파벳의 첫 글자를 인용하여 사용한다. 대표적 예로, 수소(hydrogen)는 H로, 산소(oxygen)는 O로, 탄소(carbon)는 C로, 질소(nitrogen)는 N으로 나타내는 방식이다. 식품을 구성하는 원소는 몇 가지 되지 않기 때문에 주요 원소기호를 암기해 두면 전체 원소기호를 모르더라도 식품화학을 학습하는 데 큰 무리는 없다(표 2-1).

표 2-1 • 식품화학에서 자주 언급되는 주요 원소와 원소기호

한글명	영문명	원소기호	한글명	영문명	원소기호
수소	hydrogen	H	인	phosphorus	P
탄소	carbon	C	염소	chlorine	Cl
질소	nitrogen	N	황	sulfur	S
산소	oxygen	O	칼륨	potassium	K
나트륨	sodium	Na	칼슘	calcium	Ca
마그네슘	magnesium	Mg	철	iron	Fe
요오드	iodine	I	구리	copper	Cu

2. 화합물과 분자

화합물은 앞에서 학습한 원소 또는 원자 자체만으로 존재하는 경우는 매우 드물며, 우리가 주변에서 자주 접하는 물질들은 거의 대부분이 원자들 간의 결합으로 이루어진 '화합물(compound)'로 되어 있다. 원자의 결합으로 이루어진 화합물은 그 물질만의 고유한 특성을 보이게 마련인데, 이런 고유의 특성을 보이는 화합물을 분자(molecule)라고 명명한다. 우리의 생명 유지에 가장 필요한 물(H_2O)은 산소(O) 원자 1개에 수소(H) 원자 2개가 결합한 것으로, 그 비율은 항상 일정하며, 그 비율이 다른 것은 전혀 다른 물질이다. 이때 원자의 종류는 원소기호로 나타내고 원자 수의 비율은 원소기호 뒤에 아래 첨자로 나타내며, 화합물의 개수를 표현할 때는 화학식의 앞에 숫자로 표기하여 나타낸다.

원자의 종류 H, O
원자 수의 비율 2:1

$$H_2O$$

예) 물 분자 2개

$$2H_2O$$

그림 2-1 • 화합물 표기의 예

3. 원자를 구성하는 소립자

현대 과학이 확립되기 전에는 원자는 더 이상 깨지지 않는 물질로 인식되었으며, 현대 과학에서는 원자가 양성자, 중성자 그리고 전자로 구성되어 있음을 알게 되었다. 이러한 원자의 구성 물질을 소립자(elementary particle)라고 하며, 이들의 특성을 알아야 원자량, 나아가 결합의 원리까지도 이해할 수 있다.

먼저 양성자(proton)는 원자의 중심에 해당하는 핵에 위치하며 (+)전하를 띠고 있다. 중성자(neutron) 또한 원자의 핵에 위치하지만 전하를 띠지 않으며, 그 질량은 양성자와 거의 비슷하다. 그리고 원자핵의 주변에는 (−)전하를 띠고 있는 전자(electron)가 빠르게 회전하고 있는데 그 궤도의 반지름은 핵의 반지름의 약 10^5배로 매우 큰 반경으로 회전하고 있으며, 그 질량이 양성자나 중성자에 비하여 현저하게 적어 질량수를 계산할 때 포함시키지 않는다. 이온화 상태가 아닌 정상상태에서는 원자 내 양성자와 전자의 수는 동일하여, 전기적으로 중성을 나타낸다.

모든 원자는 고유의 원자번호(atomic number)를 지니고 있는데 이 원자번호는 곧 해당 원자에 존재하는 양성자의 숫자이다. 전자의 경우 경우에 따라 탈락 또는 유입될 수 있으나, 양성자의 개수는 항상 일정하므로 원자번호는 양성자를 나타낸다. 예를 들

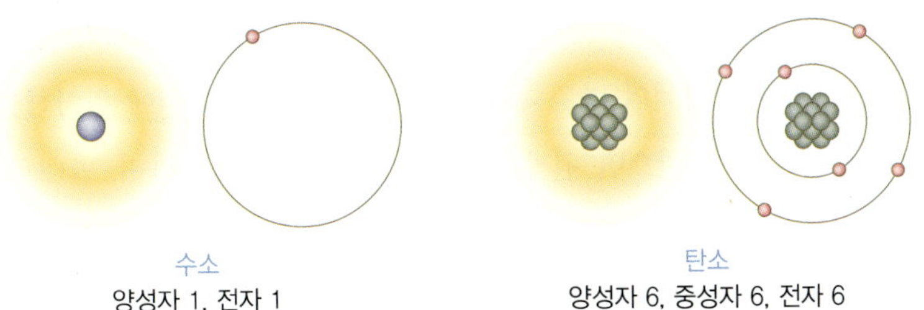

그림 2-2 • 수소와 탄소 원자의 모형

어 양성자 1개를 갖는 수소는 원자번호가 1이며, 6개를 지닌 탄소는 원자번호가 6이다(그림 2-2).

그리고 원자핵의 양성자 수와 중성자 수를 더한 값을 그 원소의 질량수(mass number)라고 한다. 예를 들면 탄소는 양성자(6개)와 중성자(6개)를 더한 12가 질량수이다. 자연계에 존재하는 양은 적으나 동일한 원자 내에 중성자 수가 달리 존재하는 경우가 있는데 이를 동위원소(isotope)라 하며, 탄소 원자 내 중성자가 7개 또는 8개로 존재하는 경우도 있다. 이때의 질량수는 순서대로 13, 14가 되며, 특히 탄소 원자 내 동위원소의 존재 비율은 화석의 연대 측정에 활용된다.

> **Tip 탄소 동위원소 연대 측정법**
>
> 탄소는 자연계에서 ^{12}C(원자량이 12), ^{13}C(원자량이 13), ^{14}C(원자량이 14)의 세 가지 동위원소 형태로 존재한다. 압도적으로 ^{12}C의 양이 많으나 ^{13}C 및 ^{14}C도 존재한다. 이 중 ^{14}C는 안정한 동위원소가 아니어서 약 5730년의 반감기를 보이며 서서히 사라진다. 반감기는 처음에 있던 원소의 양이 1/2로 줄어드는 데 걸리는 시간을 말한다. 생명체가 살아 있을 경우 탄소의 동위원소의 비율은 일정하게 유지되나, 죽을 경우 ^{14}C의 양은 서서히 줄어든다.
>
> 탄소 연대 측정법은 ^{14}C의 양을 측정하여 사망 연대를 추정하는 방법으로, 특히 고고학, 지질학 등에서 많이 사용된다.

4. 이온결합

화합물을 형성 및 유지하는 화학결합에는 여러 가지 종류가 있지만 식품 내 존재하는 결합은 대부분 이온결합(ionic bond)과 공유결합(covalent bond)이다.

이온결합을 알기 위해서 먼저 '이온(ion)'의 개념을 알아야 한다.

정상상태의 원자는 항상 같은 숫자의 양성자와 전자가 존재하므로 전기(charge)를 띠고 있지 않다. 그러나 원자핵의 바깥쪽을 돌고 있는 전자는 중심에 위치하는 양성자와는 달리 특정한 에너지를 받으면 원자 내부로부터 방출되기도 하며, 반대로 원자 내로 다른 전자가 전자궤도 안으로 유입되어 원자 내의 양전하와 음전하의 균형이 깨져 결국 전기를 띠는 경우가 발생한다.

예를 들어 어떤 원자가 정상상태보다 전자를 더 얻게 되면 양성자의 수보다 전자의 수가 많아져 결과적으로 유입된 전자의 숫자만큼 음전하의 양이 증가한다. 만약 전자 1개가 유입되면 전하 값은 –1이, 그리고 2개가 유입되면 전하 값은 –2가 된다.

반대로 전자를 잃어버리면 원자 내 존재하는 전자의 수가 양성자의 수보다 적게 되어 탈락된 전자의 숫자만큼 (+)전하가 증가하게 된다. 만약 전자 1개가 탈락되면 전하 값은 +1이, 그리고 2개 탈락되면 전하 값은 +2가 된다. 이처럼 전자의 유입 또는 탈락에 의해 전기를 띠지 않던 원자가 (+)전기 또는 (–)전기를 띠게 되어 (+) 또는 (–) 전하 값을 갖게 된 원자 또는 원자단을 '이온'이라고 부른다.

원자 사이의 화학결합은 본질적으로 전자의 이동 및 공유와 관련이 있지만 원자 내의 모든 원자가 결합에 관여하는 것은 아니며, 원자핵의 최외각에 위치한 전자만이 관여하는데 이들 최외각 전자를 '원자가 전자'라고 부른다. 원자가 전자의 개념을 정확히 이해하려면 원자궤도함수인 오비탈(orbital)의 개념 및 특성을 이해해야 하는데, 오비탈의 특징을 한마디로 요약하면 옥텟 규칙(octet rule)이라 할 수 있다. 옥텟 규칙은 수소와 헬륨을 제외한 대부분의 원자가 최외각 전자로 8개를 유지하는 성질을 말한다.(5. 공유결합 참조)

염소 원자의 경우, 원자번호가 17이다. 최외각 전자가 7개로 세 번째 오비탈 준위에 전자가 1개가 더 있어야 옥텟 규칙을 만족할 수 있다. 따라서 염소는 다른 원자로부터 전자 1개를 받아들여서 옥텟 규칙을 만족시키고자 하는 원자이다. 염소가 1개의 원자를 받아들일 경우 염소 원자는 음이온(Cl^-)이 된다. 반대로 나트륨 원자의 경우 원자번호가 11이며, 최외각 전자가 세 번째 오비탈 준위에 1개 존재한다. 이런 경우 7개의 전자를 유입하는 것보다는 1개의 전자를 탈락시키는 것이 옥텟 규칙을 만족시키기에 훨씬 유리할 것이다. 따라서 나트륨 원자는 전자 1개를 탈락시키려는 경향이 생기고, 전자 1개가 탈락하였을 경우 양이온(Na^+)이 되는 것이다(그림 2-3).

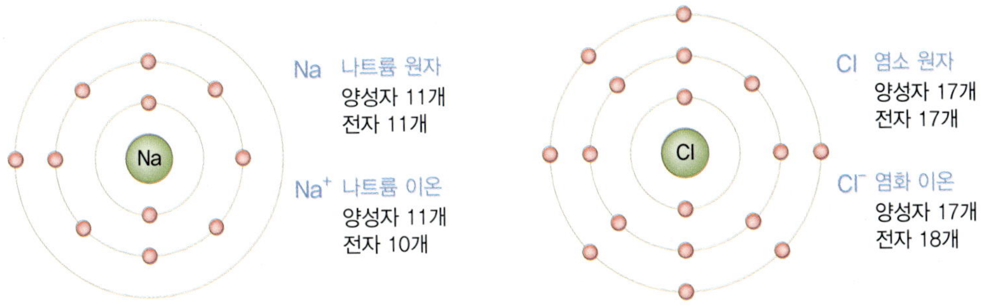

그림 2-3 • 나트륨 이온과 염화 이온

표 2-2에 식품에서 존재하는 주요 이온을 정리하였다. 표 2-2에 정리한 이온 또는 이온단의 명칭을 이해하는 것은 매우 중요하다. 이는 식품에서 자주 언급되며 실질적으로 사용되는 용어이기 때문이다.

이온의 한글명은 양이온의 경우 이름 뒤에 '– 이온'으로 표시하지만, 음이온의 경우에는 발음의 편리를 위해 '–화 이온'으로 표시하는 경우도 있다. 예를 들면 염소는 '염소 이온'이 아니라 '염화 이온'이라고 부르고, 'OH^-'의 경우는 수산화 이온으로 명칭하며, 수산화 이온의 경우 단일 원자가 아닌 2개 이상의 원자가 결합하여 이온을 형성하므로 이를 복합 이온 또는 이온단이라고도 부른다.

이온결합은 본질적으로 양이온과 음이온 사이에서 발생하는 정전기적 인력에 의한 결합을 말하며, 이때 정상상태의 이온결합 화합물을 구성하는 양전하의 양과 음전하의

표 2-2 • 식품에서 자주 언급되는 양이온과 음이온

	이온 이름	기호	이온 이름	기호
양이온	수소 이온	H^+	칼슘 이온	Ca^{2+}
	칼륨 이온	K^+	마그네슘 이온	Mg^{2+}
	나트륨 이온	Na^+	아연 이온	Zn^{2+}
	암모늄 이온	NH_4^+	구리 이온	Cu^{2+}
음이온	염화 이온	Cl^-	시안화 이온	CN^-
	수산화 이온	OH^-	황산 이온	SO_4^{2-}
	초산 이온	CH_3COO^-	질산 이온	NO_3^-
	탄산 이온	CO_3^{2-}	아질산 이온	NO_2^{2-}
	인산 이온	PO_4^{3-}	과산화 이온	O_2^{2-}

양이 같아 전기적으로 중성을 나타내고 있다. 예를 들면 염화나트륨(NaCl)은 (+)전하를 띠는 나트륨 이온 1개와 (−)전하를 띠는 염화 이온이 각각 1개씩 결합하여 Na^+Cl^-의 형태로 결합하는데, 결과적으로 전하가 상쇄되어 간단하게 NaCl로 나타낸다. 염화칼슘의 경우에는 칼슘 이온은 2개의 전자를 잃어 2^+의 전하를 지니고 있으므로 염화칼슘에는 칼슘 이온 1개당 2개의 염화 이온이 결합하여야 전기적으로 중성을 나타내게 된다. 따라서 염화칼슘의 화학식은 $Ca^{2+}+2Cl^-$의 형태로 결합하고 있으며, $CaCl_2$라고 표기한다.

염화나트륨이나 염화칼슘의 명칭처럼 이온결합 화합물의 명칭은 음이온 이름을 먼저 쓰고 이어서 양이온 이름을 나열해서 통칭한다.

5. 공유결합

식품은 대부분 유기물로 구성되어 있으며, 이들 유기물들은 대부분 공유결합의 형태로 존재한다. 공유결합은 전자를 한 쌍 이상 두 원자가 서로 공유하는 화학적인 결합 상태이다. 이때 전자를 공유하는 원리는 수소를 제외하고는 대부분 앞에서 언급한 옥텟 규칙이 적용된다. 즉 원자의 가장 바깥쪽에 위치한 원자가 전자(또는 최외각 전자)가 2개 또는 8개로 완전히 채워지면 에너지 준위가 매우 안정한 상태의 화합물이 형성되는 원리이다. 공유결합이란 두 원자가 자신의 원자가 전자를 서로 간에 공유함으로써 옥텟 규칙을 만족시키는 안정된 전자 배치를 만들면서 결합하는 것을 말한다.

물(H_2O)의 경우를 예를 들어 보자. 수소는 원자가 전자가 1개이고 산소는 6개이다. 두 원자 옥텟 규칙을 만족시키기 못하고 있어 불안정한 상태이지만 그림 2-4의 우측의 모양처럼 상호 간의 전자를 공유하는 방식으로 안정한 상태를 만든다.

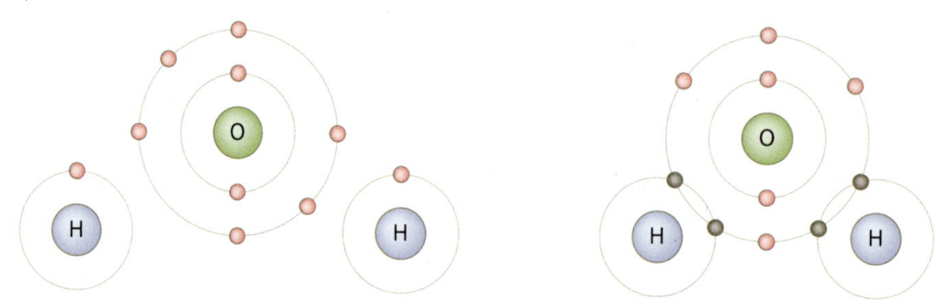

그림 2-4 • 산소와 수소 원자의 공유결합

이렇게 공유결합을 하게 되면 수소의 원자가 전자는 2개가 되고 산소는 원자가 전자가 8개가 되기 때문에 양쪽 모두 안정한 상태를 유지할 수 있어 결합한 형태의 새로운 화합물, 즉 분자가 탄생하게 된다. 공유결합은 이온결합처럼 전기적인 인력에 의한 결합이 아니라 각각의 핵 안에 있는 양성자가 전자를 끌어당기는 인력에 의해 공유하고 있으며, 이렇게 전자를 끌어당기는 인력의 정도를 전기음성도(electron negativity)라고 한다. 두 원자 간 전기음성도의 차이가 나는 공유결합을 극성 공유결합이라고 하며 물 분자가 대표적인 예이다. 또 두 원자 간 전기음성도 차이가 나지 않는 공유결합을 비극성 공유결합이라고 하며 Cl_2 같은 경우가 대표적인 예라고 할 수 있다. 식품을 주로 구성하는 탄소, 수소, 산소, 질소 등은 공유결합을 하는 대표적 원소이므로 식품을 구성하는 영양 성분인 탄수화물, 지질, 단백질, 물까지도 모두 공유결합의 형태로 구성되어 있다.

어떤 원자가 옥텟 규칙을 만족시키려면 때로는 한 쌍 이상의 전자를 공유해야 할 경우도 있다. 이때 두 원자가 공유하고 있는 한 쌍의 전자는 양쪽의 원소기호 사이에 단일 선으로 표시하고, 같은 원리로 이중결합은 2개, 삼중결합은 3개의 선으로 연결하면 된다(그림 2-5). 단, 원자의 공유되지 않은 전자들은 대개 생략하고 그린다. 공유결합은 아니지만 식품에서 종종 언급되는 결합으로 수소결합이 있다. 이는 이온결합이나 공유결합처럼 분자 내의 결합을 설명하는 것이 아니라 분사 간의 상호작용(interaction)을 설명하는 결합 형태로, 특히 수소가 이웃하는 분자의 원소 중 F, O, N 등과의 상호작용을 말하며, 물의 특성을 설명할 때 반드시 언급되는 결합이므로 간단히 설명하였다.

공유결합 화합물을 살펴보면 각각의 원자는 자신의 옥텟 규칙을 완성하기 위해 부족한 전자들의 수가 다르기 때문에 공유할 수 있는 전자의 수도 다를 수밖에 없다. 이때 각각의 원자가 공유할 수 있는 원자의 개수를 '공유결합능'이라고 부른다(표 2-3).

메테인(CH_4, 일반적으로 메탄으로 불리기도 함)은 탄소(C) 원자가 가지는 4개의 공유결합

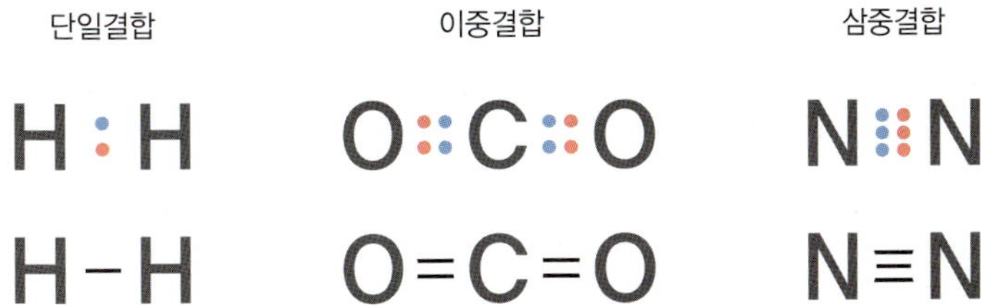

그림 2-5 • 공유결합의 간결한 표시 방법

표 2-3 • 주요 원소의 공유결합능

원소 이름	기호	공유결합능	원소 이름	기호	공유결합능
탄소	−C− (위아래 결합선)	4	산소	−O−	2
수소	H−	1	질소	N (세 결합선)	3

능과 수소(H) 원자가 가지는 1개의 공유결합능 4개를 각각 연결하면 결합이 완성된다.

그림 2-6에서처럼 분자 내에서 원자들이 결합하고 있는 모양에 따라 화합물을 표시한 화학식을 구조식(structure formula)이라고 한다. 화학식에는 표시 방법에 따라 실험

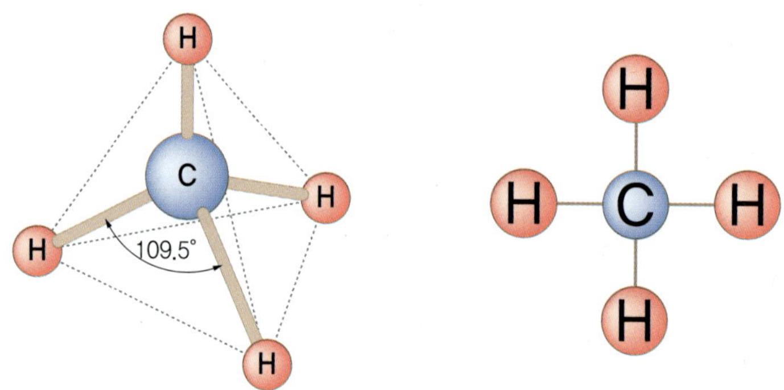

그림 2-6 • 메테인의 화학 구조 및 구조식

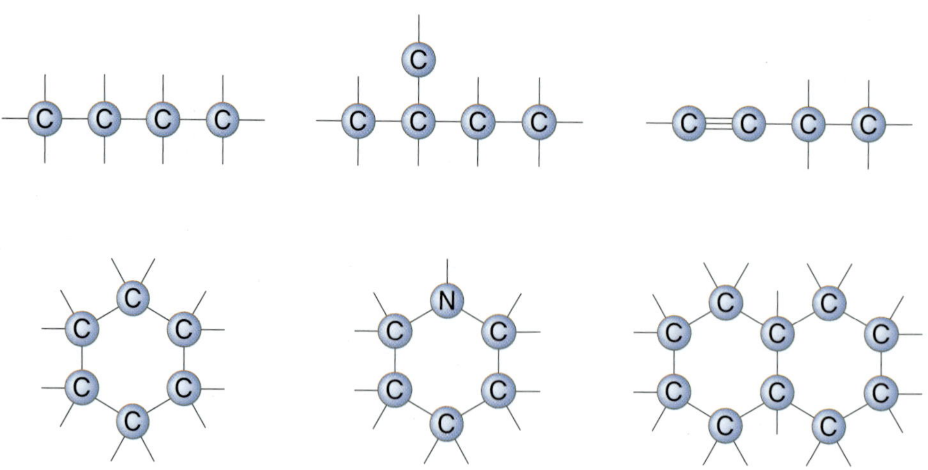

그림 2-7 • 탄소의 다양한 공유결합

식, 분자식, 시성식, 구조식 등의 종류가 있는데 실험식은 거의 사용되지 않고, 나머지 3개의 경우가 설명하고자 하는 목적에 따라 사용되고 있다.

앞에서 언급한 대로 식품의 주성분인 탄수화물, 지질, 단백질은 주로 탄소, 수소, 산소, 질소 등 비금속 원자들로 이루어져 있어 공유결합의 형태를 유지하고 있는데, 이때의 공유결합의 강도는 이온결합보다 훨씬 강하다. 특히 유기물과 무기물을 결정짓는 탄소의 경우 4개의 공유결합능을 보유하고 있어 다양한 결합 형태가 가능하고, 가지 형태나 고리 형태의 구조를 형성하기도 한다(그림 2-7). 이러한 탄소의 다양한 결합 형태는 결합에 참여하는 원자의 종류와 개수는 같지만, 구조와 성질이 다른 이성질체라는 특수한 결과를 가져오는데 이는 뒷부분에 간략히 소개하고자 한다.

Tip 원자가 전자

원자 내의 전자들이 모두 화학결합을 형성하는 데 사용될 수 있는 것은 아니며, 화학결합에 이용될 수 있는 전자들을 원자가 전자(valence electron, 또는 최외각 전자)라고 부른다. 아래 그림처럼 수소는 1개, 탄소는 4개, 질소는 5개 그리고 산소는 6개의 원자가 전자를 지니고 있으며, 그림처럼 표시하는 방법을 루이스의 전자점 구조식(Lewis electron dot formulas)이라고 한다.

H· ·C· :N· :O:

원자들은 공유결합이나 이온결합을 통하여, 자신의 원자가 전자를 8개로 만들려고 하는 성질이 있는데, 예외적으로 수소처럼 전자가 1개인 원소의 경우 원자가 전자 2개를 가지는 헬륨과 비슷한 배치를 하는 듀엣(duet) 구조를 형성한다(그림 2-8).

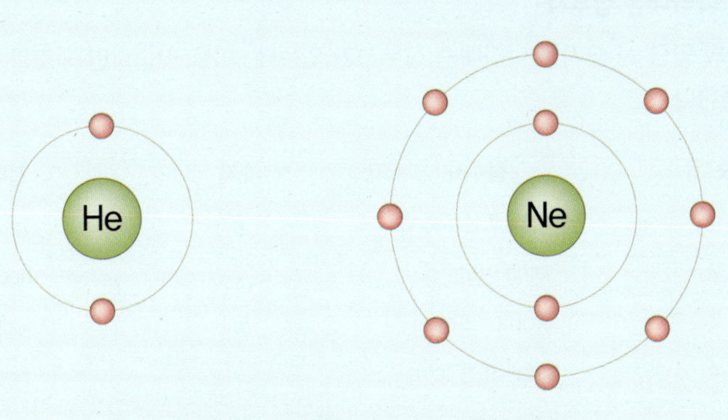

그림 2-8 • 헬륨과 네온의 전자 배치

6. 탄화수소

식품 또는 생명체를 구성하고 있는 유기화합물(organic compound)은 적어도 1개 이상의 탄소를 지니고 있는 화합물이다. 유기화합물 중에서 가장 간단한 조성을 가진 것은 탄소와 수소만으로 이루어진 화합물로 이들을 탄화수소(hydrocarbon)라고 부르며, 유기화학의 기초적 물질이라고 할 수 있다. 탄화수소는 탄소와 결합하고 있는 형태에 따라 지방족 탄화수소와 방향족 탄화수소로 구분되는데, 지방족 탄화수소는 탄화수소가 사슬처럼 일렬로 배열한 모양을 말하며, 방향족이란 고리 모양을 형성하고 있는 탄화수소 물질을 말한다. 지방족 탄화수소는 일반적으로 지질의 구조에서 많이 발견되며, 방향족의 경우 대부분 고리 형태의 물질이 냄새를 갖는 특성에서 유래하였다. 탄화

표 2-4 • 대표적인 포화탄화수소의 명칭

이름	화학식	이름	화학식
메테인(methane)	CH_4	옥테인(octhane)	C_8H_{18}
에테인(ethane)	C_2H_6	노네인(nonane)	C_9H_{20}
프로페인(propane)	C_3H_8	데케인(decane)	$C_{10}H_{22}$
부테인(buthane)	C_4H_{10}	운데케인(undecane)	$C_{11}H_{24}$
펜테인(pethane)	C_5H_{12}	도데케인(dodecane)	$C_{12}H_{26}$
헥세인(hexane)	C_6H_{14}	트리데케인(tridecane)	$C_{13}H_{28}$
헵테인(hepthane)	C_7H_{16}	아이코세인(eicosane)	$C_{20}H_{42}$

Tip **숫자를 나타내는 접두사**

유기물의 명명 시 숫자를 나타내는 접두사가 있는데, 이를 학습하면 구조를 파악하는 데 매우 유용하다.

숫자	접두사	숫자	접두사
1	meta- 또는 mono-	6	hexa-
2	etha- 또는 di-	7	hepta-
3	propa- 또는 tri-	8	octa-
4	buta- 또는 tetra-	9	nona-
5	penta-	10	deca-

수소는 이중결합이나 삼중결합의 유무에 따라 포화탄화수소(saturated hydrocarbon)와 불포화탄화수소(unsaturated hydrocarbon)로 나눌 수 있다. 즉 단일결합만이 존재할 경우 포화탄화수소라 하고, 이중결합이나 삼중결합이 1개 이상 있는 경우에는 불포화탄화수소라 한다. 표 2-4에는 대표적인 포화탄화수소(C_nH_{2n+2})의 명칭 및 화학식을 정리하였다.

7. 작용기와 유기분자의 특성

화합물의 구성 성분 중 화학반응 과정에서 마치 하나의 단위체처럼 작용하는 원자단을 작용기(functional group)라고 부른다. 다시 설명하면 원자단이 마치 원자처럼 탄소에 공유결합으로 결합되어 탄소 골격에 참여하고 있는 것을 결합하는 것을 말한다. 같은 작용기를 가지는 화합물은 그 화학적 성질이 비슷하여 유기화합물의 분류 및 특성 이해에 매우 유용한 개념이므로 널리 활용되고 있다. 식품을 이해하는 데 주로 접하는 작용기의 그 구조와 명칭을 표 2-5에 정리하였다.

표 2-5 • 대표적인 작용기의 명칭

작용기 모양	작용기 명칭	작용기 모양	작용기 명칭
—OH	하이드록실기(알코올기)	$R-\overset{O}{\overset{\|}{C}}-O-R'$	에스터기
—COOH	카복실기	$R-\overset{O}{\overset{\|}{C}}-H$	알데하이드기
$—NH_2$	아미노기	$R-\overset{O}{\overset{\|}{C}}-R'$	케톤기

1) 알코올

하이드록실기(-OH)를 가진 물질을 알코올(alcohol)이라 한다. 알코올 작용기가 결합된 탄화수소는 모체가 되는 탄화수소 이름의 끝에 어미 '-올(-ol)'을 붙여 명명한다. 예를 들면 모체명이 에테인(C_2H_6)일 경우에는 수소 1개가 '-OH'기와 치환되면 에탄올(C_2H_5OH)이라 부르는데, 식품에서는 주정(酒精)이라고도 한다. 식품 중 하이드록실기를 많이 가지고 있는 영양 성분은 당류(sugars)로, 하이드록실기를 여러 개 지니고 있기 때문에 높은 극성을 나타내며 이 때문에 당류는 물에 잘 녹는 성질을 보인다.

R—OH

CH_3CH_2OH

에틸알코올 = 에탄올

2) 카복실산

카복실기(-COOH)를 지니는 화합물은 물에서는 해리되어서 수소 이온(H^+)과 음이온인 카복실 이온($-COO^-$)을 형성하기 때문에 유기산의 특성을 부여하는 작용기이다. 식품이 가능한 '산(酸)'은 모두 카복실기를 가지고 있다고 하여도 무방하며, 대표적인 카복실산으로 젖산(lactic acid), 아세트산(acetic acid, 일명 식초), 시트르산(citric acid, 일명 구연산), 주석산(tartaric acid), 사과산(malic acid) 등을 들 수 있다.

3) 에스터

알코올(-OH)은 유기산(COOH)과 반응하여 에스터(ester)를 형성한다. 에스터 작용기는 카복실기에서 -OH기와 알코올에서 -H가 분리되어 물을 형성하면서(탈수) 축합 생성되는 물질의 결합 시 발생하는 작용기를 말한다. 종종 무기산(인산 또는 황산)과의 축합반응에서도 생성이 가능하여 광의적 의미로서 인산에스터(phosphate ester, 인산과의 에스터) 및 싸이오에스터(thioester, 황산과의 에스터) 등도 포함된다.

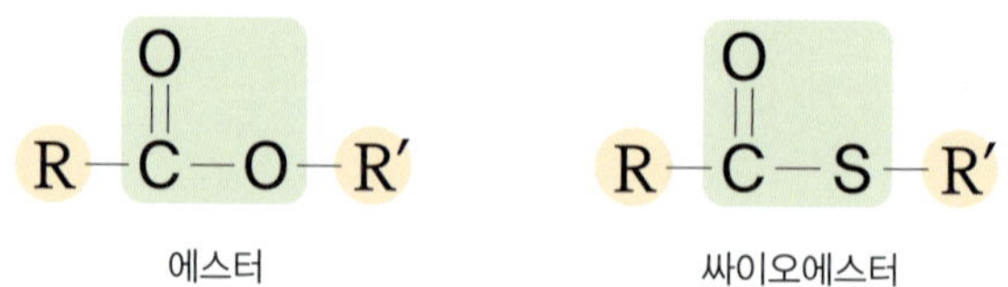

4) 알데하이드와 케톤

탄소에 산소 1개가 이중결합으로 연결된 것이 카보닐기(carbonyl group, -C=O)인데 카보닐기가 탄소사슬 내부에 존재하는 것을 케톤(ketone) 작용기라고 하고, 말단에 존재하는 것은 알데하이드(aldehyde) 작용기라 부른다. 알데하이드의 '-H' 위치에 또 다른 탄소사슬이 결합되면 케톤이 되므로, 특히 당류의 경우에는 알데하이드 작용기를 포함하는 알도스(aldose)와 케톤 작용기를 포함하는 케토스(ketose) 형태가 이성질체 관계를 유지하며 공존하는 경우가 많다.

알데하이드 케톤

5) 아민

암모니아(NH_3)의 수소가 탄소로 치환되어 생성된 화합물을 아민(amine)이라고 한다. 아민 중에 포함된 아미노기($-NH_2$)는 수소 이온을 쉽게 받아들이는 성질을 지니므로 염기로 작용하는 작용기이다. 단백질은 구성하는 기본 단위인 아미노산(amino acid)의 경우 중심 탄소에 아미노기와 카복실산기를 가지는 있어 아미노산으로 불리므로, 아민 작용기를 포함하고 있나.

$R-NH_2$ $H_2N-C(H)(R)-COOH$

아미노산

8. 이성질체

화합물의 분자식은 같더라도 어떤 방식으로 원자가 결합하고 있느냐에 따라서 그 성질이 달라지는 화합물을 통칭하여 '이성질체(isomer)'라고 한다. 예를 들어 분자식은 '헥센(hexene)'과 '사이클로헥세인(cyclohexane)'이 'C_6H_{12}'로 동일하다(그림 2-9). 그러나 탄소와 수소의 결합 형태는 전혀 다르기 때문에 그 성질 또한 다르게 나타난다. 이러한 헥센과 사이클로헥세인의 관계를 서로 이성질체 관계라고 한다.

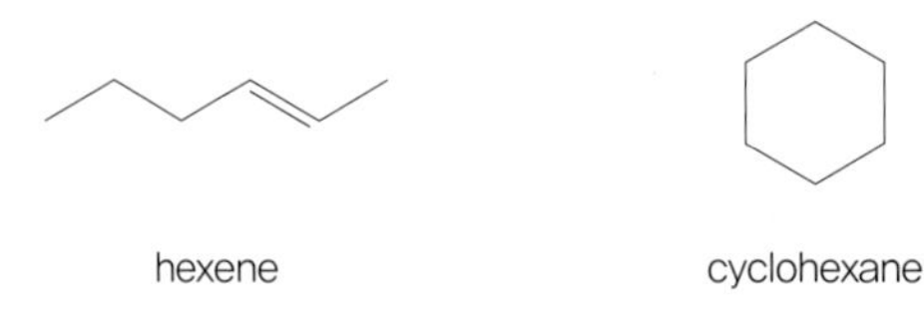

그림 2-9 • 헥센과 사이클로헥세인의 구조

이성질체의 종류는 구조이성질체와 입체이성질체로 나뉘는데, 식품에서는 입체이성질체를 주로 다루기 때문에 여기서는 입체이성질체에 대해서 설명하기로 한다. 입체이성질체는 다시 기하이성질체(geometric isomer)와 광학이성질체(enontiomer)로 구분된다.

1) 기하이성질체

이중결합으로 연결된 2개의 탄소 원자 사이에는 동일 평면 구조에서 결합된 원자 또는 작용기의 위치가 다르게 형성될 수 있다. 대표적인 예로 *cis*-form과 *trans*-form으로 구별하는 방식이 있는데, 최근 동맥경화를 유발하는 물질로 알려진 일명 '트랜스지방'의 명칭은 기하이성질체의 구분에서 유래한 것이다. 치환기가 다른 경우에 따라 E/Z 표기법을 사용하는 경우도 있으나, 여기서는 언급하지 않겠다.

H H / C=C / R R — *cis*-isomer

R H / C=C / H R — *trans*-isomer

2) 광학이성질체

광학이성질체는 4개의 서로 다른 원자 또는 원자단과 결합한 부제탄소(asymmetric carbon, 또는 chiral carbon)에서만 발생 가능한 이성질체로, 마치 왼손과 오른손처럼 거울을 통해서만 겹칠 수 있는 이성질체를 말한다. 특히 식품에서는 D-form과 L-form으로 구분하는데 당류 및 아미노산의 구분에 반드시 사용되는 개념이다.

H R / H_2N COOH — L-isomer

R H / HOOC NH_2 — D-isomer

Tip D-form과 L-form

식품화학에서 D-form과 L-form을 구분하는 경우를 자주 볼 수 있는데, 이는 광학이성질체에서 기인한다. 특정 부제탄소에 특정 원자 또는 원자단이 우측에 결합한 경우를 D-form이라 하고, 왼쪽에 결합하고 있는 경우는 L-form이라 명명한다. 자연계에 존재하는 생물들은 광학이성질체를 철저히 구분하여 생성하기 때문인데 천연의 당류는 대부분 D-form이고, 반대로 아미노산은 대부분 L-form이다.

단원정리

- 인체를 구성하는 물질과 식품을 구성하는 기본 요소는 원소로 동일하다.
- 화학기호와 화학식을 사용하여 원소와 화합물을 나타낸다.
- 식품을 구성하는 주된 원소는 탄소(C), 수소(H), 산소(O) 및 질소(N)의 4가지이다.
- 식품에서 주로 일어나는 결합에는 이온결합과 공유결합이 있는데, 이는 대개 결합하는 원소의 원자가 전자에 따라 결정된다.
- 적어도 한 개 이상의 탄소를 지니고 있는 화합물을 유기화합물이라고 하며, 대부분의 유기화합물은 공유결합으로 형성된다.
- 화합물의 구성 성분 중 화학반응 과정에서 마치 하나의 단위체처럼 작용하는 원자단을 작용기라고 부른다.
- 유기화합물은 경우에 따라 여러 종류의 이성질체가 발생할 수 있으며, 특히 식품에서는 기하 및 광학 이성질체가 주로 발생한다.

1 다음의 화합물에 포함되어 있는 원소의 이름과 숫자, 그리고 (+)의 의미를 설명하시오.

1) CH_4

2) H_2O

3) NH_4^+

2 탄수화물, 단백질, 지질 등은 탄소, 산소, 수소를 공통으로 포함하고 있는데 이와 같이 탄소를 포함하고 있는 분자를 (   )이라고 부른다.

3 다음 중 화합물의 분자식이 잘못 표시된 것은?

① CO_2 ② C_2H_6 ③ NH_3 ④ CaCl

4 다음 중 분자식과 이름이 잘못 연결된 것은?

① NaCl 염화나트륨 ② NH_3 암모니아

③ $NaNO_3$ 수산화나트륨 ④ $CaCO_3$ 탄산칼슘

5 다음 그림은 이온이 형성되는 과정을 모형으로 나타낸 것이다. 이에 대한 설명으로 옳은 것은?

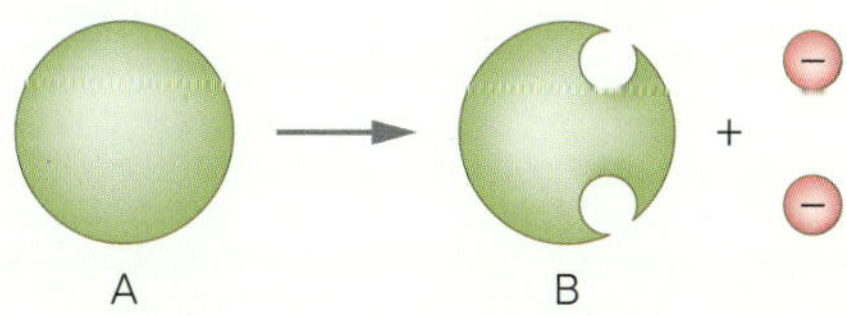

① A는 전자를 잃고 B가 된다. ② A는 B보다 전자의 수가 적다.

③ A는 B보다 원자핵의 전하량이 작다. ④ B는 (−)전하를 띤 입자이다.

6 다음 중 중성지질의 트라이글리세라이드와 관련이 있는 작용기는?

① 하이드록실기(−OH) ② 카복실기(−COOH)

③ 아미노기($-NH_2$) ④ 에스터기(−COO−)

정답

1 1) 탄소 1개, 수소 4개 2) 수소 2개, 산소 1개 3) 질소 1개, 수소 4개, NH_4^+가 1가의 양이온을 띠는 원자단이다.
2 유기화합물(또는 유기물, organic compound) **3** ④ Ca는 2개의 전자를 버리므로, $CaCl_2(Ca^{2+}+2Cl^-)$ 형태의 이온결합을 한다. **4** ③ NO_3^- 이온은 질산 이온이기 때문에, 질산나트륨이 올바른 명칭이다. **5** ① Ca나 Mg 등이 이온화되는 모형으로, 전자를 잃어 양이온이 되는 과정을 나타내었다. **6** ④ 지방산이 글리세롤과 결합되어 있는 형태를 중성지질이라고 하는데, 이때 지방산은 글리세롤과 에스터 결합을 하고 있다.

CHAPTER 3

수분

수분은 인체 및 식품의 주요 구성 성분이다. 수분은 인체 내에서 각종 물질의 운반, 체온 조절, 화학반응의 매개체 등으로 관여할 뿐만 아니라 식품의 맛, 색, 냄새, 외관 유지, 보존성 및 수율 등에 영향을 미치는 중요한 성분이다. 또한 수분의 양과 분포의 차이로 식품을 조리·가공하거나 저장하는 중에 나타나는 식품의 물리·화학적 변화나 미생물학적 변화 양상이 매우 다르게 나타나기 때문에 식품 속의 수분의 특성과 형태를 이해하는 것은 식품과학에 있어 매우 중요하다.

1. 물 분자의 구조와 성질

물 분자는 산소 원자 한 개와 두 개의 수소 원자가 공유결합을 형성하고 있다. 이때 산소 원자가 전자를 끌어당기는 힘(전기음성도)이 더 강하다. 이러한 전기음성도의 차이와 굽은 형태의 구조적 특성 때문에 물 분자는 극성(polarity)을 가지게 된다. 물 분자의 극성과 물 분자 사이에 촘촘하게 작용하는 수소결합은 물 분자가 나타내는 다음과 같은 특성의 주요 원인으로 작용한다.

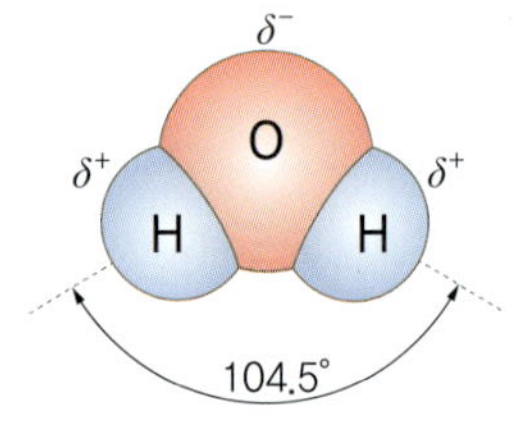

그림 3-1 • 물 분자의 구조

① 물은 극성이 매우 크기 때문에 이온성 물질과 극성 물질을 잘 녹인다. 따라서 인체 내에서는 물에 잘 용해되는 영양소나 노폐물을 운반하고 소화·흡수하거나 물질대사 등을 하는 데 있어 반응의 매개체가 될 수 있다.

② 물은 수소결합을 하고 있기 때문에 끓는점과 녹는점이 높은데, 100℃에서 끓어 수증기로 변하고, 0℃ 이하에서는 얼어 얼음으로 변한다. 또 물은 비열이 높아 온도 변화가 쉽게 일어나지 않는다. 이러한 성질은 생물체 내의 수분과 체온이 일정하게 유지될 수 있는 비결과 관련되어 있다.

③ 물은 4℃에서 1.00 g/cm^{3}로 가장 밀도가 가장 높다. 이러한 성질 때문에 식품을 동결시킬 때 밀도가 저하되어 부피 팽창으로 인한 세포 조직 파괴 및 냉동육의 드립(drip) 생성의 원인이 된다.

④ 과냉각(過冷却, supercooling)은 액체나 기체가 고체가 되지 않고 온도가 어는점 아래까지 내려가는 현상을 뜻한다. 물의 경우를 예시로 들면 물의 정상 어는점은 0℃

이지만 표준 압력(1 atm)에서 균질 핵 생성 온도(약 -48.3℃)에 이르기까지 과냉각할 수 있다. 물의 경우에서, 106 K/s의 속도로 냉각된다면 물은 결정 핵 생성을 피하고 유리질(비결정질) 고체가 될 수 있다. 이러한 성질을 저장에 응용하여 영하 상태에서도 동결되지 않게 식품을 보관하고자 하는 연구가 진행 중에 있다.

⑤ 과가열(過加熱, superheating)은 끓는점보다 높은 온도에서 액체가 끓지 않으면서 가열되는 현상이다. 수증기의 기포가 뭉치지 않고 자라면 표면에서 터질 때 물은 '끓는' 것으로 알려져 있다. 증기 기포가 확장하기 위해서는 온도가 높은 것이 충분해야 증기 압력이 주위 압력을 초과한다. 과가열은 이 간단한 규칙의 예외이다. 증기압이 주변 압력을 초과하더라도 액체가 끓지 않는 경우가 있다. 원인은 추가적인 힘이나 표면 장력으로, 이들은 거품의 성장을 억제한다. 이러한 경우는 전자레인지(microwave oven)를 통해 물을 가열할 때 쉽게 관찰될 수 있고, 이 불안정한 상태에서 약간의 충격을 주게 되면 급작스럽게 끓는 현상을 관찰할 수 있다.

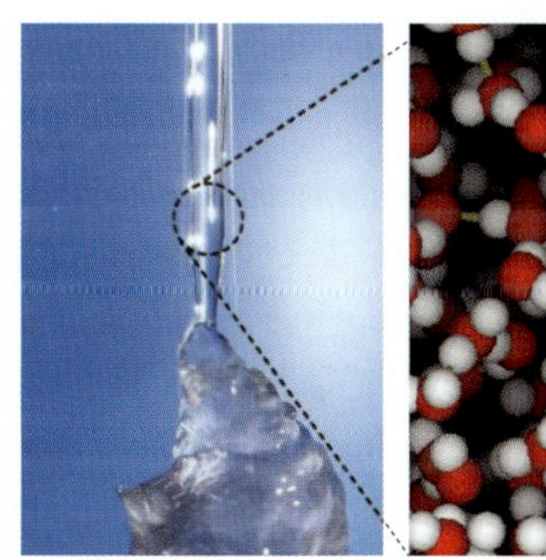

그림 3-2 • 과냉각된 물이 충격에 의해 얼음이 되는 형상(왼쪽)/컴퓨터 시뮬레이션을 통해 예측한 과냉각된 물의 분자 모양(붉은색 : 산소, 하얀색 : 수소, 노란 결합선 : 수소결합)(오른쪽)

자료 : Takeshi Fujino, KOWA Corporation, Niigata, Japan(왼쪽)/Osaka University(오른쪽)

Tip **수소결합**

수소결합은 N(질소), O(산소) 등 전기음성도가 강한 원자와 수소를 갖는 분자가 이웃한 분자의 수소 원자 사이에서 발생하는 정전기적 인력으로서 일종의 분자 간 인력(분자 사이에 끌어당기는 힘)을 말한다. 수소결합을 하는 물질은 수소결합을 하지 않는 분자보다 그 상호작용의 세기가 매우 강하기 때문에 분자량이 비슷한 다른 분자들에 비해 녹는점이나 끓는점이 높고, 융해열과 기화열이 큰 성질을 지니고 있다(예 : 물, 암모니아, 아세트산, 에탄올, 녹말, 단백질 등).

2. 수분의 존재 상태

식품 중의 수분은 열역학적으로 자유로운 자유수(free water)와 단백질, 탄수화물 등의 식품 성분과 결합되어 존재하는 결합수(bound water)의 두 가지 상태가 존재한다. 자유수는 식품 속의 성분에 영향을 받지 않고 자유롭게 존재하는 수분으로서 통상적으로 이해하고 있는 일반적인 의미의 물을 말한다. 자유수는 가열에 의해 쉽게 증발하고 온도를 낮추면 쉽게 얼며, 다른 물질을 녹일 수 있는 용매 역할을 할 수 있다. 반면에 결합수는 탄수화물, 지질 및 단백질 등의 식품 성분과 분자 상태로 결합하여 움직임이 자유롭지 못한 수분을 말한다. 결합수는 쉽게 건조되지 않고 낮은 온도에서도 잘 얼지 않으며 용질에 대해서 용매로 작용할 수 없다(표 3-1).

그러한 이유로 건조 공정을 통해 과일이나 육류 등을 건조를 완벽히 하더라도 돌처럼 마르지 않은 이유가 이러한 결합수 때문이다.

표 3-1 • 자유수와 결합수의 특성

자유수(유리수)	결합수
• 수용성 물질의 용매로 작용할 수 있다. • 미생물 생육에 이용될 수 있다. • 0℃ 이하에서 쉽게 언다. • 100℃ 이상에서 쉽게 증발한다. • 화학반응에 관여한다. • 압착에 의해 쉽게 제거된다.	• 용매로 작용할 수 없다. • 미생물 생육에 이용될 수 없다. • -18℃ 이하에서도 쉽게 얼지 않는다. • 100℃ 이상에서도 쉽게 증발하지 않는다. • 화학반응에 관여할 수 없다. • 밀도가 높다.

3. 수분활성도

식품 중의 수분은 환경 조건에 따라 주위의 수분함량과 평형이 될 때까지 끊임없이 흡습 또는 탈습을 반복하기 때문에 식품의 수분 보유량은 항상 유동적인 특성이 있다. 따라서 수분함량이라는 정적인 개념과 대조되는 동적인 의미의 새로운 개념이 고안되었는데 수분활성도(water activity)라고 부르는 값이 그것이다.

수분활성은 일정한 온도에서 순수한 물의 수증기압(P_0)에 대한 그 온도에서의 식품이 나타내는 수증기압(P)의 비율로 표시된다.

$$A_w = \frac{P}{P_0} = \frac{\text{평형상대습도}}{100}$$

P : 식품이 나타내는 수증기압, P_0 : 순수한 물의 수증기압

식품의 수증기압은 식품에 함유하는 수분에 녹아 있는 용질의 종류와 양에 의해 영향을 받는다. 이때 용질에 의해 수증기압이 감소되는 것은 용질의 몰분율에 비례하므로 수분활성도는 다음과 같이 표시할 수 있다.

$$A_w = \frac{M_w}{M_w + M_s}$$

M_w : 물의 몰수, M_s : 용질의 몰수

예

20%의 수분과 15%의 설탕을 함유하고 있는 식품의 수분활성도를 계산하라.
(물의 분자량은 18, 설탕의 분자량은 342)

$$A_w = \frac{\frac{20}{18}}{\frac{15}{342} + \frac{20}{18}} = 0.962$$

수분활성은 용해된 용질의 종류와 양에 의해 결정되기 때문에 영양소를 많이 함유하고 있는 식품의 수증기압은 일반적으로 1 이하의 값을 가진다. 예를 들면 그림 3-3과 같이 수분이 적은 곡류는 0.60~0.65 정도이고 수분이 많은 어패류나 채소 등은 0.98~0.99 정도이다.

수분활성도는 미생물이 이용할 수 있는 식품 중의 수분함량과도 연관되므로 미생물의 생육을 관리하는 중요한 지표가 된다. 일부 예외(내건성 곰팡이는 0.65 이상, 내삼투압성 효모는 0.60 이상이면 생육 가능)가 있기는 하지만, 일반적으로 그림 3-4와 같이 세균은 수분활성도가 0.90 이상, 효모는 0.88 이상, 곰팡이는 0.80 이상의 조건이 되어야만 생육이 가능하다.

적당한 수분을 포함하고 있어 섭취하기에 편하면서도 보존성이 높은 식품을 제조하기 위하여 물 분자와 친화도가 높은 당이나 당알코올과 같은 습윤제(humectant)를 활

중간수분식품
과즙·신선과일
생선·육류
수산물 으깬 제품
젓갈, 건물
햄, 소시지
치즈
마멀레이드
빵
케이크
살라미소시지
조림반찬
벌꿀
젤리
건조채소
삶아 말린 것(멸치 등)
밀가루
분유
비스킷
코코아
녹차
초콜릿
탈습곡선
흡습곡선
100
50
수분함량(%)
0
0.1
0.2
0.3
0.4
0.5
0.6
0.7
0.8
0.9
1.0
수분활성(A_w)

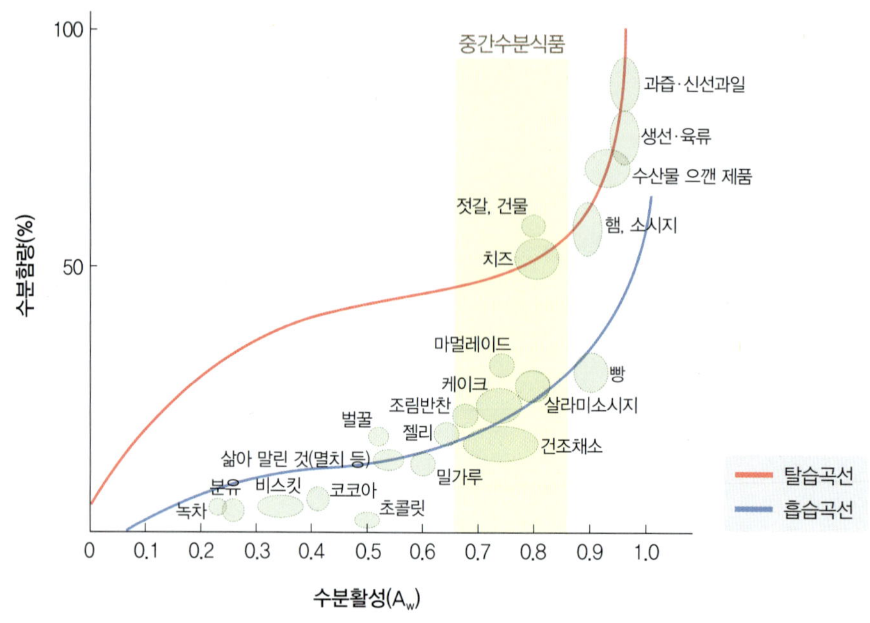

그림 3-3 • 식품별 수분활성(A_w)과 수분함량(%) 그래프

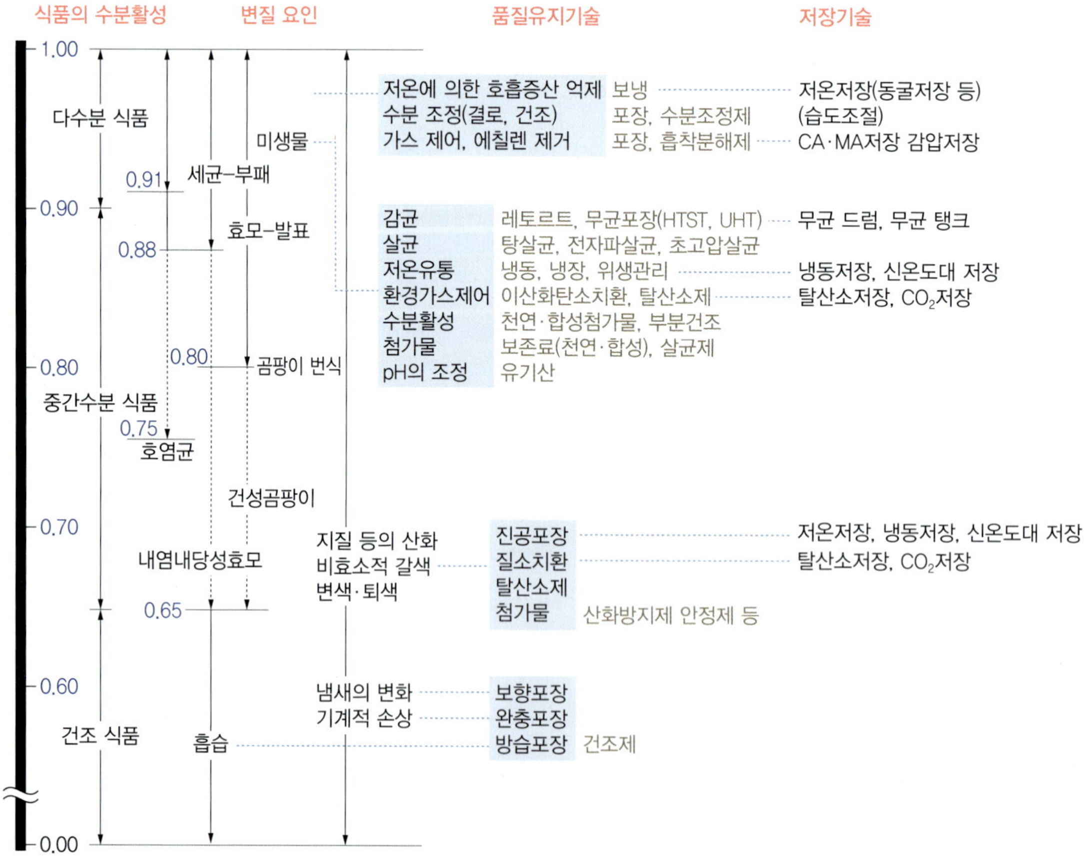

식품의 수분활성
변질 요인
품질유지기술
저장기술
1.00
0.90
0.80
0.70
0.60
0.00
다수분 식품
중간수분 식품
건조 식품
0.91
0.88
0.80
0.75
0.65
세균-부패
효모-발표
곰팡이 번식
호염균
건성곰팡이
내염내당성효모
흡습
미생물
저온에 의한 호흡증산 억제 보냉
수분 조정(결로, 건조) 포장, 수분조정제
가스 제어, 에칠렌 제거 포장, 흡착분해제
저온저장(동굴저장 등)
(습도조절)
CA·MA저장 감압저장
감균 레토르트, 무균포장(HTST, UHT)
살균 탕살균, 전자파살균, 초고압살균
저온유통 냉동, 냉장, 위생관리
환경가스제어 이산화탄소치환, 탈산소제
수분활성 천연·합성첨가물, 부분건조
첨가물 보존료(천연·합성), 살균제
pH의 조정 유기산
무균 드럼, 무균 탱크
냉동저장, 신온도대 저장
탈산소저장, CO_2저장
지질 등의 산화
비효소적 갈색
변색·퇴색
진공포장
질소치환
탈산소제
첨가물 산화방지제 안정제 등
저온저장, 냉동저장, 신온도대 저장
탈산소저장, CO_2저장
냄새의 변화
기계적 손상
보향포장
완충포장
방습포장 건조제

그림 3-4 • 식품별 수분활성에 따른 변질 요인

용할 수 있다. 습윤제는 식품 중의 물 분자와 결합함으로써 수분활성도를 낮추기 때문이다. 이러한 식품은 수분활성도가 0.65~0.85 정도를 지니기 때문에 중간수분식품(intermediate moisture food)이라고 부른다. 수분활성을 낮추어 보존성을 높이는 대표적인 예는 건조식품, 냉동식품, 염장식품, 당장식품 등에서 찾아볼 수 있다.

4. 등온흡습·방습 곡선

일정한 온도에서 식품의 수분함량은 공기 중의 상대습도에 영향을 받아 주변 공기와 평형을 이루게 된다. 이때 식품의 평형 수분함량과 상대습도, 즉 수분활성도와의 관계를 나타낸 그래프를 등온흡습·방습 곡선이라고 한다(그림 3-5). 일반적으로 식품의 등온흡습곡선과 방습곡선은 일치하지 않으며, 흡습곡선이 방습곡선의 아래에 위치하게 된다. 이러한 현상을 이력현상(hysteresis)이라고 하는데 이는 건조에 따른 식품 조직의 변화나 성분의 변성 때문에 발생하는 현상이다.

그래프에서 수분이 식품 성분과 단단히 결합하여 단분자층을 형성하고 있는 영역 I과 다분자층을 형성하고 있는 영역 II의 수분은 결합수 상태로 존재한다. 영역 III에서는 수분이 식품 조직의 미세한 모세관을 채우고 있는 자유수로 존재한다.

물 분자가 식품 성분과 결합하여 단분자층을 형성하는 영역 I에서는 수분함량이 낮아 물 층으로 덮이지 않고 노출된 부분이 많을수록 지방의 산패가 촉진된다.

물 분자가 여러 층으로 결합한 영역 II는 일반적으로 효소반응, 화학반응, 미생물 생육 속도가 가장 낮기 때문에 식품의 수분함량을 이 수준으로 낮추면 가장 안정된 품질을 유지할 수 있다. 그러나 지방함량이 많은 식품은 수분함량과 비례하여 촉매 성분의 이동성이 활발해지므로 산패 속도가 증가한다. 마이야르 반응(Maillard reaction)과 같은 비효소적 갈변반응은 이 영역에서 최대에 도달한다.

영역 III에서의 수분은 자유수로 존재하기 때문에 주변 환경 조건의 변화에 따라서 식품 안에 존재하는 수분함량의 변화가 가장 큰 구간이다. 또 효소반응이나 화학반응 및 미생물의 증식이 가장 활발하게 진행되므로 식품의 품질 저하가 가장 많이 진행되는 구간이다.

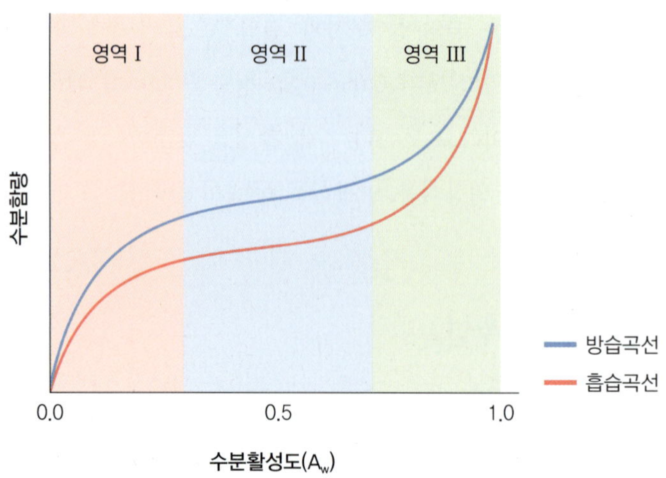

그림 3-5 • 등온흡습·방습 곡선

Tip **BET point**

그림 3-5의 영역 I과 영역 II 사이의 경계이다. 물 분자가 균일하게 하나의 분자막을 형성하여 식품을 덮고 있는 영역이며, 지방 산패가 가장 적고 식품마다 차이가 있으나 A_w 0.3~0.4 정도이다. 그리고 수분과 식품의 구성 성분 간에 이온결합으로 이루어져 있다.

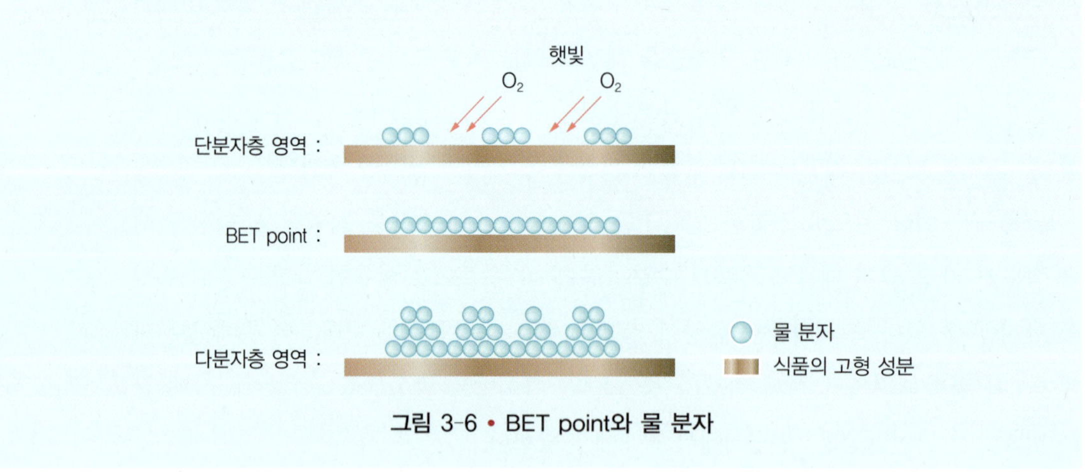

그림 3-6 • BET point와 물 분자

5. 조리 과정에서 물의 역할

물은 조리 과정에서 식품 안에 함유되어 있는 여러 가지 수용성 성분을 녹이기도 하고 불용성 성분을 분산시켜 분산액을 형성하기도 하여 조리 과정에서 매우 중요한 역

표 3-2 • 조리 과정에서 물의 역할

주요 기능	역할 설명
식품의 구성 성분	음식의 영양, 맛, 향, 조직감 등에 영향
용매	식품 중 수용성 성분을 용해하여 식품 내 보유
수화 및 호화	건조식품의 수화 및 전분식품의 호화 조장
갈변 방지	갈변반응 효소 또는 기질의 제거 및 산소 차단
식품 성분의 용출	유용 성분의 열수 추출 및 불용 성분을 우려 냄
열전달 매체	국, 탕 등 습열 조리의 매체
세척	오염 물질 및 미생물의 수세에 의한 제거

할을 한다(표 3-2).

가열 조리하는 과정에서 매개체를 통하여 전달되는 온도는 조리 방법과 식품 자체를 구성하고 있는 요소의 영향을 크게 받게 된다. 물은 액체 상태에서는 대류를 통해 열의 전달이 신속한 특징이 있다.

냉장육과 냉동육의 조리 과정 중에 중요하게 생각할 것이 물의 물리적 상태이다. 동일한 두꺼운 고기를 뒤집지 않고 굽게 될 때, 냉장육은 윗면까지 대류를 통해 열이 빨리 이동하여 고기가 빠르게 잘 익혀지지만, 냉동육은 아래만 수분이 증발하여 탄화되는 상태가 되면서 잘 익혀지지 않는다. 그림 3-7과 같이 이는 열이 대류를 통해 퍼지지 못하고, 상태 변화를 위한 상변화 층에 갇히기 때문이다. 그래서 냉동육을 조리할 때는 센 불보다는 약한 불로 천천히 가열하면서 얼음을 물로 변화시켜 익혀주면 태우지 않고 익힐 수 있다.

공급되는 열량의 종류와 양에 의하여 속도나 품질이 결정되고, 사용하는 용기나 시간에 의하여 품질의 변화를 예측할 수 있다. 가정에서 흔히 사용하는 열원의 종류로는 금

그림 3-7 • 조리 과정 중의 냉장육(왼쪽)과 냉동육(오른쪽)의 열 이동

Tip

IH(Induction Heating) 기술이란?

현대의 조리에 보편적으로 많이 사용하는 열원으로 20~90 kHz의 고주파를 발생시켜 자력선 변화를 주게 된다면, 냄비 재료인 금속에 있는 자유 전자는 이러한 자력의 변화를 받아들여 전자를 빠르게 움직이게 된다. 이러한 자유 전자 충돌에 의해 열이 발생하게 되고, 이 열을 이용하여 조리에 이용하게 된다. IH를 이용해 열을 발생시키기 위해서는 반드시 전자 충돌을 발생시킬 수 있는 금속 재료가 필요하다. 유리나 뚝배기와 같은 비금속은 도전체가 아니라 불가능하고, 알루미늄이나 양은 냄비 등은 자력선에 반응하지 않아 사용할 수 없다.

그렇다면 어떻게 이렇게 많은 용기들을 구분할 수 있을까? 비밀은 바로 자석이다. 바닥 면에 자석을 갖다 놓았을 때 강하게 잘 붙는 냄비가 IH 방식을 사용할 수 있는 냄비이다.

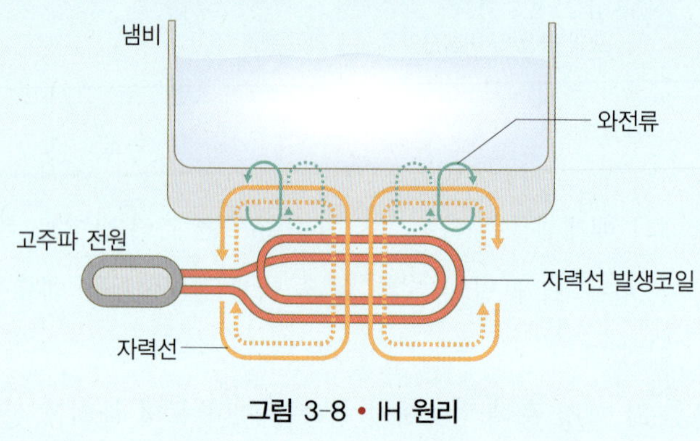

그림 3-8 • IH 원리

속에 전기를 흘려 저항을 이용하여 열을 발생시키는 히터식, 가연성 연료를 연소시켜 열을 발생시키는 가스 연소식, 그리고 고주파 유도 전류를 이용하여 열을 발생시키는 IH(Induction Heating) 방식 등이 있다.

6. 냉동(冷凍)

냉동은 인류가 발견한 가장 오래된 최고의 신선 저장 방법으로 잘 알려져 있다. 이 냉동의 주요 메커니즘은 식품 내에 자유수를 통한 물리적 변화를 통해 형성된다. 이 냉동을 통해 얻어지는 얼음의 특징은 그림 3-9와 같이 액체 상태인 물보다 8% 가량 밀도가 작다는 것이다. 이러한 특징을 지닌 물은 이제까지 알려진 유일한 물질이다. 이러한 이유는 물이 얼게 될 때 물 분자 간에 수소결합이 형성되어 구조가 비효율적으로 나열되기 때문에 부피가 늘어나는 것이다.

이러한 물의 성질과 상변화 과정 중 오랜 시간 동안 식품을 냉동하면 그림 3-10의 오

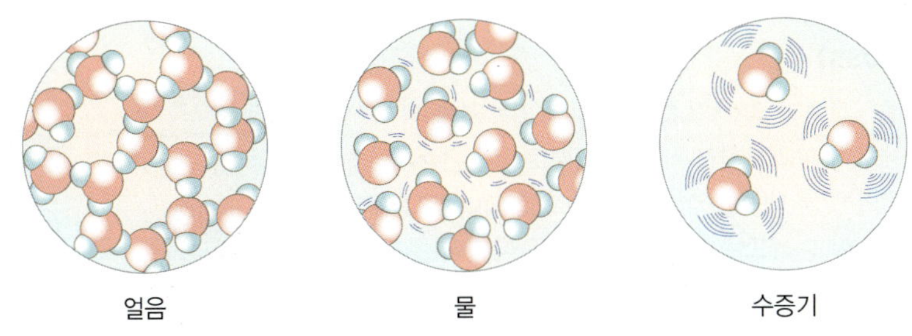

그림 3-9 • 물의 물리적 성질

른쪽과 같이 세포 내의 자유수의 부피가 늘어나서 세포막이 찢어지거나, 물 이외의 물질들이 농축이 된다. 그리고 해동할 때 세포막 내부의 맛을 좌우하는 다양한 성분이 외부로 용출되어 육즙 손실(drip loss)이 발생하고 조리할 때는 영양 손실(cooking loss)이 발생하게 되어 맛의 품질을 떨어뜨리게 된다.

이러한 현상은 일반적인 냉동 보관에서 유일하게 물의 물리적 성질로 인해 발생하는 치명적인 단점이다. 이를 극복하기 위해 얼음 입자가 크게 형성되고 농축이 진행되는 완만 냉동보다는, 얼음 입자가 작게 형성되는 급속 냉동을 통해 냉동하는 기술을 이용하게 된다. 급속 냉동은 그림 3-10의 왼쪽 그래프와 같이 임계 범위(-5℃~ 0℃)를 35분 이내로 빠르게 통과할 수 있도록 냉각을 해주어야 한다. 이러한 급속 냉동은 빠른 냉

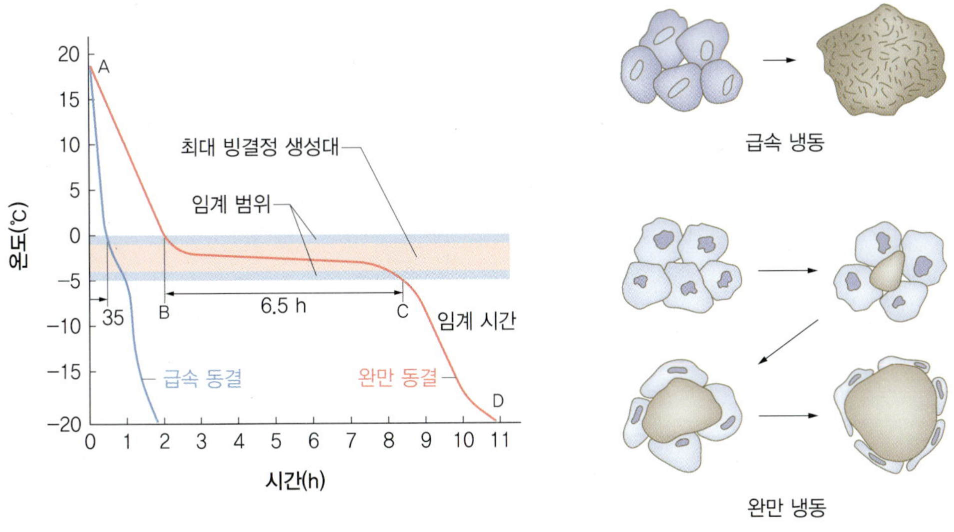

그림 3-10 • 급속 냉동 및 완만 냉동 온도 그래프(왼쪽)와 동결된 세포 모양(오른쪽)

> **Tip** **영양 손실(Cooking loss)**
>
> 
>
> 냉동육을 조리하게 되면, 그림과 같이 육즙이 빠져나오는 것을 볼 수 있다. 이는 냉동 과정 중에 세포가 파괴되면서 세포막 외부로 용출된 세포 성분이며, 여기에 고기 맛의 감칠맛을 내주는 성분이 다수 포함되어 있다. 영양 손실은 조리 중 발생하는 손실 현상으로 냉동육의 품질을 나타내는 지표로 활용될 수 있다. 영양 손실은 냉동 전의 고기 무게와 조리 후의 고기 무게의 차로 계산한다.

각을 위해 에너지를 많이 이용하게 되므로 가정용 냉장고에서는 흔히 사용하는 기술은 아니다.

산업용으로 도입된 급속 냉동 방법의 최근 동향은 BQF(Block Quick Freezing, 블록 급속 냉동)보다는 전체적으로 냉동을 균일하게 할 수 있고, 그림 3-11과 같이 액화 질소 냉매(LN_2)를 직접 이용하여 처리 속도를 빠르게 할 수 있는 IQF(Individual Quick

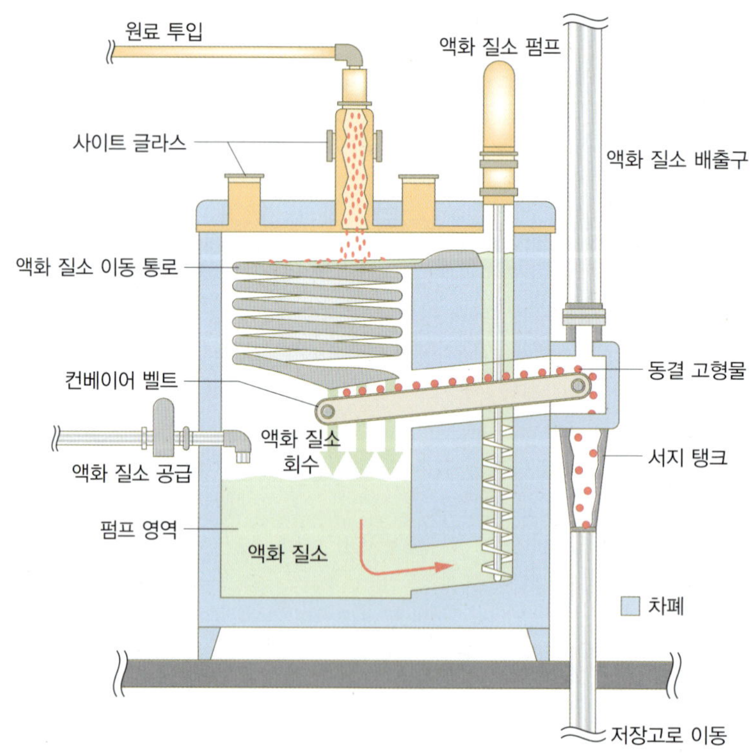

그림 3-11 • 식품 개별 급속 냉동 장치 모식도

Freezing, 개별 급속 냉동)를 도입하고 있다. 이러한 냉동 기술로 인해 품질 좋은 냉동식품이 시장에 활발히 보급되고 있다.

단원정리

- 극성 분자인 물은 수소결합을 형성한다.
- 식품은 자유수와 결합수를 함유한다.
- 물은 과냉각 상태일 경우 0℃ 이하에서 얼지 않은 상태로 존재할 수 있다.
- 물은 과가열 상태일 경우 100℃ 이상에서 끓지 않은 상태로 존재할 수 있다.
- 수분활성은 일정한 온도에서 순수한 물의 수증기압(P_0)에 대한 그 온도에서의 식품이 나타내는 수증기압(P)의 비율로 표시되며, 미생물이 이용할 수 있는 식품 중의 수분 함량과도 연관되므로 미생물의 생육을 관리하는 중요한 지표가 된다.
- 등온흡습·방습 곡선은 식품을 변패시키지 않고 안전하게 저장할 수 있는 수분함량을 결정하는 데 유용하게 활용할 수 있다.
- 물은 고체 상태일 때 부피가 가장 커지는 특징이 있다.
- 조리 과정 중 물은 열전달 매개체로 매우 중요한 역할을 한다.
- 물이 고체로 되는 과정 중 발생하는 부피 증가 및 세포 성분의 농축을 최소화하기 위해 IQF(Individual Quick Freezing, 개별 급속 냉동) 공정 도입이 활발하다.
- 냉동식품의 물리적 품질 지표로 육즙 손실(drip loss), 영양 손실(cooking loss) 등이 활용되고 있다.

연습문제

1 다음 중 생육에 필요한 수분활성도가 가장 낮은 미생물은?

① 효모　　② 세균　　③ 곰팡이

2 다음 중 자유수에 대한 설명으로 옳은 것은?

① -18℃ 이하에서 얼지 않는 물
② 미생물의 생육에 이용되는 물
③ 생물체의 대사 작용에 의해 생성되는 물
④ 탄수화물이나 단백질 분자의 일부를 구성하고 있는 물

3 다음 중 등온흡습·탈습 곡선에 대한 설명으로 옳은 것은?

① 영역 I의 수분은 식품 성분과 단분자층을 형성한다.
② 영역 II에서는 물 분자가 자유수로 존재한다.
③ 영역 III의 수분은 식품 성분과 다분자층을 형성한다.
④ 건조식품의 안정성이 가장 큰 영역은 영역 III이다.

4 조리 과정 중 물의 역할로 옳지 않은 것은?

① 식품의 구성 성분으로 음식의 영양, 맛, 향, 조직감 등에 영향을 준다.
② 식품 외부 및 내부에서 중요한 열전달 매체이다.
③ 오염 물질 및 미생물을 씻어 낼 수 있다.
④ 고체 상태의 물에서 대류가 활발히 일어난다.

5 다음 중 영양 손실(cooking loss)의 설명으로 옳지 않은 것은?

① 냉동육의 중요 품질 지표 중 하나이다.
② 냉동 보관 전의 무게에서 조리 후의 무게를 더한 값이다.
③ 냉동 과정에서 세포 파괴로 용출되는 물질의 무게이다.
④ 영양 손실을 줄이기 위한 좋은 냉동법은 급속 냉동이다.

정답

1③　2②　3①　4④　5②

CHAPTER 4

탄수화물

탄수화물(carbohydrates)은 우리가 주식으로 섭취하는 밥, 떡, 빵과 같이 인간에게 에너지를 공급해 주는 소화성의 탄수화물(digestible carbohydrates)은 물론이고, 과일 및 채소 등과 같은 식이섬유성 탄수화물(nondigestible carbohydrates/dietary fibers) 모두를 포함한다. 전분(starch) 또는 설탕(sucrose)과 같은 소화성 탄수화물은 체내에서 인간의 하루 필요 에너지의 대략 60~70%를 공급하는 주요 에너지원으로 사용되고, 해당 과정과 같은 생체 내 대사 과정을 시작하는 중요한 영양소로 활용된다. 탄수화물의 섭취가 부족하면 체내에 저장되어 있는 단백질이 소실되거나 지방이 주 열량원으로 사용되면서 건강상의 문제를 일으킨다. 최근 비소화성 탄수화물은 소장관 내 소화 효소에 분해가 되지 않아 대장에서 식이섬유 또는 장내 유익 미생물의 먹이가 되는 프리바이오틱스(prebiotics)로 활용되기에 최근 많은 관심을 받고 있다. 따라서 탄수화물의 체내 필요량과 이용량의 균형을 이룰 수 있는 적정량을 규칙적으로 섭취하는 것이 중요하다고 할 수 있다.

자연계에 가장 흔한 유기물인 탄수화물은 대부분 단맛을 지니고 있기 때문에 당질이라고도 불리며, 단당류 또는 이당류를 포함한 작은 크기의 올리고당을 의미한다. 이러한 당류(sugar)는 주로 감미료 또는 보존료로 활용되어 왔으며, 상업적으로는 설탕, 고과당 옥수수 시럽(high fructose corn syrup, HFCS), 전화당(invert sugar), 젖당(lactose) 등이 활용되고 있다. 그 외에도 발효식품 내의 미생물의 생육을 위한 탄소원으로 활용되기도 하며, 식품 내 겔 형성 또는 마이야르 반응과 같은 갈변 반응을 통한 식품 내 향미 부여 등의 역할을 한다.

지구상의 탄수화물은 대부분 녹색 식물이 에너지 축적 또는 구조 탄수화물을 생산하기 위하여, 공기 중의 이산화탄소와 물을 재료로 사용하여 광합성을 통해 포도당을 합성함으로써 시작된다. 따라서 포도당이 자연계에는 가장 풍부하게 존재하는 탄수화물의 형태이다. 이후 다당류 형태인 전분으로 전환하여 에너지를 저장하거나 셀룰로스 형태로 합성하여 식물의 지지체를 만드는 역할을 한다. 엽록체가 없어 탄수화물을 직접 합성하지 못하는 동물체는 식물체를 섭취함으로써 그 안에 존재하는 전분 또는 설탕과 같은 탄수화물의 섭취를 통해 에너지를 얻게 된다.

1. 탄수화물의 정의 및 분류

탄수화물은 주로 탄소(C), 수소(H), 산소(O)로 구성되어 있는 화합물로서 수화(hydrated)된 탄소(carbon)의 의미로 영문의 'carbohydrate'와 같은 뜻을 지닌다. 탄수화물은 분자 구조, 결합 양식 등에 따라 다양하게 분류가 가능하며(표 4-1), 분자 내에 포함하는 작용기의 형태에 따라 알도스(aldose)와 케토스(ketose)로 구분한다. 또한 구성하고 있는 당의 수에 따라 가장 최소 단위인 단당류(monosaccharides), 2~10개의 단당이 글리코사이드 결합을 이루고 있는 올리고당류(oligosaccharides) 및 그 이상의 거대 결합을 이루는 다당류(polysaccharides)로 분류한다.

표 4-1 • 탄수화물의 구조적 특성에 따른 분류 및 예시

탄수화물의 다양한 구분		분류 체계에 따른 예시
단당류 (monosaccharide)	삼탄당(triose)	글리세르알데하이드(glyceraldehyde), 다이하이록시아세톤(dihydroxyacetone)
	사탄당(tetrose)	에리트로스(erythrose)
	오탄당(pentose)	아라비노스(arabinose), 자일로스(xylose), 리보스(ribose)
	육탄당(hexose)	포도당(glucose), 만노스(mannose), 갈락토스(galactose), 과당(fructose)
올리고당류 (oligosaccharide)	이당류(disaccharide)	자당(sucrose), 맥아당(maltose), 유당(lactose)
	삼당류(trisaccharide)	라피노스(raffinose)
	사당류(tetrasaccharide)	스타키오스(stachyose)
다당류 (polysaccharide)	동종다당류(homopolysaccharide)	전분(starch), 셀룰로스(cellulose), 글리코겐(glycogen), 키틴(chitin)
	이종다당류(heteropolysaccharide)	이눌린(inulin), 헤미셀룰로스(hemicellulose), 펙틴질(pectic substance), 검류(gums)
당유도체 (derived sugar)	우론산(uronic acid)	글루쿠론산(glucuronic acid), 갈락투론산(galacturonic acid)
	데옥시당(deoxy sugar)	데옥시리보스(deoxyribose)
	아미노당(amino sugar)	글루코사민(glucosamine), 갈락토사민(galactosamine)
	당알코올(sugar alcohol)	소비톨(sorbitol), 자일리톨(xylitol), 만니톨(mannitol)
	배당체(glycoside)	솔라닌(solanine), 안토사이아닌(anthocyanin), 아미그달린(amygdalin)

2. 단당류의 구조

1) 단당류의 구조

탄수화물의 기본 단위로 3~8개의 탄소 원자를 골격으로 하는 구조를 지니고 있으며 분자식은 $(CH_2O)_n$의 형태로 되어 있다. 또한 단당류를 구성하고 있는 탄소 중 하나는 반드시 카보닐기(carbonyl group, C=O)를 형성하고 있으며, 이 작용기는 다시 알데하이드(aldehyde)와 케톤(ketone)기로 분류된다. 알도스는 포도당이나 갈락토스처럼 알데하이드기(-CHO)를 지니는 당이며, 1번 탄소에 카보닐기가 존재한다. 케토스는 과당처럼 케톤기(-C=O)를 지니는 당을 의미하며, 2번 탄소에 카보닐기가 결합되어 있다. 알도스와 케토스 단당류는 구조를 이루고 있는 탄소의 숫자에 따라 삼탄당, 사탄당, 오탄당, 육탄당 등으로 구분하는데 대표적인 육탄당으로는 포도당과 과당이 있다(그림 4-1).

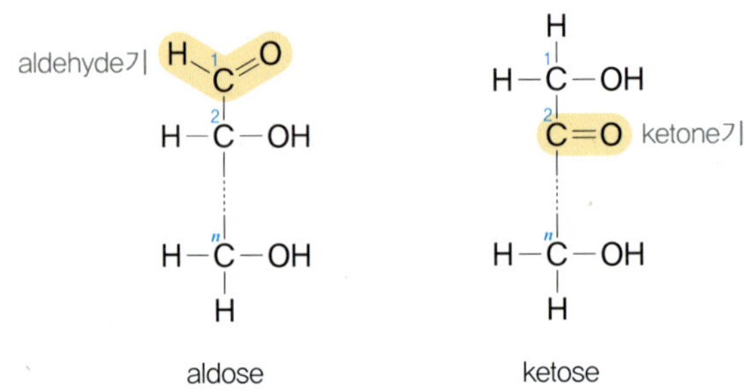

그림 4-1 • 단당류(알도스, 케토스)의 화학적 구조

표 4-2 • 단당류(알도스, 케토스)의 탄소 개수에 따른 명명법

탄소 수	카보닐기의 종류	
	알데하이드(aldehyde)	케톤(ketone)
3	트리오스(triose)	트리울로스(triulose)
4	테트로스(tetrose)	테트룰로스(tetrulose)
5	펜토스(pentose)	펜툴로스(pentulose)
6	헥소스(hexose)	헥술로스(hexulose)
7	헵토스(heptose)	헵툴로스(heptulose)
8	옥토스(octose)	옥툴로스(octulose)
9	노노스(nonose)	노눌로스(nonulose)

1) 입체이성질체

부제탄소(키랄탄소, chiral carbon)는 탄소를 중심으로 4개의 서로 다른 원자단이 결합되어 있는 비대칭 구조의 중심 탄소를 의미한다. 탄수화물 분자 구조 안에 부제탄소

가 존재하는 경우에는 이 탄소에 부착된 구성 원자나 원자단의 입체적 배치가 서로 다른 입체이성질체가 존재할 수 있다. 단당류의 입체이성질체는 우선성의 글리세르알데하이드(D(+)-glyceraldehyde)의 입체 배열과 비교하여 D형과 L형으로 구분하는데 포도당의 경우처럼 여러 개의 부제탄소가 존재하는 경우에는 알데하이드기(-CHO) 또는 카보닐기(-C=O)로부터 가장 멀리 떨어져 있는 비대칭탄소의 입체 배위만을 비교하여 입체이성질체를 구분한다. 즉 단당류 분자 안에서 가장 아래쪽에 위치한 CH_2OH의 바로 위에 있는 탄소 원자에 부착된 -OH기가 우측에 있으면 D형, 좌측에 있으면 L형의 입체이성질체가 된다. D형과 L형의 입체이성질체는 서로 거울상이므로 거울상 이성질체(enantiomer)라고도 부른다(그림 4-2). 자연계에서의 단당류 대부분은 D형의 구조이나, 만노스(mannose)와 아라비노스(arabinose)는 L형을 이룬다.

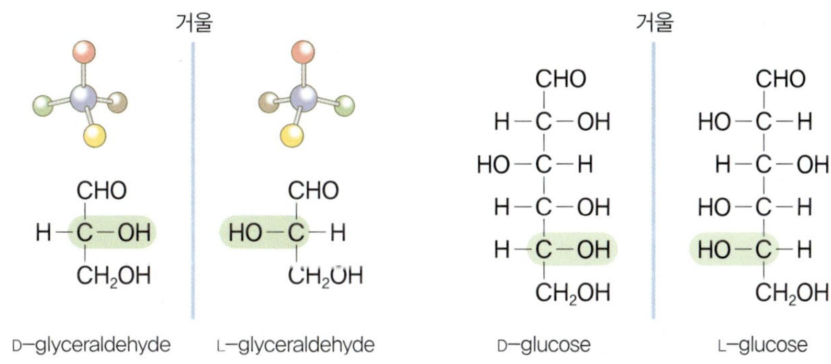

그림 4-2 • 단당류의 입체이성질체

2) 단당류의 고리 구조

오탄당 이상의 단당류는 용액 내에서 대부분 고리(ring) 모양의 구조를 형성한다. 포도당의 예를 들면 분자 내의 알데하이드기와 5번 탄소의 -OH기 사이에 반응이 일어나 고리 구조가 형성된다. 알도스의 경우 C1 탄소와 C5 탄소가 고리 구조를 형성하며 이를 헤미아세탈(hemiacetal)이라고 한다. 또한 케토스의 경우 C2 탄소와 C5 탄소가 결합해 헤미케탈(hemikatal)을 형성하게 된다(그림 4-3).

이렇게 고리 구조가 형성되면 탄수화물 내의 1번 탄소가 부제탄소로 바뀌게 되고, 여기에 결합된 -OH기의 위치에 따라 α-형과 β-형의 두 이성질체를 형성하게 된다. 천연

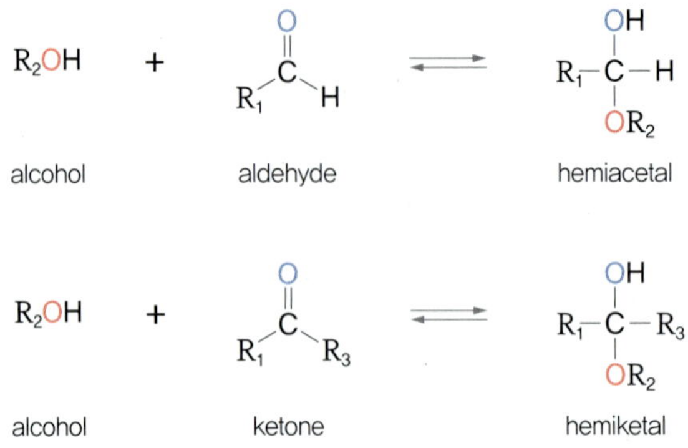

R_2OH + aldehyde ⇌ hemiacetal

alcohol aldehyde hemiacetal

R_2OH + ketone ⇌ hemiketal

alcohol ketone hemiketal

그림 4-3 • 알데하이드, 케톤과 알코올과의 반응을 통한 헤미아세탈 또는 헤미케탈의 형성

에 존재하는 당 가운데 아노머 탄소(anomer carbon)라고 불리는 가장 멀리 떨어져 있는 입체 중심과 비교하여, 아노머 중심의 바깥쪽 산소 원자가 아노머 기준 원자와 같은 방향(cis형)이면 α-형이고, 다른 방향(trans형)이면 β-형이다. α와 β형태는 서로 아노머(anomer)라고 부르며 아노머를 구분하는 -OH기를 글리코사이드성 하이드록실기라고 부른다. 예를 들면 포도당의 경우 1번 탄소의 -OH기가 6번 탄소의 OH기와 다른 방향에 있으면 α-포도당, 같은 방향에 있으면 β-포도당이라 명명한다(그림 4-4). 또한 6개의 탄소를 바탕으로 육각의 고리 구조를 형성하면 피라노스(pyranose), 5개의 탄소로 오각의 고리 구조를 형성하면 퓨라노스(furanose)라고 한다.

피라노스 내의 1개의 부제탄소에서만 입체 배치가 다른 것을 에피머(epimer)라고 하며, D-포도당(D-glucose)과 D-만노스(D-mannose), D-갈락토스(D-galactose)는 각각 2번째, 4번째 위치의 탄소에서의 입체 배열이 다르므로 서로 에피머라고 한다(그림 4-5).

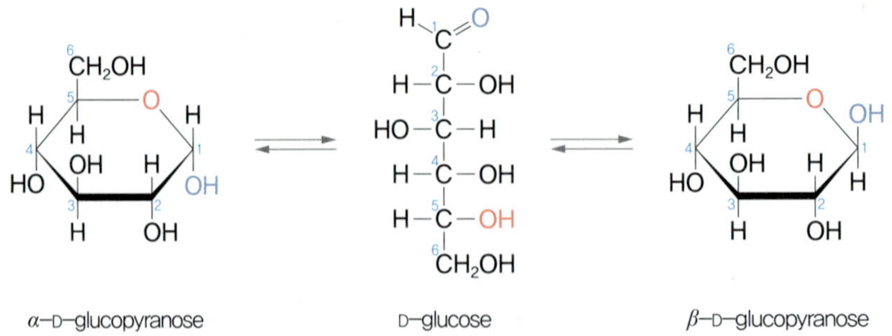

α-D-glucopyranose ⇌ D-glucose ⇌ β-D-glucopyranose

그림 4-4 • 아노머 탄소의 OH기의 방향에 따른 α-, β-포도당의 구조적 특성

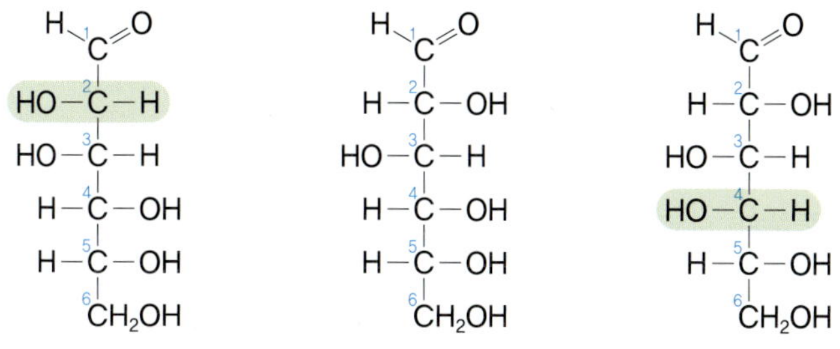

```
   H  O          H  O          H  O
    \//           \//           \//
     C             C             C
     |             |             |
 HO—C—H         H—C—OH        H—C—OH
     |             |             |
 HO—C—H        HO—C—H        HO—C—H
     |             |             |
  H—C—OH        H—C—OH       HO—C—H
     |             |             |
  H—C—OH        H—C—OH        H—C—OH
     |             |             |
    CH2OH         CH2OH         CH2OH
```

D-mannose (epmer at C2) D-glucose D-galactose (epmer at C4)

그림 4-5 • 포도당의 C2, C4 위치 탄소의 입체 배열에 따른 에피머 구조

3. 단당류의 성질

단당류는 강한 단맛을 가지며 일반적으로 물에는 잘 용해되지만 알코올에는 잘 녹지 않고 일부를 제외한 대부분의 단당류는 효모(yeast)에 의해 발효되어 에탄올을 형성한다. 단당류가 지니는 여러 가지 성질 중 화학적으로 중요한 의미를 지니고 있는 몇 가지 특성에 대하여 살펴보자.

1) 변선광

α-형 포도당의 선광도(고유 광회전도, rotary power)는 +112.2°(β-형은 +18.7°)인데 수용액에 방치해 두면 선광도 값이 점차 변하여 최종에는 +52.7°에서 평형을 이룬다. 이와 같이 용액 안에서 선광도가 변하는 현상을 변성광(mutarotation)이라고 부른다. 이러한 현상은 수용액 내에서 당의 고리 구조가 평형 상태에 도달할 때까지 상호 변환되기 때문에 나타나는 현상으로 단당류가 수용액에서 나타내는 대표적 성질 중 하나이다.

2) 환원성

당이 고리 구조를 형성할 때 새로 생성된 글리코사이드성 하이드록실기는 다른 -OH기에 비하여 반응성이 높고 다른 물질을 환원시키는 능력을 지니고 있다(그림 4-6). 글리코사이드성 하이드록실기를 지니고 있어 환원성을 나타내는 당을 환원당(reducing sugar)이라고 부르며, 모든 단당류는 환원성을 지니고 있다. 또한 대부분의 이당류는 환원당이며 글리코사이드성 하이드록실기를 지니고 있지 않는 설탕, 트레할로스, 라피노스, 스타키오스 등은 비환원당이다. 알데하이드기를 가진 알도스는 산화제에 의해 쉽게 산화 반응이 일어나지만 케톤기를 가진 케토스는 알도스에 비해 산화가 어렵다. 하지만 이성질화를 통해 엔티올을 생성하게 되며 이후 산화가 진행되어 케토스도 환원성을 지니는 환원당으로 분류한다. 또한 이러한 환원성을 이용하여 다양한 단당류의 정량 또는 정성 분석에 활용하고 있다.

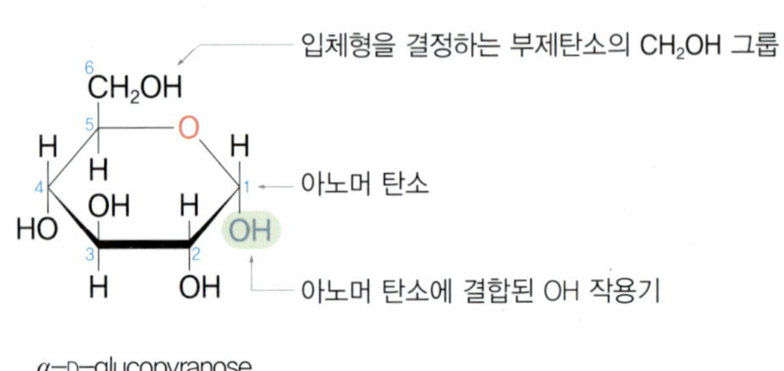

그림 4-6 • 1번 탄소 위치에 새로 형성된 환원성 글리코사이드성 하이드록실기

4. 주요 단당류와 그 특성

1) 육탄당

동식물계에 널리 분포되어 있는 육탄당은 주요 탄수화물을 구성하는 성분이다. 육탄당은 효모에 의해 쉽게 발효되고 강한 환원성을 지니며, 인체에서 쉽게 이용될 수 있어서 생리학적으로도 중요한 의미를 지니는 당이다(그림 4-7).

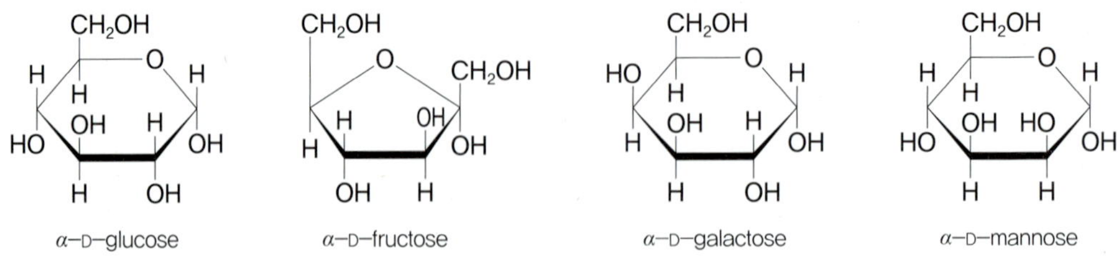

그림 4-7 • 주요 육탄당의 구조

(1) 포도당

자연계에 가장 널리 분포되어 있는 육탄당으로 모든 과일, 채소, 곡류, 두류 등에 존재하며 덱스트로스(dextrose)라고도 일컬어진다. 포도당(glucose)은 전분, 글리코겐, 셀룰로스, 맥아당, 설탕, 유당을 구성하는 당으로, 탄수화물 중에 다양하게 분포하고 있다. 또한 인체 내에서는 혈당으로 존재하여 에너지를 공급하는 데 활용된다. 대부분 6각형 모양(pyranose형)의 고리 구조로 되어 있다. 우선성을 지니며(dextrorotatory), 천연적으로도 널리 존재하나 상업적으로는 주로 전분을 가수분해하여 얻는다. 설탕보다는 상대적으로 적은 단맛을 지닌다(0.6배).

(2) 과당

과당(fructose)은 가장 일반적인 케토스로서 천연 당류 중에서 단맛이 가장 강하고 용해성이 커서 쉽게 결정을 형성하지 않는다. 과일이나 꿀에 많이 함유되어 있으며 설탕, 이눌린 등의 구성 성분으로 식물계에 주로 분포되어 있고 인체 내에서는 5각형 모양(퓨라노스형)의 고리 구조를 형성한다. 좌선성(levoratatory)을 지니며, 상업적으로는 옥수수 시럽으로부터 효소에 의한 이성화(isomerization)를 거쳐 고과당시럽(high fructose corn syrup)을 생산한다. 수분을 매우 잘 흡수하며(hygroscopic) 설탕보다 감미도가 1.3배가량 높아서 식품산업에 많이 사용되고 있다.

(3) 갈락토스

갈락토스(galactose)는 일반적으로 유리된 상태로 존재하지 않고 유당, 라피노스, 갈락탄 등의 올리고-/다당체의 형태로 존재한다. 동물체 내에서는 단백질이나 지방과 결합하여 뇌, 신경조직, 점질물 등에 존재한다.

(4) 만노스

갈락토스와 마찬가지로 만노스(mannose)는 거의 유리 상태로 존재하지 않으며, 만난이나 갈락탄의 구성 성분으로 곤약 등에 존재하거나 당단백질 형태로 난백이나 혈청에 함유되어 있다.

2) 오탄당

오탄당은 자연계에 유리 상태로 존재하는 경우는 드물고 대부분 헤미셀룰로스 형태인 펜토산(pentosan) 또는 핵산의 구성 성분 형태로 존재한다. 특히 오탄당은 강한 환원력을 가지나 효모에 의해 발효되지 않으며, 식품 내에서 주요한 오탄당은 리보스, 자일로스, 아라비노스 등이 있다(그림 4-8).

(1) 리보스

오탄당 중 중요 당으로 취급되는 리보스(ribose)는 DNA와 RNA 등의 핵산을 구성하고 조효소 및 비타민 B_2의 구성 성분이 된다.

(2) 자일로스

자일로스(xylose)는 자일란(xylan)의 구성당으로 볏짚, 나무껍질, 배의 석세포 등에 존재하므로 목당이라고도 부른다.

(3) 아라비노스

아라비노스(arabinose)는 아라비아검의 구성 성분인 아라반(araban)과 아라비노자일란과 같은 헤미셀룰로스의 구성당이다.

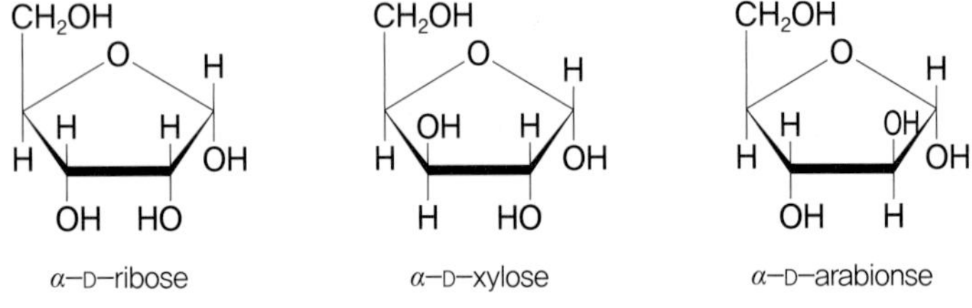

그림 4-8 • 주요 오탄당의 구조

3) 단당류 유도체

당은 산화, 환원반응, 작용기의 치환, 또는 당류 이외 물질과의 결합 등을 통하여 다양한 유도체를 생성한다.

(1) 배당체

배당체(glycoside)는 당의 글리코사이드성 하이드록실기(알도스의 C1, 케토스의 C2에 위치한 -OH)와 비당류 부분(아글리콘aglycone)이 결합되어 있는 화합물이다(그림 4-9). 이때 결합한 당의 종류에 따라서 글루코사이드(glucoside), 프럭토사이드(fructoside), 리보사이드(riboside) 등으로 분류한다. 자연계에는 많은 물질이 배당체의 형태로 존재하며, 식물의 색소 성분, 맛 성분, 독성 성분 및 약리 작용 등에 관여하는 것이 많다. 아글리콘은 당이 아닌 다른 화합물로 자연계에서는 수용성이 높은 당류와 결합함으로써 생체 조직 내에서의 용해도가 증가할 수 있다.

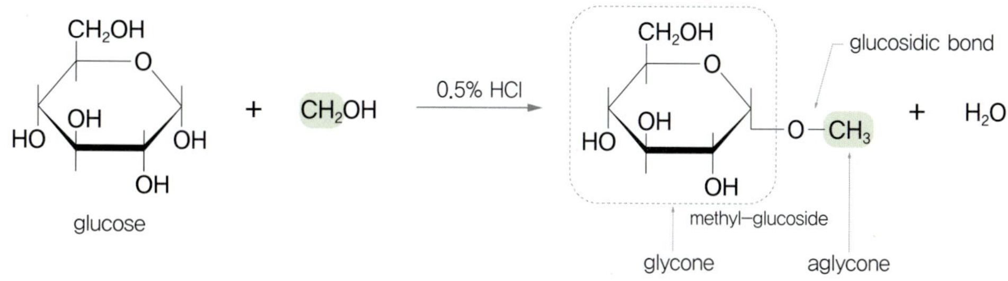

그림 4-9 • 포도당 유래의 배당체(glucoside)와 아글리콘(aglycone)의 예

(2) 당알코올

알도스의 1번 탄소의 카보닐기가 환원 작용을 통해 알코올기로 생성된 당알코올(sugar alcohol)은 단맛 및 청량감을 지니며 칼로리가 낮아 저칼로리 대체 감미료로 이용된다. 원료로 사용된 당에 따라서 소비톨(포도당), 만니톨(만노스), 자일리톨(자일로스) 등의 당알

glycerol	*meso*−erythritol	xylitol	D−mannitol	D−sorbitol
			CH_2OH	CH_2OH
		CH_2OH	HO−C−H	H−C−OH
	CH_2OH	HO−C−H	HO−C−H	HO−C−H
CH_2OH	H−C−OH	HO−C−H	H−C−OH	H−C−OH
H−C−OH	H−C−OH	H−C−OH	H−C−OH	H−C−OH
CH_2OH	CH_2OH	CH_2OH	CH_2OH	CH_2OH

그림 4-10 • 당알코올의 종류 및 구조적 특성

코올이 효소적 합성이나 발효에 의한 형성 등 다양한 방법으로 생산되고 있다(그림 4-10).

(3) 아미노당

당의 알코올기(-OH)가 아미노기(-NH_2)로 치환되어 생성된 물질을 아미노당(amino sugar)이라고 부른다. 자연계에는 키틴의 구성 성분인 글루코사민(glucosamine)과 당단백질, 당지질, 뮤코이드 등에 함유되어 있는 갈락토사민(galactosamine) 등이 있다.

(4) 우론산, 알돈산, 알다르산

우론산(uronic acid)은 단당류의 말단에 있는 알콜기(제1알콜)가 산화되어 카복실기

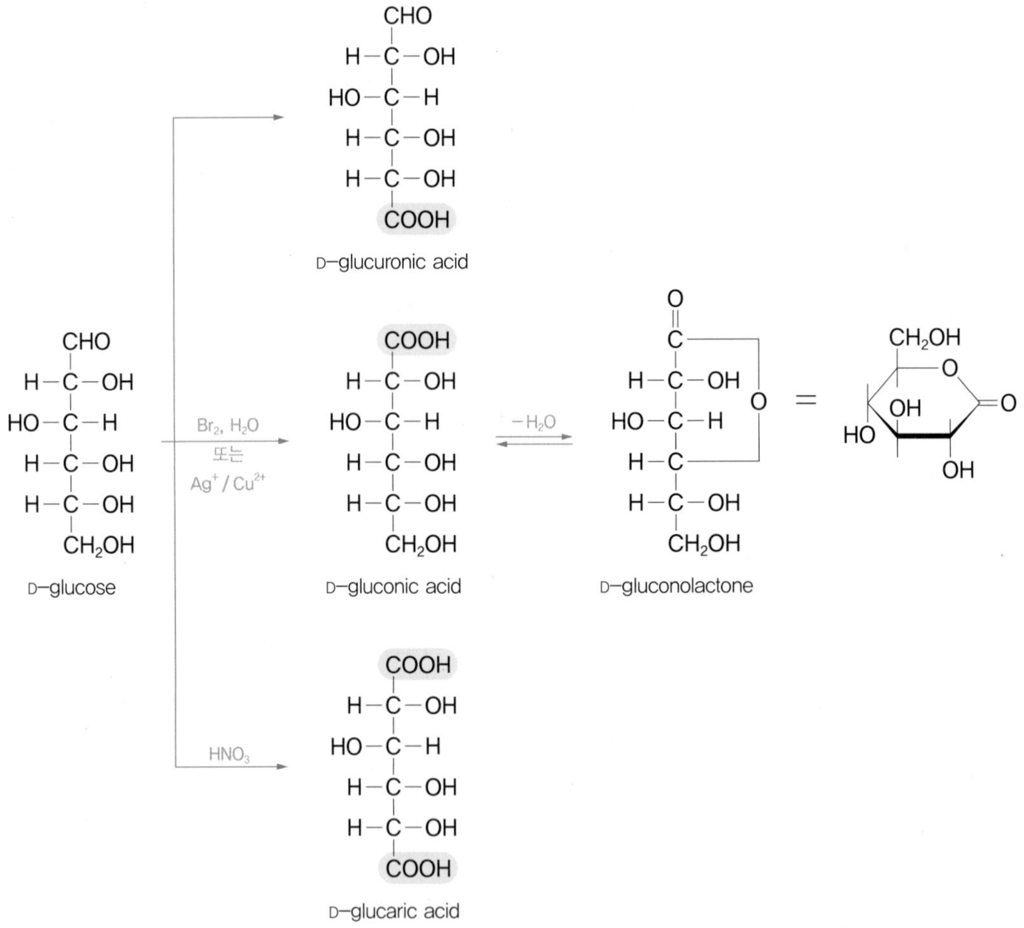

그림 4-11 • D형 포도당의 다양한 산화 형태

(-COOH)로 전환된 화합물로서 화학적으로는 한 분자 내에 알데하이드기와 카복실기가 동시에 존재하는 특성을 지닌다. 포도당에서 형성된 글루쿠론산(glucuronic acid)은 간에서 대사되어 형성되며, 페놀류 등과 같은 유독 물질과 결합하여 소변으로 배출되는 해독 작용을 한다. 이 외에 갈락토스에서 유래된 갈락투론산(galacturonic acid) 등이 있다.

알돈산(aldonic acid)은 알도스의 알데하이드기(-CHO)가 산화되어 카복실기로 전환된 유도체로서 세균, 곰팡이 등에 존재하는 글루콘산(gluconic acid)이 여기에 속한다. 알돈산이 산화되는 과정을 활용하여 다양한 단당류의 정성 및 정량 방법이 개발되었으며, 비색법을 이용하여 시료 내 알도스의 함량을 측정하는 데 활용되어 왔다.

알다르산(aldaric acid)은 알도스 내의 알데하이드기와 1차 하이드록실기 모두 산화되어 카복실기가 두 개가 되어 있는 구조를 가진다. 주로 알도스를 강산에서 열을 가하였을 때 형성된다(그림 4-11).

(5) 락톤류(lactones)

알돈산의 카복실기가 탄소 사슬의 마지막 하이드록실기와 에스터 결합을 이루면서 형성된 고리형 화합물을 락톤이라고 한다. 특히 포도당을 주로 발효를 통하여 생산한 D-glucono-δ-lactone(GDL, 글루코노델타락톤)은 식품첨가물로 다양하게 활용되고 있다(그림 4-12).

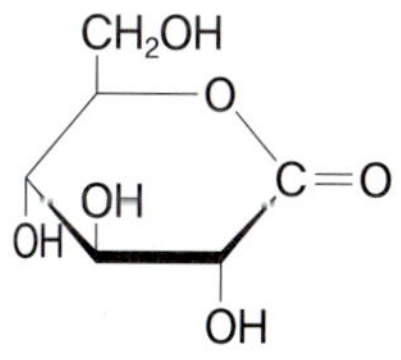

그림 4-12 • 글루코노델타락톤의 구조적 특성

5. 이당류/올리고당과 그 특성

이당류/올리고당류(oligosaccharides)는 오탄당 또는 육탄당과 같은 단당류가 탈수축합 반응에 의해 2~10분자 정도가 결합되어 있는 것으로 단당류의 수에 따라 이당류, 삼당류, 사당류, 그 이상을 올리고당 등으로 명명한다. 이때 탈수축합 반응에 의해 생성된 당과 당 사이를 연결하는 결합을 글리코사이드결합(glycoside bond)이라고 부른다. 물에 대한 용해도가 높은 편이나, 알파형과 베타형의 용해도가 다르다. 또한 사슬 길이가 길어질수록 감미도가 감소한다.

1) 이당류

(1) 맥아당

맥아당(maltose, 엿당)은 두 분자의 포도당이 α-1,4 결합으로 연결된 환원당이다. 곡류가 발아될 때 전분으로부터 생성되므로 곡식의 싹이나 엿기름(맥아), 당화한 곡류 등에 다량 함유되어 있으며, 식혜의 단맛을 내는 주성분으로 엿당으로도 잘 알려져 있다. 산업적으로는 전분을 β-아밀레이스(β-amylase)로 분해하여 얻을 수 있으며, 이를 환원시켜 얻은 당알코올인 말티톨(maltitol)은 저열량의 감미료로 다양하게 활용되고 있다(그림 4-13).

(2) 자당

자당(sucrose, 설탕)은 포도당의 1번 탄소와 과당의 2번 탄소의 결합으로 연결된 이당류로서 두 단당의 환원성 하이드록실기가 결합에 사용되어 환원력이 없다(그림 4-13). 사탕수수, 사탕무 등과 같은 식물에 존재하며 온도에 따른 단맛의 변화가 거의 없기 때문에 감미료의 표준 물질로 사용한다. 설탕은 산 또는 효소(invertase)에 의해 가수분해되면 포도당과 과당이 1 : 1 비율로 섞인 혼합물을 생성하는데 이를 전화당(invert sugar)이라고 부른다. 전화당은 흡습성과 감미도가 높아 세과의 원료로 널리 사용된다(표 4-3).

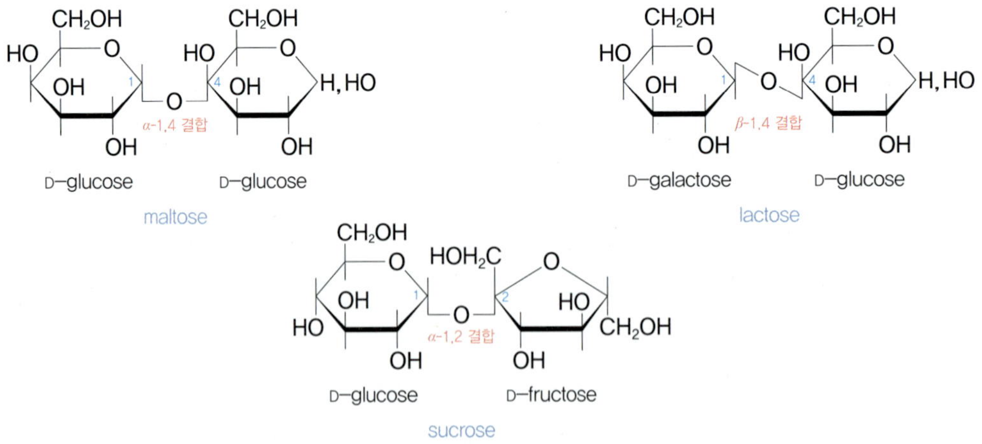

그림 4-13 • 대표적인 이당류의 구조

표 4-3 • 다양한 단당, 이당류의 상대감미도(설탕 기준)

감미료	상대적 감미도
과당(fructose)	1.2~1.8
자당(sucrose)	1.0
포도당(glucose)	0.6
맥아당(maltose)	0.3~0.5
젖당(lactose)	0.15~0.30
갈락토스(galactose)	0.32

(3) 유당

유당(lactose)는 포유동물의 젖에 함유되어 있는 당으로 포도당과 갈락토스가 β-1,4 결합으로 연결된 환원당이다. 모유에는 5~7%, 우유에는 4~6% 정도 함유되어 있으며 소장 상피세포에 결합되어 있는 락테이스(lactase)에 의해 가수분해된 후 흡수되어 대사된다. 성인이 된 후에 소장 상피 내에서 유당을 분해할 수 있는 락테이스의 발현 및 분비가 충분하지 않아 유당이 소화되지 않고, 대장에서 복부 팽만이나 설사를 유발하는 유당불내증(lactose intolerance)이 발생하기도 한다(그림 4-13).

(4) 트레할로스

트레할로스(trehalose)는 포도당과 포도당이 α-1,1 결합으로 구성된 비환원당으로 벌꿀, 버섯, 곤충류에 존재한다. 최근에는 생물학적 전환 기법을 활용하여 생산되고 있으며, 저열량의 감미 소재, 식품물성 개선제 등으로 활용되고 있다.

2) 올리고당류

(1) 말토올리고당

말토올리고당(maltooligosaccharides)은 3~10개 정도의 포도당이 직쇄형의 α-1,4 결합으로 구성되어 있으며, 당쇄 구조의 길이에 따라 용해도, 점도 및 흡습성에서 다양한 물성을 나타낸다. 주로 옥수수 전분을 α-아밀레이스를 활용하여 액화시킨 후 전분분해효소를 활용하여 가수분해반응에 의해 분지결합(α-1,6 결합)을 제거하여 생산한다.

(2) 아이소말토올리고당

아이소말토올리고당(isomaltooligosaccharides)은 3~10개 정도의 포도당이 직쇄형의 α-1,6 또는 분지형의 α-1,4 및 α-1,6 분지 형태를 포함하는 결합으로 구성되어 있다. 분지결합의 특성으로 인해 소장 내 탄수화물 분해효소에 의해 소화가 되지 않는 저칼로리 감미 소재 또는 장 건강 개선을 위한 프리바이오틱 소재로 활용되고 있다.

(3) 프럭토올리고당

프럭토올리고당(fructooligosaccharide, FOS)은 설탕 또는 과당에 β-2,1 또는 β-2,6 형태로 과당이 연결되어 있는 형태로 구강 내에서 충치를 유발하지 않으며, 인간의 소화효소로 분해가 되지 않아 대장 건강 개선을 위한 프리바이오틱 소재로 활용되고 있다. 단맛을 내는 감미 올리고당으로 널리 활용되고 있으며, 치커리 뿌리의 경우 천연으로 고농도의 프럭토올리고당을 지니고 있다. 최근에는 설탕에 당전이 효소를 반응시켜 설탕에 과당을 지속적으로 연결시키는 반응을 통해 프럭토올리고당을 대량 생산하고 있다.

(4) 사이클로덱스트린

직쇄형의 아밀로스 또는 아밀로펙틴의 긴사슬을 사이클로덱스트린 글리코실트랜스퍼레이스(cyclodextrin glycosyltransferase, CGTase)라는 효소반응을 통해 포도당 사슬을, 6, 7, 8개 갖는 환형의 사이클로덱스트린(cyclodextrin) 중합체가 생산되며, 이를 각각 α, β, γ-사이클로덱스트린이라 한다. 환형의 구조로 인해 외부는 OH기의 노출을 통한 친수성(hydrophilic) 성질을 가지나, 내부는 탄소 원자와 수소 원자의 존재로 소수성(hydrophobic)의 두 가지 성질을 모두 가진다. 식품에서는 친수성의 외부와 소수성의 내부 성질 이용하여 다양하게 활용되는데, 그 예로 사이클로덱스트린 내부의 소수성 분자들을 이용하여 이취 성분을 제거하는 데 사용되거나 용해도가 낮은 물질의 용해도를 증가시키고 의약품의 생체 내 유리 및 안정화에도 활용된다(그림 4-14).

(5) 기타 올리고당

라피노스(raffinose)는 포도당, 과당, 갈락토스 세 개의 단당으로 구성된 비환원당으로 상대적으로 낮은 감미도(설탕 대비 30%)를 가지며, 사탕무나 콩 등에 존재한다. 스타키오스(stachyose)는 라피노스에 갈락토스가 α-1,6 결합으로 결합되어 있는 사탄당이며,

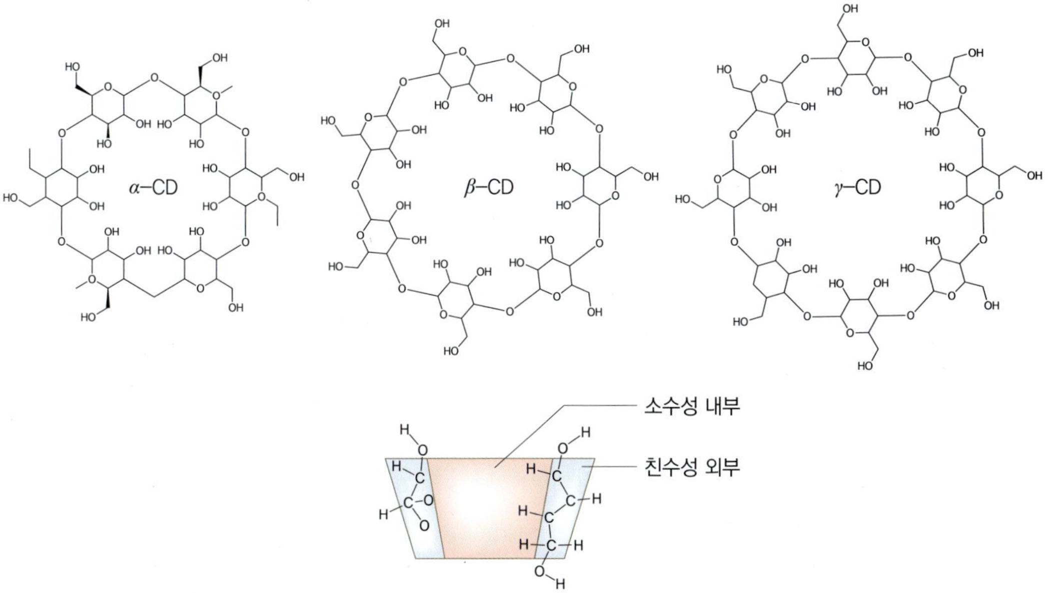

그림 4-14 • 사이클로덱스트린의 구조적 특성(α, β, γ) 및 친/소수성 특성

라피노스처럼 콩 등에 많이 존재하고 있다. 두 올리고당 모두 다량 섭취 시에는 장관 내에서 소화가 잘 안 되어 가스가 차게 만드는 요인(flatulence factor)이 되기도 하지만, 변비를 개선하는 정장 작용의 효과도 있다(그림 4-15).

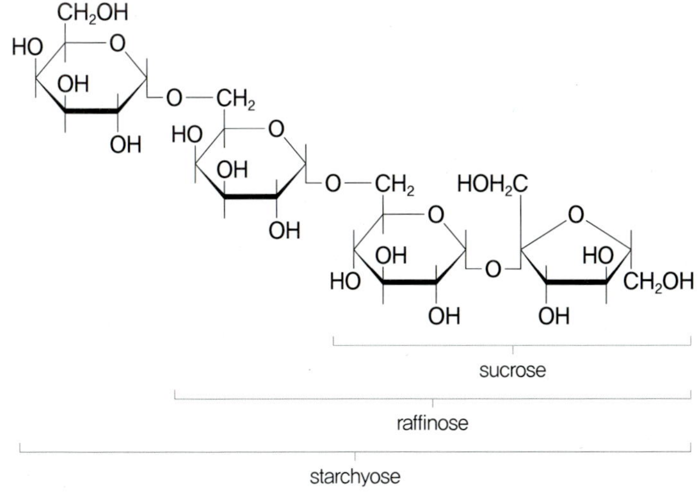

그림 4-15 • 라피노스와 스타키오스의 구조적 특성

6. 다당류와 그 특성

다당류(polysaccharides)는 많은 수의 단당류가 연결되어 생성된 고분자 화합물이다. 생물체의 구조와 영양에 중요한 물질로 자연계에 존재하는 탄수화물의 대부분이 해당된다. 일반적으로 다당류는 단맛이 거의 없으며, 식품에 점도를 부여하는 역할을 한다. 구성당의 종류에 따라 단순다당류(homopolysaccharides)와 복합다당류(heteropolysaccharides)로 분류한다. 단순다당류는 한 가지 종류의 단당류 또는 그 유도체로 구성되어 있는 것으로 전분, 글리코겐, 섬유소, 이눌린 등이 해당되며, 복합다당류는 두 가지 이상의 단당류나 그 유도체로 구성되어 있는 다당류로서 펙틴질, 한천, 식물성 검류 등이 있다. 또한 직쇄형의 다당류(셀룰로스, 전분 내 아밀로스, 알긴)와 분지형의 다당류(전분 내 아밀로펙틴, 구아검, 로커스트콩검) 등으로 구분할 수 있다.

다당류는 흡수성을 지니고 있어 식품에 함유된 수분의 이동을 조절하며, 수분의 분자 내 이동은 다당류의 물리적 특성과 기능적 성질에 영향을 받게 된다. 다당류 내의 하이드록실 그룹은 물과 수소결합을 하며, 물과 친화력이 커 쉽게 수화된다. 다당류의 대부분은 물과 결합하여 점도(viscosity)를 높이고 중량감을 부여한다. 다만, 셀룰로스, 만난, 키틴과 같은 직쇄 구조 다당류는 대부분 나선형 구조를 형성하여, 결정성 물질을 형성하여 물에 불용성인 특성을 가진다. 결정성 물질은 직쇄형의 동질 물질이 촘촘히 모인 결정성 영역과 무정형 영역으로 구성되며, 결정성 영역이 다당류의 강도, 불용성, 효소 저항성 등을 부여한다. 하지만 직쇄형 복합다당류나 분지다당류는 결정성 영역을 형성하기가 쉽지 않으며, 사슬의 불규칙성이 커질수록 용해도가 증가한다.

1) 전분

전분(starch)은 포도당이 결합하여 만들어진 식물의 저장성 다당류로서 지구상에서 두 번째로 많은 바이오메스이며, 인간에게 하루에 필요한 70~80%의 에너지를 공급한다. 곡류(쌀, 밀, 옥수수 등), 서류(고구마, 감자, 타피오카 등) 및 채소와 과일 등에 널리 분포되어 있다.

(1) 전분 입자의 특성

전분은 입자의 크기와 모양이 유래하는 식물에 따라 다양하며, 주로 현미경을 통해 관찰하게 된다(그림 4-16).

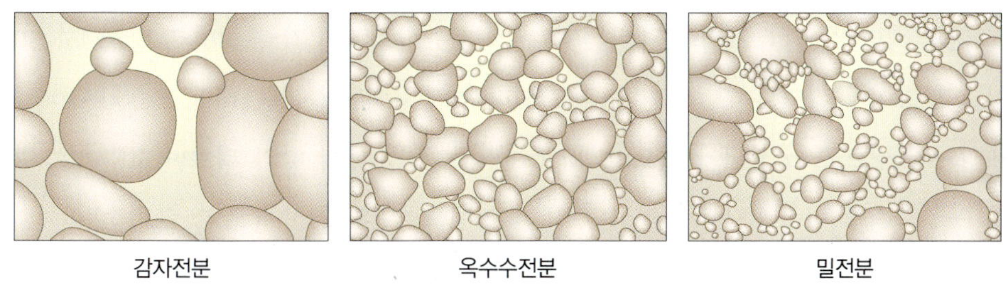

그림 4-16 • 전분 입자의 다양한 형태

전분의 구조는 포도당이 α-1,4 결합에 의해 직선형으로 연결되어 있는 아밀로스(amylose)와 α-1,4 결합의 주 사슬에 α-1,6 결합의 곁사슬이 연결되어 가지를 친 모양을 하고 있는 아밀로펙틴(amylopectin)의 두 가지 형태가 있다(그림 4-17). 대부분의 전분에는 25% 내외의 아밀로스를 함유하고 있으나 찹쌀, 찰옥수수, 차조 등의 전분은 거의 아밀로펙틴으로만 구성되어 있다.

아밀로스는 포도당이 6개 분자마다 오른쪽으로 도는 나선형의 구조를 띠고 있다. 유래하는 식물에 따라 다양하지만 일반적으로 250~5,000개 정도의 포도당이 연결되어 있는 구조로 내부는 비어 있어 요오드 이온(I^-)이 결합 가능하다. 결합된 요오드 분자는 청색을 나타내며, 이를 활용하여 발색에 의한 아밀로스 함량 측정을 활용해 왔다.

그림 4-17 • 직쇄형 아밀로스와 분지형 아밀로펙틴 구조

아밀로스 분자의 내부는 하이드록시기의 부재로 소수성을 갖으며, 이러한 특성으로 인하여 지방산 분자와 화합물의 형성이 가능하다. 특히 구조적으로 아밀로펙틴에 비해 가지가 없기에 분자 구조가 밀접하게 결합하게 되어 상대적으로 노화가 빨리 진행된다. 곡류마다 함량이 다르다.

아밀로펙틴은 α-1,6 결합이 대략 4~5% 정도를 차지하며 각 분지별로 평균 15~30개의 포도당이 글리코사이드 결합을 하고 있다. 아밀로펙틴 분자는 대략 10,000~100,000개의 포도당으로 구성되어 있으며, 평균 분자량은 종류에 따라 다르나 10^8~10^9 정도로 아밀로스에 비해 100배가량 크다. 또한 아밀로펙틴의 분지 구조는 클러스터(cluster)를 구성하고 있으며, 직쇄형의 α-1,4 결합으로 인하여 이중결합을 형성하는 결정성 영역이 만들어진다. 특히 전분 입자 내에서 무정형 영역(amorphous region)과 결정성 영역(crystalline region)을 형성한다. 생전분은 종류에 따라 고유의 X-선 회절도를 지니고 있는데, 쌀, 보리 등의 곡류 전분은 A도형, 감자나 밤 전분은 B도형, 고구마나 바나나 전분은 C도형을 각각 나타낸다. 그러나 생전분이 호화되면 이들 도형은 전분의 종류와 무관하게 모두 불분명한 회절도 모양(V도형)으로 변한다(그림 4-18).

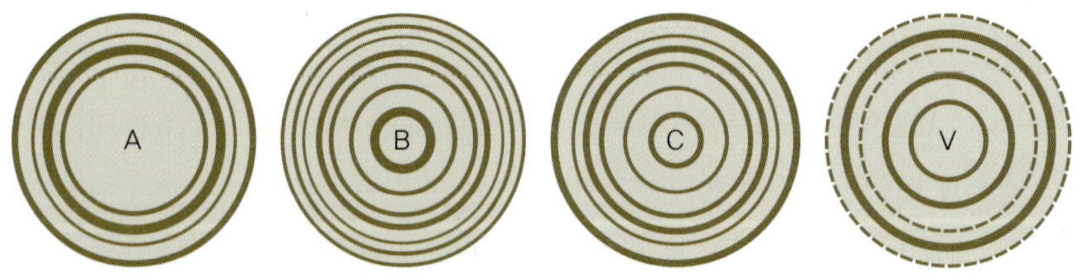

그림 4-18 • 전분의 다양한 X-선 회절도 패턴

(2) 전분의 호화

생전분에 물을 가하고 가열하면 일정한 온도 부근에서 전분 분자의 수소결합이 절단되고 물을 흡수하므로 팽윤(swelling)되어 점도가 큰 반투명의 콜로이드(colloid) 용액이 된다. 이러한 현상을 전분의 호화(gelatinization) 또는 α-화라고 부른다. 전분은 아밀로스와 아밀로펙틴이 수소결합에 의하여 집합체인 미셀(micelle)을 형성(β-화)하고 있는데 호화가 되면 전분 분자들이 무질서하게 풀어져 긴 사슬이나 가지 모양의 분자 형태를 이루기 때문에 점성이 큰 풀이 되는 것이다. 전분의 호화 과정은 크게 ① 수화 단계, ②

팽윤 단계, ③ 붕괴 단계로 이루어지며, 전분이 호화된 후에는 전분의 부피가 팽창하고 용해도가 증가하며 색소를 흡수하는 성질이 증가한다.

① 수화 단계

전분 분자는 상온에서 수용성이 높지는 않으나 새로운 수소결합이 아밀로스 또는 아밀로펙틴 분자 내의 하이드록시기와 물 분자 간에서 형성된다. 전분 분자가 물을 흡수하게 되는 이러한 과정을 수화(hydration) 단계라 하며 전분 입자가 팽윤하게 된다. 특히 수화 단계에서 흡수된 수분은 건조시키면 쉽게 제거되며, 전분 입자가 처음 크기로 돌아가게 되어 호화 개시 전까지의 반응은 가역반응(reversible reaction)이라고 할 수 있다.

② 팽윤 단계

전분 분자를 물과 함께 지속적으로 가열하면 반응성의 증가로 물의 흡수량이 증가하게 되고, 특정 온도에 도달하게 되면 전분 분자강의 수소결합이 끊어지게 된다. 이 반응이 활발히 일어날수록 전분의 미셀 구조가 붕괴되어 전분 입자의 팽윤이 급속하게 일어난다. 팽윤 단계에 돌입하게 되면 수화 단계와는 다르게 반응이 비가역적으로 일어나게 된다.

③ 붕괴 단계

팽윤 현상이 최고조에 이르면 전분 입자들은 붕괴되며, 투명하고 점성을 지닌 교질성 용액(colloidal solution)을 형성하게 된다. 전분의 호화가 진행되면서 전분 입자가 붕괴되고 이에 따라 전분 분자의 규칙성이 붕괴된다. 이때, 전분 고유의 복굴절의 소실, 결정성의 소실되는 특성이 나타난다. 전분의 호화에 영향을 미치는 인자는 다음과 같다

- 전분의 종류 : 전분의 종류에 따라 전분 입자의 구조가 다르기 때문에 호화 정도가 달라진다. 일반적으로 입자 크기가 작은 곡류 전분은 호화되기 어렵고(더 높은 온도가 필요함), 서류 전분은 호화되기 쉽다. 예를 들면 곡류 전분의 호화 온도는 쌀(68~78℃), 옥수수(62~70℃), 밀(60~70℃)에서처럼 대체적으로 높고, 서류 전분은 고구마 전분(58~66℃)에서처럼 낮다. 또 아밀로스가 아밀로펙틴보다 구조가 간단하여 호화속도가 상대적으로 빠르다.
- 수분함량, 온도 및 가열시간 : 수분이 많을수록 팽윤이 잘되므로 호화가 촉진되며, 온도가 높을수록, 가열시간이 길수록 전분 분자의 팽윤이 쉽기 때문에 호화가 촉진

된다(호화시간의 단축). 예를 들어 쌀 전분을 호화시킬 때 70℃에서는 3~4시간이 소요되지만 100℃에서는 20분 정도면 호화가 진행된다.

- pH : 알칼리 상태에서는 전분 분자의 팽윤이 잘되기 때문에 호화가 촉진되지만, 산성 조건에서는 전분 내의 글리코사이드 결합이 분해되기에 전분 분자의 분자량이 감소하고 이는 호화 후 용액 점도의 감소로 이어진다.
- 염류 및 당 : 일반적으로 염류는 전분 분자의 팽윤을 도와주기 때문에 호화를 촉진시키며, 팽윤제의 역할을 한다. 당류는 30% 정도까지는 호화를 촉진하지만 과량을 첨가하면 호화를 억제한다.

(3) 전분의 노화

전분의 노화(retrogradation)란 호화된 전분을 실온에서 장시간 방치하면 불투명하게 변하고 점성이 저하되어 침전하거나 겔 상으로 굳는 현상이 나타나는 현상을 말하며, β-화라고도 한다. 전분의 노화는 분산되어 있던 전분 분자가 다시 수소결합을 형성하면서 생전분과는 다른 형태의 부분적으로 규칙적인 결정 구조(micelle)로 되돌아가기 때문에 나타난다. 전분이 노화되면 X-선 회절도가 다시 특정한 모양을 형성하여 명료하게 바뀌는데, 전분의 종류와 무관하게 모두 B형을 나타낸다. 전분의 노화는 아밀로스와 아밀로펙틴 분자 모두에게서 일어나지만 직쇄 구조의 아밀로스가 결정 형성이 더 잘 일어나므로 노화의 속도가 빠르다.

노화가 일어나게 되면 전분 내 구조의 결정화로 인해 점도가 감소하게 되며 이는 궁극적으로 녹말질 식품의 품질 저하 요소가 된다. 또한 전분 구조의 결정화로 인하여 용액 내에서 수용성이 낮아지게 된다. 따라서 생체 내에서 α-아밀레이스 또는 α-글루코시데이스와 같은 탄수화물 소화 효소의 기질 접근 반응이 어렵게 되어 생체 내에서 소화율이 떨어지게 된다. 전분의 노화 반응에 영향을 미치는 인자는 다음과 같다.

- 전분의 종류 : 서류 전분에 비하여 곡류 전분이 노화되기 쉽고 아밀로스 함량이 많을수록 노화가 잘 일어난다. 따라서 멥쌀은 호화가 잘되고 노화도 잘되는 반면, 찹쌀은 호화되기는 어렵지만 일단 호화가 되면 노화가 잘 진행되지 않아 끈기를 오랫동안 유지하는 것이다.
- 수분함량 : 노화가 일어나기 위한 최적 수분함량은 30~60%이며 수분이 너무 많으

면 전분 분자가 회합을 이루기가 어렵다. 또한 수분함량이 너무 적으면 전분 분자의 침전을 방해하여 노화가 억제된다.

- 온도, pH 및 기타 인자 : 0~4℃ 부근에서 노화가 가장 잘 일어나며 60℃ 이상이나 -20℃ 이하에서는 노화가 잘 일어나지 않는다. 일반적으로 산성에서는 노화가 촉진되고, 알칼리성에서는 억제된다. 또한 당, 이온성 염류, 가소방지 효과, 유화제와 같은 계면활성제 등이 존재하면 노화가 억제된다.

(4) 전분의 분해

전분은 물을 가하지 않고 160~170℃로 가열하거나 약산의 처리 또는 가산으로 가수분해했을 때 전분의 글리코사이드 결합이 분해될 수 있으며, 이를 호정화(dextrinization)라고 한다. 지속적인 분해를 통해 다양한 크기를 지닌 덱스트린의 생산이 가능하다. 무수 조건에서 호정화된 덱스트린은 분자량이 작아 용해도가 크고 효소작용을 받기 쉬우므로 소화성이 좋다. 예를 들면 식빵 토스트, 곡류의 튀김(뻥튀기, 튀밥), 팝콘, 미숫가루 등은 호정화를 이용한 식품이다. 효소나 산을 이용한 가수분해반응에 의해 형성된 덱스트린은 분자 크기에 따라서 요오드 정색 반응에 차이를 나타내며 아밀로덱스트린, 에리쓰로덱스트린, 아크로덱스트린, 말토덱스트린 등으로 구분한다.

덱스트린은 식품 소재 이외에도, 필름형성제(film-formers), 접착제(adhesives), 코팅제(coating agents), 습윤제(humectants), 부형제(bulking agents), 결정억제제(crystallization inhibitor), 지방대체제(fat replacer) 등의 다양한 목적으로 사용이 가능하다.

(5) 전분 가수분해효소

전분을 가수분해하는 효소에는 α-아밀레이스(α-amylase), β-아밀레이스(β-amylase), 글루코아밀레이스(glucoamylase)가 있다.

α-아밀레이스는 전분 내부의 α-1,4 결합을 무작위로 가수분해하는 효소로서 포도당이 두 개 또는 세 개 붙어 있는 말토스(맥아당, maltose)와 말토트리오스(maltotriose) 및 더 이상 α-아밀레이스에 분해되지 않는 α-한계덱스트린(limit dextrin)을 생산한다. 전분 용액의 점도를 빠르게 감소시키기 때문에 액화효소라고도 한다.

β-아밀레이스는 전분의 비환원성 말단 부위부터 말토스(맥아당) 단위로 분해하는 효소로서 가수분해가 진행되면서 단맛을 증가시키기 때문에 당화효소라고도 한다. 이 효

소는 아밀로펙틴의 α-1,6 결합 분지점 부근에 가까워지면 더 이상 분해하지 못하기 때문에 완전 가수분해를 하지 못하고 큰 분자량의 β-한계덱스트린을 남기게 된다.

글루코아밀레이스는 전분 분자의 비환원성 말단 부위부터 포도당 단위로 분해하는 효소로서 포도당을 식품산업적으로 생산하는 데 활용되고 있다.

2) 글리코겐

글리코겐(glycogen)은 동물의 간과 근육, 또는 효모나 균류와 같은 미생물의 저장 다당류로서 그 구조나 성질이 α-1,4 결합과 α-1,6 분지 구조를 가지고 있는 아밀로펙틴과 유사하다. 하지만 전분류에 비해 수용성이 높으며, 분지결합이 비율은 높으나 사슬 길이는 짧다. 높은 수용성으로 겔 형성이 어려우며 결정 구조를 형성하지 않아서 노화 반응은 잘 일어나지 않는다. 축산 동물을 도축한 후에는 자가 효소의 분비로 인해서 근육 내 저장되어 있는 글리코겐이 포도당으로 분해된다(그림 4-19).

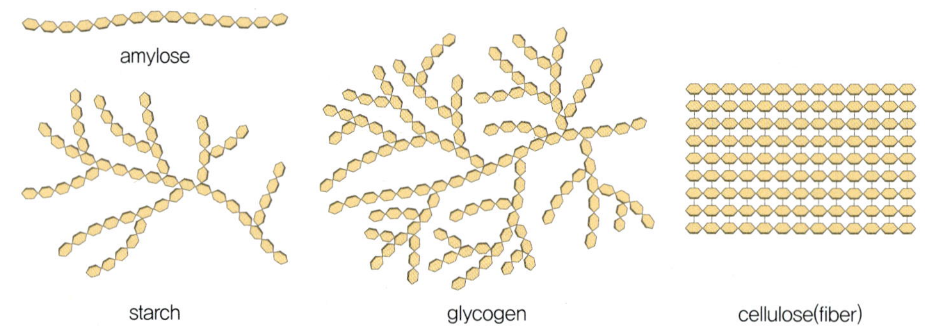

그림 4-19 • 전분, 글리코겐, 셀룰로스의 구조적 차이

3) 셀룰로스

셀룰로스(cellulose)는 지구상에 가장 풍부한 바이오매스이며, 식물 세포벽의 주성분으로 식물 조직을 헤미셀룰로스와 함께 형성하여 구조를 형성하는 역할을 한다. 구조적으로 전분과는 다르게 2,000~3,000개 정도의 포도당 분자가 β-1,4 결합으로 연결된 직선 구조로 되어 있는 단순다당이다. 초식동물은 장내 미생물이 분비하는 효소를 활용하여 셀룰로스를 분해시켜 이를 에너지원으로 이용한다. 반면에 사람은 섬유소를 분해하는 효소인 셀룰레이스(cellulase)를 생산하지 못하기 때문에 섬유소를 분해하여 포도당으로 소화하지 못하므로 영양적 가치는 적다. 그러나 섬유소는 장의 연동 작용을 촉진하거나 포만감을 부여하는 등의 식이섬유의 효과 및 최근에는 장내 미생물의 유용한 먹이로 활용될 수 있는 프리바이오틱 효과로 인해 그 가능성이 증대되고 있다.

셀룰로스는 알칼리 용액 내에서 용해도에 따라 분류가 가능하여 α-셀룰로스(18% 알칼리 용액에 녹지 않는 부분), β-셀룰로스(18% 알칼리 용액에 녹으나 중화 시 침전되는 부분) 및 γ-셀룰로스(18% 알칼리 용액에 녹으며 중화 시 침전되지 않는 부분)로 나눌 수 있다. 또한 산업적으로 메틸셀룰로스(methyl cellulose)와 카복시메틸셀룰로스(carboxymethyl cellulose, CMC)와 같은 소재는 셀룰로스임에도 불구하고 수용성 및 겔화 특성을 지니므로 점도 증진제와 같은 식품 소재로 활용되고 있다.

4) 프럭탄

프럭탄(fructans)은 과당이 다당체 형태로 결합 구조에 따라 이눌린(inulin)과 레반(levan)으로 구분된다. 이눌린은 돼지감자, 우엉, 다알리아의 뿌리 등에 존재하는 저장성 탄수화물로서 과당이 β-2,1 결합으로 연결된 단순다당류이며, 과당이 β-2,6 결합을 이루고 있는 프럭탄을 레반이라고 하는데 주로 미생물이 생산한다. 이눌린은 산 또는 효소(inulinase)에 의해 가수분해되면 과당을 생성하므로 산업적으로 과당 또는 올리고당을 제조하는 원료가 된다. 또한 맛은 부드러운 단맛을 나타내며, 식후 혈중 포도당 농도를 높이지 않아 당뇨병 환자용 또는 기능성 감미료로 활용되고 있다.

5) 펙틴질

일반적으로 펙틴이라 함은 적당한 산과 당의 존재 하에 겔을 형성할 수 있는 물질을 일컬으며, 이러한 성질을 이용한 대표적인 제품이 젤리이다. 펙틴질은 과일, 채소 등의 세포벽이나 세포막 사이를 결착시켜 주는 물질로서 α-1,4 결합을 이루는 D-갈락투론산(galacturonic acid)과 소량의 오탄당, 그리고 육탄당으로 구성된 다당류를 말한다. 일반적으로 상업적 펙틴은 감귤류 또는 사과 껍질에서 추출해서 사용한다. 그림 4-20에서와 같이 직쇄형의 구조를 띠는 부분과 분지형을 띠는 구역으로 나누어진다.

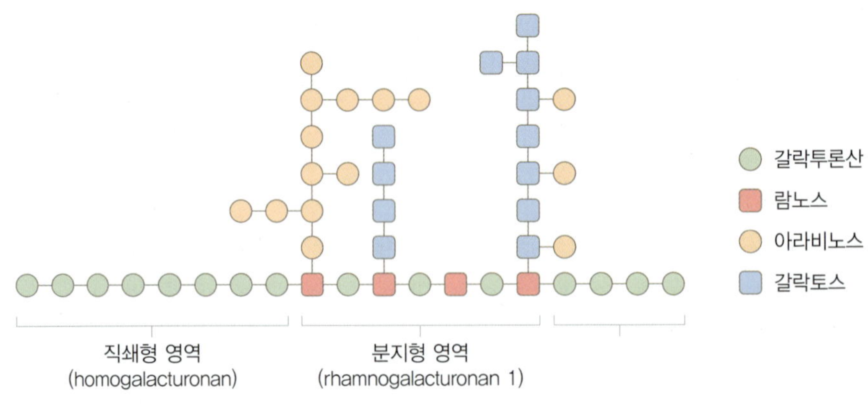

그림 4-20 • 펙틴의 분자 구조

펙틴질은 프로토펙틴(protopectin), 펙트산(pectic acid), 펙틴산(pectinic acid)으로 구분된다. 미성숙 과일에 불용성으로 존재하는 프로토펙틴은 과일이 익을 때 생성하는 효소의 작용으로 분해되어 수용성의 펙트산과 펙틴산으로 변한다. 펙트산은 카복실기에 메틸에스터기가 존재하지 않은 구조를 띠고 있으며, 펙틴산은 펙틴 구조 내의 카복실기에 메틸에스터 구조를 띠고 있다. 펙틴질의 구조적인 차이로 인해 교질 용액 형성에 차이를 나타낸다. 펙틴의 에스터화 정도(degree of esterification, DE)는 펙틴 내에서 숫자 또는 %의 메틸알코올로 에스터화된 갈락투론산의 비율을 의미한다. 대부분 식물류의 펙틴은 50~80%의 에스터화 정도를 지니고 있으며, 에스터화 정도가 50% 이상이면 고메톡실펙틴(high methoxyl pectin, HMP)이라 하며, pH 2~3.5의 산과 높은 농도의 설탕 조건하에서 겔 형성이 가능하다. 에스터화 정도가 50% 이하이면 저메톡실펙틴(low methoxyl pectin, LMP)으로 분류하며, 칼슘과 같은 2가 양이온(divalent cation)이 펙틴 내의 카복실레이트(carboxylate) 그룹과 가교결합할 때 겔 형성을 하게 되어 HMP와 다른 기작을 나타낸다. LMP는 HMP와 다르게 다양한 pH 범위에서도 겔 형성이 가능하지만, 겔의 탄성은 HMP보다 낮다.

6) 검류

검류(gums)는 대개 이형다당류의 형태로 식물의 씨(구아검, 로커스트콩검), 식물의 분비물(아라비아검, 트라가칸스검), 해조류(아가, 카라기난, 알긴산), 미생물(잔탄검, 젤란검)과 같이 다양한 유래를 지닌다. 다양한 구조 및 겔화 특성을 지녀 식품 내의 점도제 또는 안정제로 다양하게 활용이 되고 있다.

(1) 한천

한천(agar)은 홍조류인 우뭇가사리에서 추출한 다당류로 아가로스(agarose)와 아가로펙틴(agaropectin)의 두 분자로 구성되어 있다. 아가로스는 D-galactopyranose와 3,6-anhydro-L-galactopyranose가 β-1,3 결합과 α-1,4 결합이 교대로 연결된 구조이며, 아가로펙틴은 부분적으로 황산(sulfate)기와 메틸(methyl)기를 가지고 있는 형태이다. 한천은 겔 형성능이 우수하고 고온에서도 잘 견디므로 제과의 안정제로 사용하거나 또는 미생물 배지 등을 제조하는 용도로 이용된다.

(2) 알긴산

알긴산은 미역, 다시마 등의 갈조류의 세포막 성분으로 냉수에는 녹지 않으나 뜨거운 물에는 약간 용해된다. 칼슘 등의 다가 이온이 존재하면 겔을 형성하기 때문에 치즈, 아이스크림 등의 안정제로 활용되고 있다.

(3) 구아검

D-만노스가 β-1,4 결합으로 골격을 이루고 있으며, 2개 단위로 α-1,6 결합의 갈락토스가 분지 구조를 가지고 있는 갈락토만난(galactomannan)이다. 모든 검류 중에서 가장 높은 점도를 가지고 있으며, 식품으로 활용될 때는 1% 이하로만 사용한다.

(4) 로커스트콩검

D-만노스가 β-1,4 결합으로 골격을 이루고 있어서 구아검과 상당히 유사하나, 기본적으로 4개의 만노스 단위로 α-1,6 결합의 갈락토스가 분지 구조를 가지고 있는 형태이기는 하나 일정하지는 않은 형태의 갈락토만난이다. 모든 검류 중에서 가장 높은 점도를 가지고 있다.

(5) 잔탄검

잔탄검은 미생물이 생산하는 다양한 검류 중 가장 식품소재로써 많이 활용되는 소재로 잔토모나스 캄페스트리스(*Xanthomonas campestris*)라는 균주가 생산한다. D-글루코스(D-glucose), D-글루쿠론산(D-glucuronic acid), D-만노스의 구성당으로 기본적으로 셀룰로스와 같이 포도당이 β-1,4 결합을 이루고 있는 가운데 만노스와 글루쿠론산이 분지를 이루고 있는 형태이다.

단원정리

- 탄수화물은 인간에게 에너지를 공급해주는 당, 전분류 및 식이섬유를 포함하는 물질이다.
- 탄수화물은 탄소(C), 수소(H), 산소(O)로 구성되어 있으며 알데하이드기를 갖는 알도스(aldose)와 케톤기를 갖는 케토스(ketose)로 구분한다.
- 단당류의 개수, 종류 및 당류 간의 결합 형태에 따라 탄수화물의 특성이 달라진다.
- 전분은 포도당이 α-1,4 결합에 의해 연결되어 형성된 단순다당류로서 직선형을 이루고 있는 아밀로스와 가지를 친 모양을 하고 있는 아밀로펙틴의 두 가지 형태로 구성되어 있다.
- 식이섬유형 탄수화물은 펙틴, 검류, 이눌린, 셀룰로스 등이 있으며 장내 탄수화물 소화효소에 의해 분해되지 않는다.

연습문제

1 다음 중 케토스인 당은?

① 포도당 ② 과당 ③ 맥아당 ④ 갈락토스

2 다음 중 포도당의 중합체로만 짝지워진 것은?

① 이눌린, 전분 ② 아밀로스, 글리코겐
③ 셀룰로스, 펙틴 ④ 아밀로펙틴, 알긴산

3 다음 설명 중 맞지 않은 것은?

① 맥아당은 맥아, 물엿, 식혜에 들어 있는 전분의 구성당이다.
② 유당은 포도당과 갈락토스가 β-1,4 결합으로 결합하여 형성된다.
③ 설탕은 포도당과 과당이 결합된 이당류로서 비환원당이다.
④ 전화당은 포도당과 과당이 1 : 2로 혼합되어 있는 설탕의 가수분해물이다.

4 다음 중 전분의 노화에 영향이 가장 적은 것은?

① 온도 ② 조리시간 ③ 수분함량 ④ 전분 분자의 종류

5 β-사이클로덱스트린은 모두 몇 개의 포도당을 가지고 있는가?

① 6 ② 7 ③ 8 ④ 9

6 단순다당류와 복합다당류의 차이를 설명하시오.

7 다음 중 올리고당이 아닌 것은?

① 라피노스 ② 스타키오스 ③ 과당 ④ 아이소말토올리고당

8 에피머에 대해 설명하고 D-포도당의 에피머를 예를 드시오.

정답

1 ② 2 ② 3 ④ 4 ② 5 ② 6 단순다당류는 한 가지 종류의 단당류 또는 그 유도체로 구성되어 있는 것이며, 복합다당류는 두 가지 이상의 단당류나 그 유도체로 구성되어 있는 다당류를 말한다. 7 ③ 8 피라노스(pyarnose) 내의 1개의 부제탄소에서만 입체 배치가 다른 것으로, D-만노스, D-갈락토스 등이 있다.

CHAPTER 5

지질과 유지식품

우리는 지질(lipids)보다는 지질의 한 종류인 지방이라는 용어에 더 익숙하지만 사실 지질은 지방과 기름만을 의미하는 것이 아니라 인지질과 스테롤류 등을 포함하는 영양소군이다. 우리가 섭취하는 대부분의 식품에는 아주 소량이라도 지질이 함유되어 있으므로 부드럽고 고소한 향미를 나타내게 된다.

화학적 조성을 살펴보면 지질은 탄소(C), 수소(H), 산소(O)를 주 원소로 하고 있는 유기화합물로서 일반적으로 극성인 물에는 용해되지 않지만 에테르나 클로로포름 등과 같은 비극성 유기용매에는 쉽게 용해되는 소수성 물질이다.

생체 내에서 지질은 저장성 지방과 조직을 구성하는 지질로 구별할 수 있다. 전자는 주로 글리세롤과 결합되어 있는 글리세라이드(glyceride) 형태로 되어 있는데 주로 피하조직, 장간막 등에 침착되어 있고 기아 시에 열량원으로 활용될 수 있다. 후자는 주로 인지질, 콜레스테롤 등으로 구성되어 있으며 세포막을 구성하거나 호르몬의 원료가 되는 지질이다. 특히 일부 필수지방산의 경우에는 영양학적으로 중요한 의미를 지니고 있다.

이처럼 지질은 중요 영양소이지만 현대인들의 잘못된 식습관에서 유발되는 일부 건강상의 문제 때문에 부정적인 이미지를 주는 경우가 많다.

1. 지방산

지방산(fatty acid)은 유지를 구성하고 있는 구성 성분으로서 대부분 짝수 개의 탄소 원자가 일렬로 연결된 탄소 사슬(직쇄)로 되어 있으며 분자의 끝에 카복실기(-COOH)를 지니고 있기 때문에 일종의 유기산이다. 식품에는 탄소 수가 14~18개인 지방산이 많이 함유되어 있고, 일반적으로 탄소의 개수에 따라 저급지방산(short chain fatty acid)과 고급지방산(long chain fatty acid)으로 분류한다. 그리고 자연계에 존재하는 지방산의 탄소 사슬 내부에는 이중결합이 있을 수 있는데, 이중결합의 유무에 따라 포화지방산(saturated fatty acid)과 불포화지방산(unsaturated fatty acid)으로 구분된다.

1) 포화지방산

포화지방산은 이중결합을 포함하지 않는 구조를 하고 있으며, 탄소 수가 많을수록 녹는점과 끓는점이 높아진다. 돼지기름, 쇠기름 등의 동물성 지방이 상온에서 고체 상태인 이유는 주로 포화지방산으로 구성되어 있기 때문이다.

2) 불포화지방산

불포화지방산은 분자 내에 이중결합을 1개 이상 가지고 있는 지방산인데 천연 유지 중에 존재하는 불포화지방산은 대부분 시스(*cis*)형을 취하고 있다. 그리고 메틸기(-CH_3)로부터 몇 번째 위치에 처음으로 이중결합이 위치하느냐에 따라서 **ω**-3, **ω**-6, **ω**-9 지방산 등으로 구분하기도 한다. 이중결합이 2개 이상일 경우 자연계의 지방산은 비공액형 이중결합(nonconjugated double bond)의 형태(−CH=CH−CH_2−CH=CH−)로 존재하게 된다.

불포화지방산은 식물성유지 또는 어류의 유지에 많이 함유되어 있는데 이중결합이 많을수록 녹는점이 낮아지기 때문에 일반적으로 상온에서 액체 상태를 유지하고 있다. 불포화지방산 중에 특히 이중결합을 많이 함유하고 있는 리놀레산(linoleic acid, C18:2), 리놀렌산(linolenic acid, C18:3), 아라키돈산(arachidonic acid, C20:4)은 인체에 꼭 필요하지만 체내에서 합성되지 않거나 합성되어도 그 양이 절대적으로 부족하여 외부로부터 반드시 공급받아야 하기 때문에 필수지방산이라고 한다.

표 5-1 • 식품에 존재하는 주요 지방산

일반명		숫자 표기	화학식
포화지방산	Caproic	6:0	$CH_3(CH_2)_4COOH$
	Caprylic	8:0	$CH_3(CH_2)_6COOH$
	Capric	10:0	$CH_3(CH_2)_8COOH$
	Lauric	12:0	$CH_3(CH_2)_{10}COOH$
	Myristic	14:0	$CH_3(CH_2)_{12}COOH$
	Palmitic	16:0	$CH_3(CH_2)_{14}COOH$
	Stearic	18:0	$CH_3(CH_2)_{16}COOH$
불포화지방산	Oleic	18:1 Δ9	$CH_3(CH_2)_7CH{=}CH(CH_2)_7COOH$
	Linoleic	18:2 Δ9	$CH_3(CH_2)_4(CH{=}CHCH_2)_2(CH_2)_6COOH$
	Linolenic	18:3 Δ9	$CH_3CH_2(CH{=}CHCH_2)_3(CH_2)_6COOH$
	Arachidonic	20:4 Δ5	$CH_3(CH_2)_4(CH{=}CHCH_2)_4(CH_2)_2COOH$
	EPA	20:5 Δ5	$CH_3CH_2(CH{=}CHCH_2)_5(CH_2)_2COOH$
	DHA	22:6 Δ4	$CH_3CH_2(CH{=}CHCH_2)_6CH_2COOH$

표 5-2 • 주요 동식물 식용유지의 지방산 조성

(%)

유지 종류	지방산											
	4:0	6:0	8:0	10:0	12:0	14:0	16:0	16:1	18:0	18:1	18:2	18:3
올리브유							13.7	1.2	2.5	71.1	10.0	0.6
카놀라유							3.9	0.2	1.9	64.1	18.7	9.2
옥수수유							12.2	0.1	2.2	27.5	57.0	0.9
콩기름						0.1	11.0	0.1	4.0	23.4	53.2	7.8
참기름							9.9	0.3	5.2	41.2	43.2	0.2
팜유					0.3	1.1	45.1	0.1	4.7	38.8	9.4	0.3
코코아						0.1	25.8	0.3	34.5	35.3	2.9	
돼지기름				0.1	0.1	1.5	24.8	3.1	12.3	45.1	9.9	0.1
버터	3.8	2.3	1.1	2.0	3.1	11.7	26.2	1.9	12.5	28.2	2.9	0.5

Tip

*cis*형 지방산

이중결합을 지니고 있는 분자 안에서 원자나 원자단의 상대적 입체 위치가 다른 이성질체를 기하이성질체라고 한다. 이때 이중결합을 지니는 분자에서 이중결합을 기준으로 양측에 있는 원자나 원자단이 같은 방향에 있으면 *cis*형, 반대 방향에 있으면 *trans*형이라고 구분한다.

*cis*형 지방산

*trans*형 지방산

이중결합에 따른 표기법

지방산의 탄소 번호는 카복실기가 있는 위치부터 1, 2, 3 등으로 번호를 붙여 나간다. 다른 방법으로는 카복실기 옆 탄소, 즉 2번 탄소부터 α, β, γ탄소로 번호를 부여하는 방법이 있는데 탄소의 숫자와 무관하게 가장 마지막에 위치한 탄소를 ω(오메가) 탄소라고 부른다. 아래의 그림처럼 리놀레산은 카복실기로부터 번호를 붙여 9번째 탄소의 이중결합이 존재하는 것으로 표현할 수 있고, 메틸기로부터 번호를 붙여 ω-6 지방산으로 분류할 수도 있다.

리놀레산(linoleic acid, C18:2)

주요 식용유지를 구성하는 지방산의 종류는 유지의 종류에 따라 매우 다양하나, 일반적으로 존재하는 주요 지방산은 올레산, 팔미트산, 스테아르산, 리놀레산 등이다. 특정 식품의 경우 고유한 지방산 조성을 지니기도 하는데, 올리브유에는 올레산 한 종류가 대부분을 차지하고, 버터는 뷰티르산을 3% 이상 함유한 것이 특징이다. 주요 식용유지의 지방산 조성은 표 5-2와 같다.

2. 지질의 종류

지질은 화학적인 면에서 일정한 특성이 없는 다양한 여러 종류 물질의 총칭이므로 이를 분류하는 방법은 여러 가지가 있을 수 있는데, 구성 성분과 화학적 구조를 감안한 다음의 분류 방법이 일반적으로 사용되고 있다.

1) 단순지질

단순지질(simple lipid)은 지방산과 알코올이 에스터 결합을 하고 있는 지질로서 어떤 종류의 알코올과 에스터를 형성하고 있는가에 따라 중성지질, 왁스 등으로 분류된다.

중성지질은 다가 알코올인 글리세롤(glycerol) 1분자에 지방산 3분자가 에스터 결합으로 결합되어 있는 것으로서 트라이아실글리세롤(triacylglycerol, TG), 또는 트라이글리세라이드(triglyceride)라고 한다. 중성지질이 만들어질 때 경우에 따라서 2개 또는 1개만의 지방산과 에스터 결합을 형성하는 경우도 있는데 전자를 다이아실글리세롤(DG), 후자를 모노아실글리세롤(MG)이라고 부른다. TG 분자에서 가장 약한 부분은 에스터 결

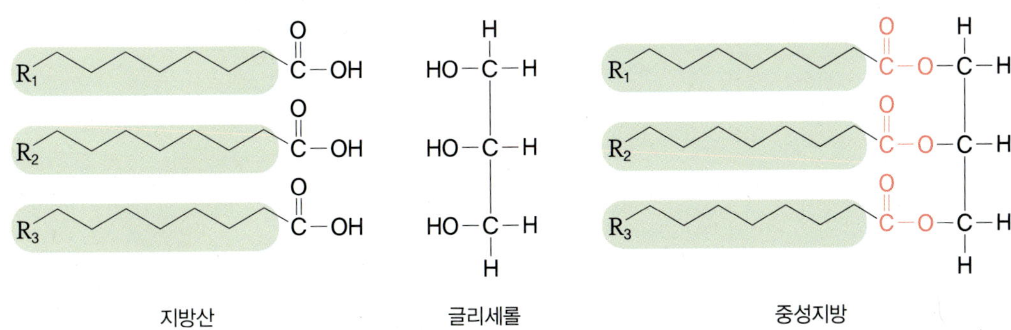

그림 5-1 • 지방산, 글리세롤과 중성지방의 구조

합 부위로서 알칼리 조건에서 가열하면 비누와 글리세롤로 가수분해되며(비누화), 생체 내에서는 지방분해효소(lipase)에 의해서 가수분해될 수 있다.

왁스(wax)는 고급알코올과 고급지방산이 에스터 결합을 형성하고 있는 것으로 상온에서 고체 상태를 유지한다. 왁스는 생물체 표면에 주로 존재하여 수분의 손실을 방지하고 외피를 보호하는 역할을 하며, 밀납 등의 성분이기도 하다.

2) 복합지질

복합지질(complex lipid)은 단순지질에 다른 원자단이 결합되어 있는 인지질(인산, 질소 화합물), 당지질(당류), 지단백질(단백질) 등과 같은 부류를 말한다. 레시틴(lecithin)과 세팔린(cephalin)은 식물의 종자와 동물의 뇌, 신경계, 간, 난황, 대두 등에 많이 함유되어 있는 인지질(phospholipid)이다. 레시틴은 분자 내에 친수성과 소수성을 모두 가지고 있는 양쪽성 때문에 강한 유화작용을 지니고 있어 마요네즈, 마가린, 아이스크림 등의 제조에서 유화제로 널리 사용된다. 당지질에는 세레브로사이드(cerebroside)와 같은 스핑고지질(sphigolipid)이 포함된다.

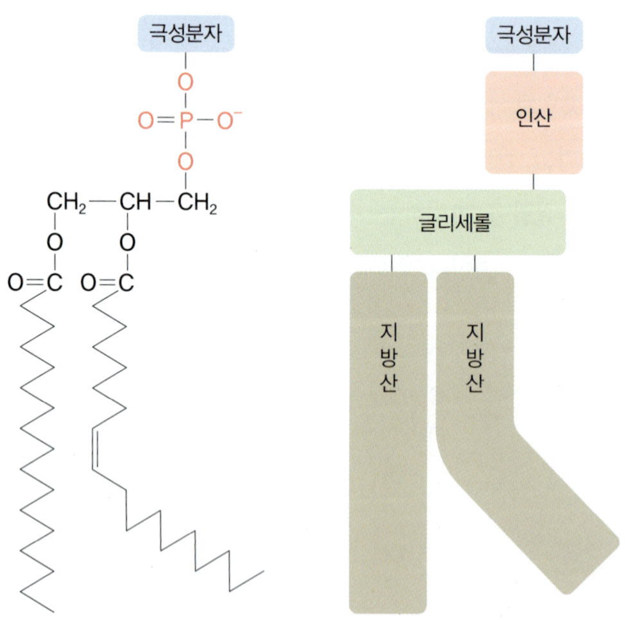

그림 5-2 • 인지질의 기본 구조

3) 유도지질

단순지질이나 복합지질을 가수분해하여 생성되는 지용성 물질을 유도지질(derived lipid)이라고 부르며 지방산이나 고급알코올, 지방족 탄화수소류, 스테로이드류 등이 여기에 해당한다.

스테롤은 스테로이드핵을 지니는 환상 구조의 고급알코올로서 콜레스테롤(cholesterol)과 같은 동물성 스테롤과 시토스테롤(sitosterol)과 같은 식물성 스테롤이 있다.

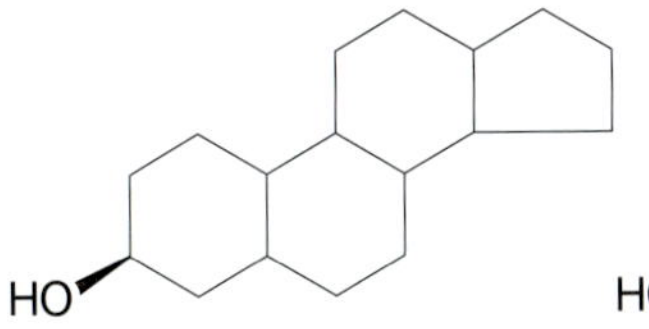

HO HO HO

스테롤의 기본 구조 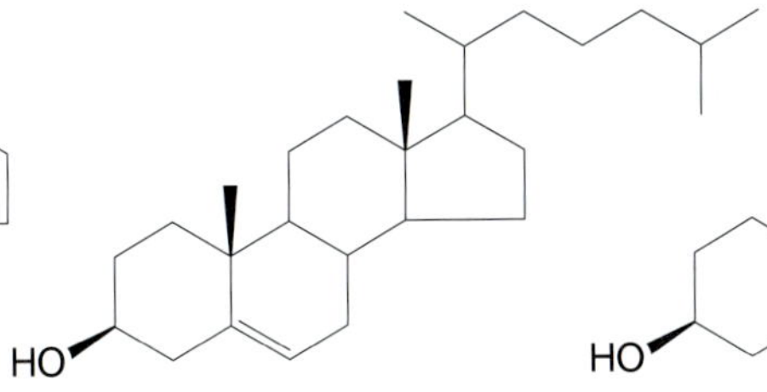 콜레스테롤 β–시토스테롤

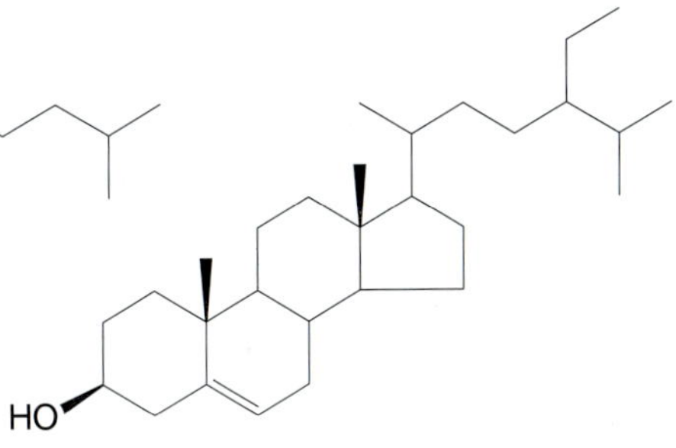

그림 5-3 • 스테롤의 기본 구조와 스테롤의 종류

지질은 비누화 여부에 따라 분류되기도 하는데, 트라이아실글리세롤, 인지질 등 구조에 에스터 결합이 있어 비누화가 되는 지질을 비누화 지질이라고 한다. 스테롤은 비비누화 지질에 해당된다.

3. 지질의 물리적 특성

1) 녹는점과 동질다형현상

유지의 녹는점은 분자 내에 결합되어 있는 지방산의 특성에 의해 결정되는데 일반적으로 고급지방산을 함유할수록 높고, 지방산의 불포화도가 높을수록 낮다. 이는 지방산의 탄소 수가 많을수록 지방산 간의 겹치는 표면적이 증가해 분산력이 강해지고, 불포화도가 높을수록 구조가 구부러져 겹치는 표면적이 감소해 분산력이 약해지기 때문이다. 따라서 불포화지방산이 많은 식물성 유지는 상온에서 액체 상태, 불포화지방산이 적고 포화지방산이 많은 동물성 유지는 상온에서 고체 상태로 존재한다.

그러나 유지의 녹는점을 명확히 제시하기는 어려운데, 그 이유는 유지가 지방산 조성이 다양한 많은 수의 트라이아실글리세롤의 혼합물이므로 어느 한순간에 녹지 못하고 일정 범위 동안 서서히 녹기 때문이다. 이때 중성지질을 구성하는 지방산의 조성이 단순할수록 중성지질의 녹는점은 좁은 범위에서 녹게 된다. 또한 녹는점은 지질의 결정 구조에 영향을 받는데, 이는 유지가 다양한 결정 구조를 가지는 동질다형현상(polymorphism)을 나타내기 때문이다. 동질다형현상이란 같은 화학 조성을 갖는 화합물이 두 개 이상의 결정형을 갖는 현상을 말하며, 그 결정형에 따라 성질이 달라진다. 유지에서 발견된 결정형은 α, β', β의 세 가지이며, 구조의 규칙성, 녹는점, 밀도는 $\beta > \beta' > \alpha$의 순이다.

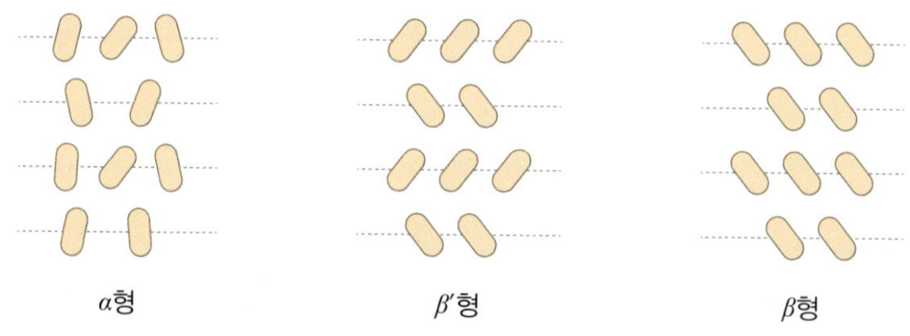

그림 5-4 • 유지의 결정 구조

보통 대두유, 옥수수기름, 카카오버터 등은 안정한 β형의 결정을, 마가린 등 가공지방은 중간 형태인 β'의 결정형을 갖는 것으로 알려져 있다. β'형의 결정은 크기가 작고 구조 내에 많은 공기를 가질 수 있으므로 좋은 가소성과 크림성을 부여해 주어 제빵 시 많이 사용된다.

2) 비중과 굴절률

유지의 비중은 0.92~0.94의 낮은 값을 가지고 있으며 저급지방산이나 불포화지방산 함량이 많을수록 높은 비중을 갖는다.

유지의 굴절률은 보통 1.45~1.47로 고급지방산이나 불포화지방산 함량이 증가할수록 높아진다.

3) 발연점, 인화점, 연소점

발연점(smoking point)은 유지를 서서히 가열하는 과정에서 유지 표면에 푸른빛의 연기가 발생하기 시작하는 시점의 온도를 말한다. 이 연기에는 글리세롤이 분해되어 생성된 아크롤레인(acrolein)이라는 자극성의 불쾌취가 포함되어 있기 때문에 튀긴 식품의 풍미를 저하시키는 요인으로 작용한다. 따라서 튀김용 유지는 가능하면 발연점이 높은 것을 사용하는 것이 좋다.

유지의 발연점은 유지 자체가 가지고 있는 고유의 성질이지만 동일한 유지의 경우 가열 온도, 가열 시간, 사용 횟수, 가열 용기의 표면적, 유리지방산 함량, 이물질 함량 등에 의해 영향을 받아 낮아질 수 있다.

또한 유지를 가열할 때 발생한 연기가 공기와 섞여서 순간적으로 발화하는 온도를 인화점(flash point)이라 하며, 연속적인 연소를 지속하는 온도를 연소점(fire point)이라고 한다.

4) 유화성

물과 기름을 유화제와 섞고 심하게 교반하여 혼합하면 기름이나 물이 작은 방울이 되면서 섞이게 되는데 이와 같이 서로 다른 액상과 액상이 혼합되어 형성된 콜로이드(colloid) 상태를 유화라고 부른다. 이에 대해서는 제13장 식품의 물성 부분을 참고하기 바란다.

4. 지질의 화학적 특성

1) 비누화가(검화가)

유지를 알칼리와 함께 가열하면 지방산이 가수분해되어 지방산염(비누)을 형성하는데 이를 비누화 반응(sponification)이라고 부른다. 이때 유지 1g을 비누화하는 데 필요한 알칼리(KOH)의 소요량을 mg수로 나타낸 값을 비누화가(saponification value, SV) 또는 검화가라고 부른다. 지방질의 분자량이 작은 유지일수록 높은 검화가를 나타내기 때문에 이 값을 활용하면 유지를 구성하고 있는 지방질의 평균 분자량을 유추할 수 있다.

2) 요오드가

요오드가(iodine value, IV)는 지방산의 이중결합 위치에 촉매 작용으로 요오드가 첨가되는 양을 측정하여 100 g의 유지가 흡수하는 요오드의 양을 g수로 표시한 값이다. 요오드가가 클수록 불포화도가 높은 것을 의미하기 때문에 요오드가는 지방산의 불포화도를 알아내는 척도가 된다. 요오드가가 130 이상인 유지는 상온에서 쉽게 건조되므로 건성유, 100 이하인 것은 잘 건조되지 않으므로 불건성유, 그리고 100~130인 것은 반건성유로 분류한다.

3) 산가

유지의 보관이나 사용하는 과정에서 신선도가 떨어지면 중성지질로부터 분해되어 유리되는 지방산 함량이 증가하게 된다. 이 유리지방산 함량은 알칼리(수산화칼륨, KOH)를 사용한 중화반응을 통해 확인할 수 있다. 이때 유지 1 g을 중화하는 데 소요되는 KOH의 mg수를 산가(acid value, AV)라고 정의한다. 유지의 산가는 대두유(0.3~1.8), 올리브유(0.3~1.0), 참기름(9.8), 야자유(10) 등 유지의 종류에 따라 차이가 크게 나타난다. 동일한 유지의 경우 열처리 등에 의해 분해가 많이 진행될수록 산가가 높아지므로 산가는 유지의 산패 여부를 확인하는 기준으로 활용되고 있다.

4) 라이헤르트-마이슬가

라이헤르트-마이슬가(Reichert-Meissl value, RMV)는 수용성의 휘발성 지방산 함량을 나타낸 값이다. RMV는 유지 5 g을 검화시킨 후 산성에서 증류하여 휘발되는 지방산을 포집하고, 이것을 중화시키는 데 필요한 0.1N 수산화칼륨(KOH)의 양(mL)을 나타낸다. RMV는 버터나 유지방에서 높게 나타나기 때문에 이들 유지를 함유한 식품의 위조 여부 판정에 활용한다.

5) 폴렌스키가

폴렌스키가(Polenske value, PV)는 RMV와 대조적으로 불용성의 휘발성 지방산의 함량을 측정하는 값이다. 유지 5 g을 검화시킨 후 산성에서 증류하여 얻은 불용성의 휘발성 지방산을 포집하고, 이것을 중화시키는 데 필요한 0.1N 수산화칼륨(KOH)의 양을 mL로 나타낸다. PV는 버터유 안에 부정 사용된 야자유나 코코넛유를 검출하는 데 이용된다.

5. 유지를 이용한 제품의 물성

유지 제품이 나타내는 독특한 특성은 다음과 같다.

1) 크리밍성

고형 유지(버터, 마가린)를 교반하면 거품의 형태로 공기가 들어가 부드러운 상태로 변화하는데 이러한 성질을 크리밍성이라고 한다. 버터크림, 아이스크림 등을 제조할 때 나타나는 대표적인 성질로서 일반적으로 동물성 유지에 비해 식물성 유지의 크리밍성이 좋은 편이다.

그림 5-5 • 유지의 크리밍성

2) 소성

소성이란 어떤 물체가 외부 힘에 의해 자유롭게 모양이 변하는 성질을 말한다. 케이크에 생크림으로 아이싱을 할 수 있는 것은 소성을 지니기 때문이다. 버터, 마가린, 쇼트닝은 소성이 뛰어난 대표적인 유지이다.

그림 5-6 • 유지의 소성

3) 쇼트닝성

밀가루 반죽에 유지를 넣고 반죽하면 글루텐의 망상 구조 형성을 방해하여 글루텐의 길이를 짧게 하므로 제품이 잘 부스러지게 하여 바삭거리는 식감을 부여할 수 있다. 이러한 성질을 쇼트닝성이라고 한다. 쇼트닝성을 활용한 대표적인 제품으로는 비스킷, 쿠키 등을 들 수 있다.

6. 유지의 산패

유지식품을 저장하거나 가공하는 과정에서 화학적인 원인 등에 의해서 불쾌한 맛과 냄새를 형성하면서 본래의 품질이 변하는 현상이 나타나는데 이를 산패(rancidity)라고 한다. 산패가 진행되면 유리지방산, 과산화물 함량이 증가하고 착색, 점도 상승, 발연점 저하 현상 등이 나타나며, 불쾌한 냄새(산패취)나 맛이 발생하여 유지의 품질이 저하되고 때로는 인체에 유해한 물질이 생성되기도 한다. 산패의 원인은 일반적으로 산화와 관련된 것이 주를 이루며, 산패에 영향을 주는 요인으로는 산소, 열, 광선, 수분, 효소, 금속 등 주변 인자나 지질의 불포화도 등이 있다.

1) 산패의 종류

유지의 산패는 메커니즘에 따라 몇 가지로 분류할 수 있지만 각각이 명확하게 구분되지 않고 이들이 복합적으로 작용하여 산패가 진행되는 것이 일반적이다.

(1) 가수분해에 의한 산패

유지가 가수분해되어 유리지방산의 생성이 촉진되고 불쾌한 맛과 냄새가 발생하는 산패이다. 유지를 가수분해시키는 원인에는 물과 접촉한 상태에서 산 또는 알칼리와 접촉하여 발생하는 화학적인 요인도 있지만 대부분은 식품 또는 미생물이 생성한 지질 가수분해효소(lipase)의 작용에 의한 것이다.

가수분해에 의한 산패는 낙농제품에서 특히 문제가 되는데, 수분과 유화된 제품(치즈, 버터 등)에서 화학적 가수분해에 의해 뷰티르산과 같은 독특한 불쾌치를 발생하는 저급지방산을 생성하기도 한다.

(2) 자동산화에 의한 산패

자동산화(autooxidation)는 유지의 산패 원인 중 가장 많이 관여되는 현상이다. 유지가 공기 중의 산소를 흡수하여 반응성이 높고 불안정한 성질을 지니고 있는 자유라디칼(free radical)을 생성하면 연쇄적으로 산화 생성물이 생성되어 산패가 진행되는 것을 말한다. 유지가 산소를 흡수하는 속도는 초기에는 느리지만 일정 기간이 지난 후에는 급격히 증가한다. 자동산화의 과정은 유도, 개시, 전파, 종결의 단계를 거친다.

개시 단계 R : H (유지) —(열, 빛, 기계적 에너지)→ R· + ·H

전파 단계 R· + O_2 → ROO· 과산화라디칼

ROO· + RH (유지) → ROOH (과산화물) + R·

종결 단계

R· + R· → R : R

R· + ROO· → ROOR

ROO· + ROO· → ROOR + O_2

그림 5-7 • 유지의 자동산화 과정

① 유도 단계

자동산화에서 처음의 일정 기간 동안 유지의 산소 흡수 속도가 느린 구간이 있는데 이 기간을 유도 기간(induction period)이라고 한다. 일반적으로 유지의 산소 흡수 속도는 유지의 불포화도에 의하여 가장 크게 좌우되어 불포화도가 클수록 그 산화 속도는 커지며 유도 기간은 짧아진다.

② 개시 단계

개시 단계에서는 유지 분자에서 수소가 떨어짐으로써 자유라디칼(R·)이 생성된다. 이때, 이중결합 사이의 메틸렌(methylene)기로부터 수소를 떼어내기가 가장 쉬우며, 그 다

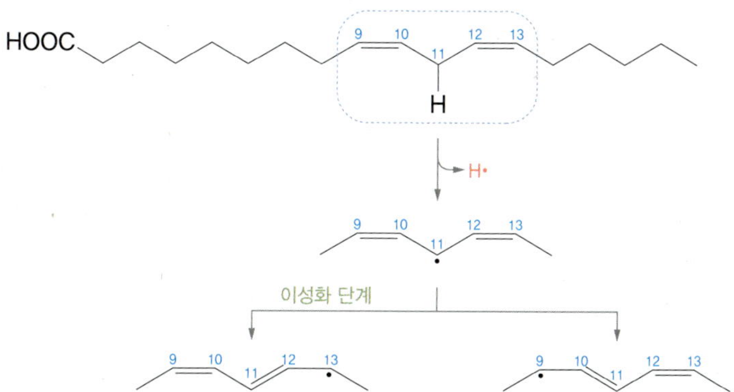

그림 5-8 • 리놀레산의 지방산화 개시 단계

음은 이중결합 바로 옆 탄소에 위치한 수소이다. 이런 이유로 이중결합 수가 많은 지방산의 경우 산화 속도가 더 빠르다. 즉 지방산의 산화 속도는 아라키돈산 > 리놀렌산 > 리놀레산 > 올레산 > 스테아르산의 순이다.

리놀레산의 지방산화 개시 단계는 그림 5-8에 나타내었다. 산화 중 공액 이중결합을 포함한 지방산이나 트랜스 지방산도 생성될 수 있다.

③ 전파 단계

개시 단계에서 생성된 자유라디칼(R·)은 공기 중의 산소와 결합하여 과산화라디칼(ROO·)이 되고 이것은 새로운 유지 분자에서 수소를 얻어 과산화물(ROOH)이 되면서 수소를 잃은 유지 분자는 새로운 자유라디칼이 된다. 유리된 유지 분자는 다시 공기 중의 산소와 결합하게 되며 이러한 과정이 반복되어 연쇄적으로 산화가 일어난다. 유지의 자동산화 과정의 중간 생성물인 과산화물은 유지의 산패의 정도를 나타내기도 하지만 불안정하기 때문에 쉽게 분해된다. 자동산화 초기 단계에서는 분해 속도보다 생성 속도가 더 빠르기 때문에 과산화물의 양은 증가하게 된다.

과산화물은 점차 분해되어 탄소 수가 적은 알데하이드(aldehyde), 케톤(ketone), 알코올(alcohol) 등과 같은 휘발성 화합물을 생성하게 되는데, 이들 물질은 산패취의 원인이 된다.

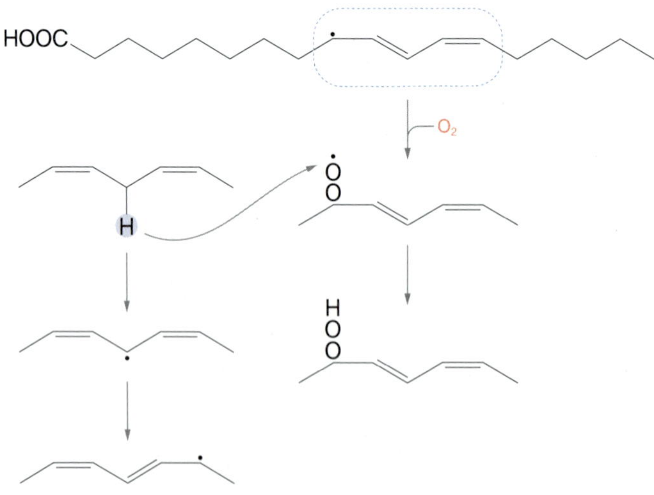

그림 5-9 • 리놀레산의 지방산화 전파 단계

$$\underset{\displaystyle \text{OOH}}{\text{R}-\overset{|}{\text{CH}}-\text{R}} \longrightarrow \underset{\displaystyle \text{O}\cdot}{\text{R}-\text{CH}-\text{R}} \longrightarrow \text{R}-\text{CHO} + \text{R}\cdot$$

알콕시 라디칼 알데하이드

자동산화가 어느 정도 진행되고 나면 과산화물의 양은 감소하게 되고, 대신 이러한 2차 산화 생성물의 양이 증가하게 된다(그림 5-10).

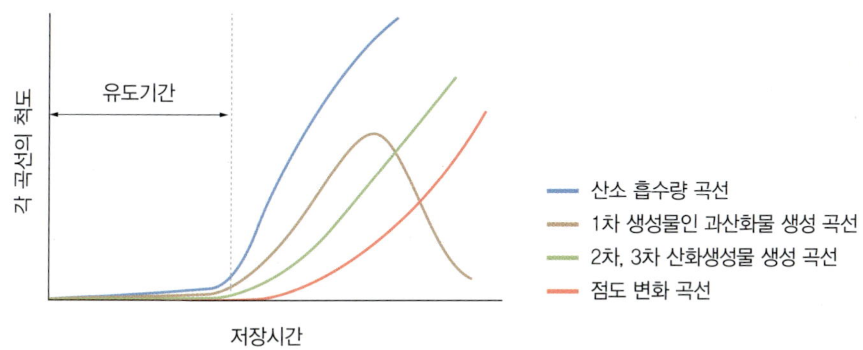

그림 5-10 • 자동산화 과정에 따른 변화

④ 종결 단계

라디칼과 결합할 수 있는 지방질이 거의 소진되면 라디칼끼리 결합하여 다양한 중합 화합물을 형성하게 되며 라디칼 반응은 종결된다. 형성된 중합체는 유지의 점도를 증가시키고 풍미에 영향을 준다.

(3) 가열산화에 의한 산패

가열산화는 튀김 공정과 같이 유지를 높은 온도에서 가열할 때 발생하는 산패를 말한다. 가열산화 과정에서는 자동산화가 촉진되어 산화 생성물의 중합반응으로 점도가 상승하고 카보닐기를 지닌 각종 화합물을 생성하여 산패취를 형성하게 된다.

(4) 일중항산소에 의한 산패

식품 중 존재하는 천연 색소를 통해 들뜬상태의 일중항산소(singlet oxygen)가 생성될 수 있는데, 이는 반응성이 커 산패 과정에서 자유라디칼을 생성시키지 않고 개시반응을 일으킬 수 있다.

(5) 효소에 의한 산패

리폭시제네이스(lipoxygenase) 효소는 다양한 식물성 식품에 존재하며 구조에 *cis*, *cis*-1,4-pentadiene이 있는 다가 불포화지방산에 작용한다. 리놀레산, 리놀렌산, 아라키돈산은 이 효소의 기질이 될 수 있으나 올레산은 기질이 될 수 없다.

(6) 변향에 의한 산패

일부 유지에서는 산패가 일어나기 전에 뚜렷한 냄새의 변화가 생길 때가 있다. 정제한 콩기름을 저장하면 수일 내에 콩 비린내와 같은 이취가 발생하는데, 이와 같은 현상을 변향(flavor reversion)이라고 한다. 주로 리놀렌산(linolenic acid)에 의한 것으로 알려지고 있다.

2) 산패에 영향을 주는 인자

유지의 산패는 많은 인자들에 의해 영향을 받는데 대표적인 것으로는 다음과 같은 것들이 있다.

(1) 온도

온도가 높을수록 자동산화의 초기 반응이 촉진되므로 산패가 잘 일어난다. 온도를 낮추는 것은 산패 속도를 늦추는 데 도움이 되지만 0℃ 이하로 떨어져 유지 속의 수분이 동결되면 금속 촉매제의 농도가 증가하여 오히려 산패가 촉진된다.

(2) 산소

일정 산소 분압까지는 비례하여 산패 속도가 증가하며, 산소 분압을 낮추어 산소 접촉을 차단하면 유지의 산패를 억제할 수 있다.

(3) 불포화도

일반적으로 지방산에 이중결합이 많을수록 산패에 취약하다.

(4) 금속

금속 이온은 자동산화의 촉매 역할을 하는데, 특히 Cu, Fe과 같이 산화 환원이 잘 되는 금속이 문제가 된다. 금속 이온은 자동산화 과정의 전파 단계에서 과산화물의 분해를 촉진해 자동산화의 연쇄반응을 활발하게 한다.

(5) 수분

유지에 함유되어 있는 수분은 금속의 촉매 작용에 영향을 주어 산패를 촉진한다. 그러나 단분자층 수분함량보다 수분함량이 적으면(그림 3-5의 영역 I) 공기 중의 지질이 산소와 직접 접촉하게 되어 산패 속도가 빨라진다.

(6) 광선

가시광선이나 자외선 같은 짧은 파장의 빛은 높은 에너지를 지니고 있기 때문에 산패를 촉진한다. 이를 피하기 위해서는 갈색병이나 적절한 포장재를 사용하여 유지를 저장하는 것이 바람직하다.

3) 산화방지제

산화방지제(antioxidant)는 자동산화의 초기 단계에 자유라디칼의 생성을 억제시켜 산패를 억제하는 물질을 말한다. 주로 페놀(phenol)성 물질이 산화방지제인 경우가 많은데 이는 자유라디칼과 결합하여 안정한 형태가 될 수 있기 때문이다. 대표적인 천연 산화방지제로는 토코페롤(식물성유), 세사몰(참기름), 고시폴(면실유) 등이 있으며 합성 산화방지제로는 BHA(butylated hydroxyanisole), BHT(butylated hydroxytoluene), 갈산프로필(propyl gallate) 등이 있다.

한편, 스스로는 항산화력이 없지만 산화방지제와 함께 사용할 경우 항산화력을 증가시키는 물질은 상승제(synergists)라고 한다. 대표적인 물질로 구연산, 인산염, 피틴산, 아

그림 5-11 • BHA와 BHT의 화학구조

스코브산 등이 있다.

4) 유지의 산패도 측정법

유지의 산패는 유지에 흡수된 산소를 측정하거나, 과산화물이나 과산화물 분해 산물을 정량함으로써 측정할 수 있다.

(1) 과산화물가

자동산화 과정에서 생성되는 과산화물의 양을 나타내는 것으로 과산화물가를 측정하여 산패 정도를 확인할 수 있다. 과산화물가(peroxide value, POV)는 유지 1 kg에 함유된 과산화물의 밀리몰 수(mmol) 또는 밀리당량 수(meq)로 나타낸다. 과산화물가는 산화 초기에 생성되는 과산화물을 측정하므로 초기 단계 유지의 산패 정도를 나타낸다.

(2) TBA가

TBA가(thiobarbituric acid value)는 비색법으로 산패 정도를 측정하는 방법으로서 유지 1 kg에 함유되어 있는 산화생성물인 말론알데하이드(malonaldehyde)의 몰수로 정의한다.

(3) 카보닐가

유지의 산패 후반부에 도달하면 카보닐(carbonyl) 화합물이 다량 생성되므로 유지에 포함된 카보닐 화합물의 양을 측정함으로써 산패 정도를 확인하는 방법이다.

(4) 아니시딘값

아세트산 존재하에 *p*-anisidine은 알데하이드와 반응하여 황색 색소를 생성하는데 이를 측정하여 산패 정도를 확인한다. 주로 2-alkenal 양을 측정한다.

(5) 활성산소법

활성산소법(active oxygen method, AOM법)은 산패의 신속 측정법으로, 높은 온도(97℃)에서 공기를 불어넣는 가속 조건을 유지하여 산패를 촉진하면서 산화 생성물의 농도를 주기적으로 측정하여 산패 유도 기간을 신속하게 측정하는 방법이다.

(6) 샤알오븐 테스트

샤알오븐 테스트(Schaal oven test)는 시료를 65℃에 저장하면서 산패가 검출될 때까지 정기적으로 관능평가를 실시하거나 과산화물가를 측정하여 유도기간을 측정하는 방법이다.

7. 지방의 가공

1) 에스터 교환

천연 지방질 내에 존재하는 중성지질의 지방산을 변형시켜 지질의 물리적 성질(녹는점, 결정화 등)을 바꾸기 위해 에스터 교환반응(interesterification)을 이용한다. 이 에스터 교환반응은 중성지방질의 분자 내 지방산 교환반응과 중성지방질의 분자 간 지방산 교환반응으로 나눌 수 있고, 화학적인 방법과 라이페이스(lipase)를 이용한 효소적 방법이 산업적으로 사용된다.

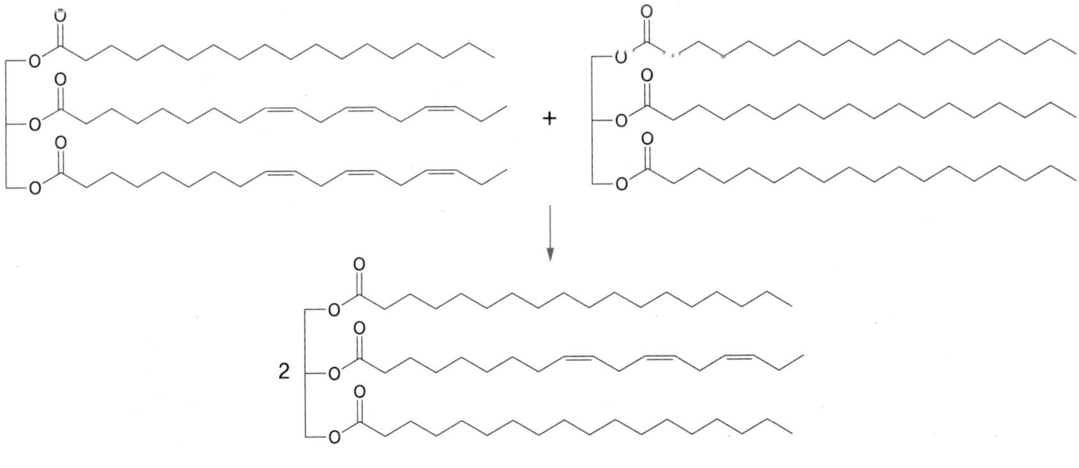

그림 5-12 • 에스터 교환반응의 예

2) 경화

불포화지방산을 많이 함유하는 유지는 산패 등에 취약하기 때문에 니켈 촉매를 넣고 수소를 불어넣어 첨가하면 산화 안정성이 향상된 포화지방으로 바꿀 수 있다. 이때 수소를 첨가하는 반응을 경화(hardening)라고 하며, 이러한 공정으로 제조한 고체지방을 경화유라고 부른다. 경화유는 보통 마가린이나 쇼트닝의 원료로 사용하며, 음식이 바삭하고 맛과 기호도가 향상되어 이들의 사용이 대중화되어 있다.

(1) 마가린

마가린은 식물성 기름을 혼합하여 유화 공정을 거쳐 소성을 부여한 제품이다. 마가린은 천연버터와 유사한 맛, 외관, 영양성을 지니도록 소금, 색소, 비타민 A와 D를 첨가하여 제조한다.

(2) 쇼트닝

쇼트닝은 라드의 대용품으로서 보통은 식물성 지방을 원료로 경화 공정을 거쳐 제조한다. 소성이 뛰어나므로 제과 및 제빵에 널리 이용되고 있다.

경화 과정 중 천연에 존재하는 *cis*형의 불포화지방산이 일부 *trans*형으로 전환될 수 있다. 이 트랜스 지방(trans fat)은 동맥경화와 심장 질환의 발병률을 증가시킨다고 보고되고 있다. 따라서 식품 중 트랜스 지방의 함량을 의무적으로 표시하도록 하는데, 우리나라의 식품 표시기준에 따르면 1회 제공량(과자의 경우 30 g)에 0.2 g 미만의 트랜스 지방이 포함된 경우에는 0으로 표시할 수 있다. WHO는 트랜스 지방의 섭취량이 하루 섭취 열량 기준의 1%를 넘지 않을 것을 권장하고 있다.

그림 5-13 • 마가린과 쇼트닝

단원정리

- 유지는 구조에 따라 단순지질, 복합지질, 유도지질로 구분할 수 있다.
- 단순지질은 글리세롤 한 분자에 지방산이 결합된 화합물이며, 이때 지방산은 이중결합 유무에 따라 포화지방산과 불포화지방산으로 나뉜다.
- 포화지방은 지방산의 탄소 사슬 내부가 단일결합으로 이루어져 있고, 불포화지방은 이중결합을 포함하고 있는 지방산을 지니고 있다.
- 유지 중 트라이글리세라이드(중성지방)는 저장성 에너지원으로 사용되는 지질이다.
- 인지질, 콜레스테롤 등은 세포의 주성분으로 세포막을 구성하거나 호르몬의 원료가 되는 지질이다.
- 유지의 산패는 원인에 따라 가수분해에 의한 산패, 산화에 의한 산패, 변향에 의한 산패 등으로 나눌 수 있다.
- 산화에 의한 대표적 산패인 자동산화에서는 지방이나 지질 식품이 산소를 흡수하면서 유도 기간을 거쳐 개시, 전파, 종결 단계로 산패가 자동으로 일어난다.
- 유지의 산패 과정에는 온도, 산소, 지방의 불포화도, 금속, 수분, 광선 등이 영향을 미친다.
- 자동산화 속도를 지연시킬 수 있는 물질을 산화방지제라고 하며, 토코페롤 등의 천연 산화방지제와 BHA, BHT 등의 합성 산화방지제가 있다.
- 유지의 산화 정도를 측정하는 방법으로는 과산화물가, TBA가, 카보닐가 등이 있으며 식품의 종류 및 산패 정도에 따라 적절한 방법을 사용해야 한다.
- 에스터 교환이나 경화 등의 가공 방법을 통해 지방의 성질을 개선할 수 있다.

연습문제

1 유지의 산가란?

2 유지의 산패 방지법에는 어떤 것이 있는가?

3 유지의 경화란?

4 지방산에 대한 다음 설명 중 옳지 않은 것은?

① 분자 내에 이중결합을 갖고 있는 지방산을 불포화지방산이라고 한다.
② 저급지방산은 비휘발성이고 고급지방산은 휘발성이다.
③ 포화지방산은 탄소 수가 증가함에 따라서 물에 녹기 어렵게 된다.
④ 천연 유지 중에 존재하는 불포화 지방산은 대부분 *cis*형을 취하고 있다.

5 유지의 녹는점(melting point)의 설명으로 옳은 것은?

① 불포화지방산 함량이 많을수록 녹는점이 높다.
② 일반적인 식물성 유지는 상온에서 고체이다.
③ 동물성 유지는 식물성 유지보다 녹는점이 높다.
④ 유지는 구성 지방산의 종류에 상관없이 녹는점이 일정하다.

6 액체 상태의 유지를 고체 상태로 변환시켜 쇼트닝을 만들건, 유지의 산화 안정성을 높이기 위하여 사용되는 유지의 가공 방법은?

① 경화 ② 탈검
③ 탈색 ④ 여과

7 유지의 산화 속도에 영향을 미치는 인자에 대한 설명으로 틀린 것은?

① 이중결합의 수가 많은 들기름은 이중결합의 수가 상대적으로 적은 올리브유에 비해 산패의 속도가 빠르다.
② 수분활성도가 매우 낮은 상태(0.2 이하)로 분유를 보관하면 상대적으로 지방 산화 속도가 느려진다.
③ 유탕 처리 시 구리 성분을 기름에 넣으면 유지의 산화 속도가 빨라진다.
④ 유지를 형광등 아래에 방치하면 산패가 촉진된다.

8 다음 중 식용유지의 품질을 평가하는 데 가장 중요한 사항은?

① 글리세라이드의 양　　② 유리지방산 함량

③ 라이페이스 함량　　④ 색소 함량

9 다음 중 산화방지제로 작용하지 않는 것은?

① 아스코브산　　② 세사몰

③ 리보플라빈　　④ 토코페롤

정답

1 유지 시료 1 g 중의 유리지방산을 중화하는 데 필요한 KOH의 mg수　**2** 불포화도가 적은 기름을 사용한다. 상온보다 낮은 온도로 저장한다. 산소의 접촉을 차단한다. 광선을 차단하여 보관한다. 지질산화효소를 불활성화한다. 금속용기 또는 기구의 사용을 자제한다.　**3** 불포화지방을 포함하는 액체 유지에 수소를 첨가하여 고체 유지로 만드는 조작　**4** ②　**5** ③　**6** ①　**7** ②　**8** ②　**9** ③

CHAPTER 6

아미노산과 단백질

단백질(protein)에서 연상되는 단어에 대해서 물어 보면 대부분의 사람들은 '근육'과 '고기'를 첫 번째로 언급하는 경우가 많다. 그러나 실제로 단백질의 기능과 역할은 이것보다 훨씬 더 복잡하고 다양하다. 단백질은 동식물체를 이루는 생체 조직 세포의 구성 성분인 동시에 효소, 항체, 호르몬, 저장단백질 등으로서 생명 유지에 가장 중요한 역할을 담당하는 물질이다. 단백질이라는 말의 어원이 '제1의 것'이라는 뜻의 그리스어 'proteios'에서 유래된 것도 이와 무관하지 않다.

단백질은 20여 종의 아미노산을 단위체로 하여 펩타이드 결합(peptide bond)으로 연결되어 만들어진 고분자 물질로서 원소 조성은 탄소(50~52%), 수소(6~7%), 산소(20~23%), 질소(12~19%) 및 황(0.2~3.0%) 등으로 되어 있다.

단백질은 조성에서 확인할 수 있듯이 탄수화물이나 지질에는 거의 존재하지 않는 질소를 많이(평균 약 16% 정도) 함유하고 있다. 이러한 특징은 식품 중의 단백질함량을 정량할 때 유용하게 활용된다. 즉 먼저 식품 중의 질소함량을 실험적으로 측정한 다음, 이 값에 단백질의 질소계수(100/16 = 6.25)를 곱하면 단백질함량을 산출해 낼 수 있다. 그러나 식품 중에는 단백질 이외에도 소량이기는 하지만 질소를 포함하는 물질이 존재하여 실제 단백질함량과 미소한 차이를 나타내기 때문에 이러한 방식으로 산출한 값은 '조단백질(crude protein)' 함량이라고 한다.

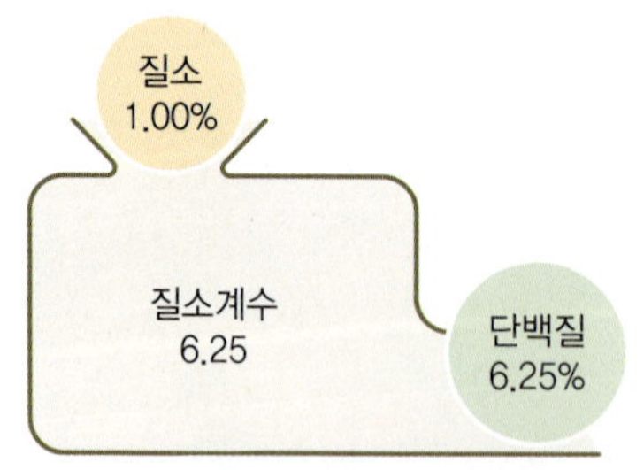

그림 6-1 • 질소와 조단백질함량의 관계

1. 아미노산

1) 아미노산의 구조

아미노산은 분자 내에 1개 이상의 아미노기(-NH_2)와 카복실기(-COOH)를 지니고 있는 물질을 말한다. 아미노기가 결합되어 있는 위치에 따라서 α-, β-, γ- 아미노산으로 구분하는데, 단백질을 구성하는 아미노산은 20여 종으로서 글리신을 제외한 모든 아미노산은 부제탄소(비대칭탄소, chiral carbon)를 지니고 있어 이성질체를 갖는다. 자연계에 존재하는 일반적인 단백질은 L-형의 α-아미노산으로 구성되어 있다.

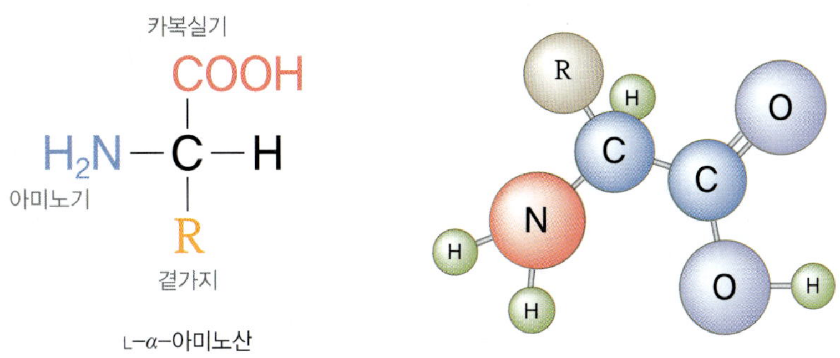

그림 6-2 • L-α-아미노산의 구조

2) 아미노산의 종류

단백질을 구성하는 α-아미노산은 곁가지(잔기, side chain)의 화학 구조에 따라 지방족 아미노산(aliphatic amino acid), 방향족 아미노산(aromatic amino acid), 그리고 복합환 아미노산(heterocyclic amino acid) 등으로 분류한다. 또 분자 내에 함유하는 아미노기 또는 카복실기의 수에 따라 산성 아미노산(acidic amino acid), 중성 아미노산(neutral amino acid), 염기성 아미노산(basic amino acid)으로 분류하기도 한다. 본 교재에서는 식품 분야에서 자주 사용되고 있는 아미노산의 일반적 분류 기준을 참고하여 표 6-1과

표 6-1 • 단백질을 구성하는 아미노산의 종류

분류		아미노산(약어)
중성 아미노산	지방족	글리신(Gly), 알라닌(Ala), 발린(Val), 루신(Leu), 아이소루신(Ile), 트레오닌(Thr), 세린(Ser)
	방향족	페닐알라닌(Phe), 타이로신(Tyr), 트립토판(Trp)
	함황	메싸이오닌(Met), 시스테인(Cys)
	기타	프롤린(Pro), 아스파라진(Asn), 글루타민(Gln)
산성 아미노산		아스파트산(Asp), 글루탐산(Glu),
염기성 아미노산		라이신(Lys), 아르지닌(Arg), 히스티딘(His)

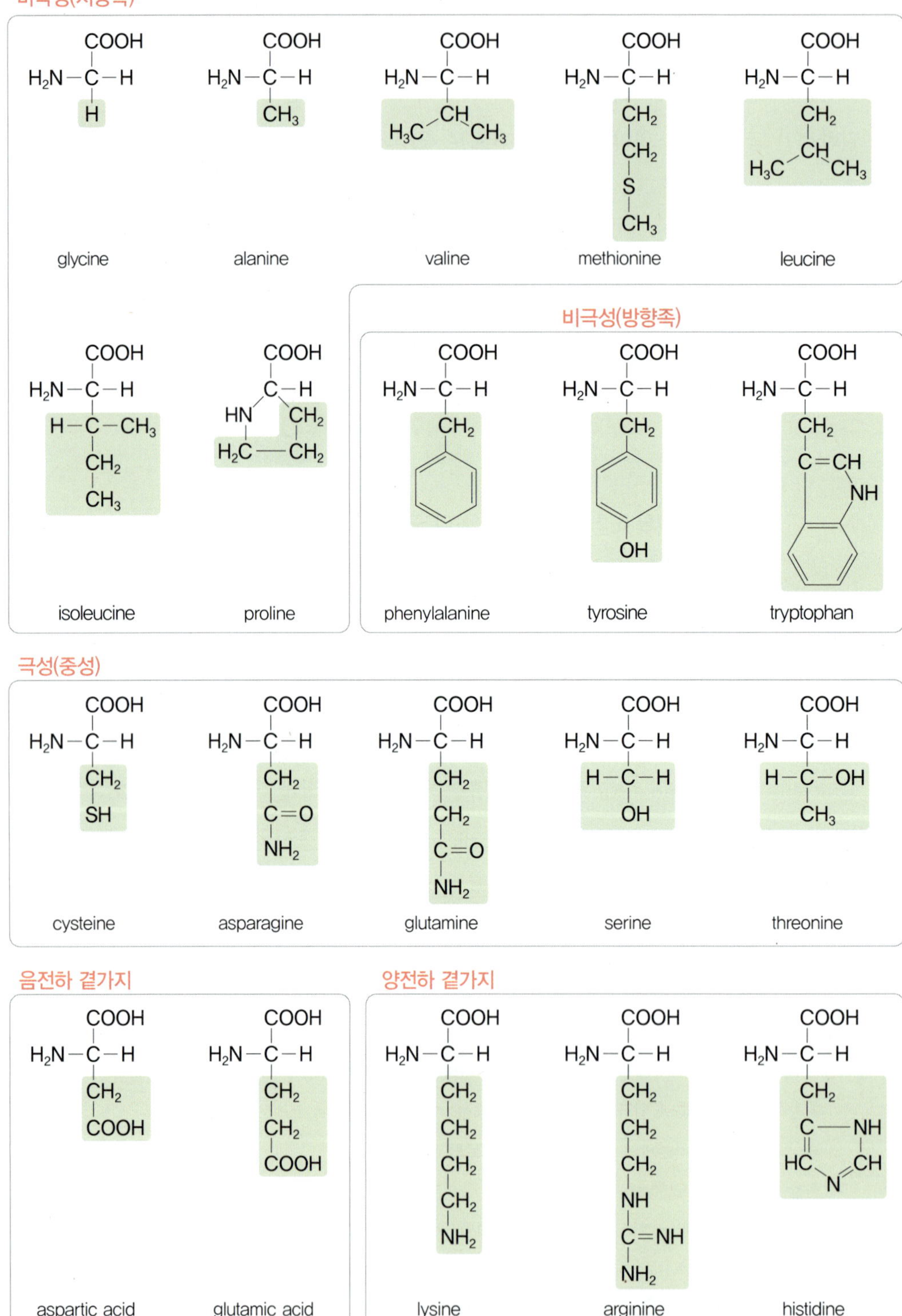

그림 6-3 • 단백질을 구성하는 아미노산의 구조

같이 특성을 분류하였다.

자연계에는 단백질을 구성하는 아미노산 이외에도 약 200여 종의 아미노산이 존재하는데 식품에서 중요하게 언급되는 몇 가지 아미노산과 그 특성을 살펴보면 표 6-2와 같다.

표 6-2 • 단백질을 구성하지 않는 아미노산

아미노산	역할
β-알라닌(β-alanine)	판토텐산의 구성 성분
알리인(alliin)	마늘의 매운맛 성분
γ-아미노뷰티르산(γ-aminobutyric acid, GABA)	혈압 강하 작용
시트룰린(citruline)	요소 회로에서 요소 생성에 관여
다이하이드록시페닐알라닌(DOPA)	타이로신의 산화 생성물
호모세린(homoserine)	메싸이오닌, 트레오닌, 아이소루신의 생합성 과정의 중간 대사산물
오르니틴(ornithine)	요소 회로에서 요소 생성에 관여
타우린(taurine)	오징어, 문어의 맛 성분
테아닌(theanine)	녹차를 포함한 차의 감칠맛 성분

3) 필수아미노산

단백질을 구성하는 20개 아미노산 중에서 인체의 단백질 형성에 필요하지만 체내에서 합성되지 않아 반드시 음식물로 섭취해야 하는 아미노산을 필수아미노산(essential amono acid)이라고 한다. 성인에게 필요한 필수아미노산은 발린, 루신, 아이소루신, 트레오닌, 라이신, 메싸이오닌, 페닐알라닌, 트립토판의 8개이며 성장기 아동에게는 히스티딘이, 회복기의 환자에게는 아르지닌이 포함되기도 한다(표 6-3).

표 6-3 • 필수아미노산

루신(leucine)	아이소루신(isoleucine)	발린(valine)	라이신(lysine)
트레오닌(threonine)	메싸이오닌(methionine)	페닐알라닌(phenulalanine)	트립토판(tryptophan)

정상적인 생육과 성장을 유지하기 위해서는 각 아미노산이 필요한 만큼 있어야 하며, 특히 필수아미노산 중에서 한 가지라도 부족하게 되면 그 아미노산 때문에 해당 단백질의 합성이 영향을 받게 되므로, 필수아미노산을 골고루 섭취하는 것이 중요하다. 어

떤 식품 또는 식사에서 가장 적은 양으로 함유되어 있어 단백질 합성에 결정적 역할을 하는 필수아미노산을 제한아미노산(limiting amino acid)이라고 하며, 단백질의 종류에 따라서 제한아미노산의 종류는 달라진다. 예를 들면 쌀, 밀 등과 같은 곡류 단백질에는 라이신과 트레오닌이 부족하지만, 콩류에는 이들 아미노산이 풍부한 반면 메싸이오닌이 부족하다. 그러므로 잡곡밥을 섭취하면 제한아미노산을 상호 보완하는 효과를 나타낼 수 있다. 육류, 생선, 달걀, 우유 등의 동물성 식품은 필수아미노산을 적합한 비율로 함유하고 있기 때문에 완전단백질이라고 부른다.

4) 아미노산의 성질

(1) 용해성

아미노산은 일반적으로 물과 같은 극성 용매, 묽은 산 및 알칼리 그리고 염류 용액에 녹지만 헥산, 클로로포름, 아세톤, 에테르 등의 비극성 유기 용매에는 녹지 않는 성질을 나타낸다. 그러나 타이로신, 시스테인은 물에 잘 녹지 않으며, 프롤린과 하이드로프롤린은 알코올에 잘 녹는 성질을 나타내기도 한다.

(2) 양성 전해질

아미노산은 카복실기와 아미노기를 모두 지니고 있는데, 이 작용기들은 조건에 따라서 수소 이온(H^+)을 방출하거나 받아들일 수 있는 성질을 지니고 있다. 따라서 아미노산은 산과 염기의 양쪽 성질을 함께 지니고 있는 물질이다. 그 결과 아미노산은 수용

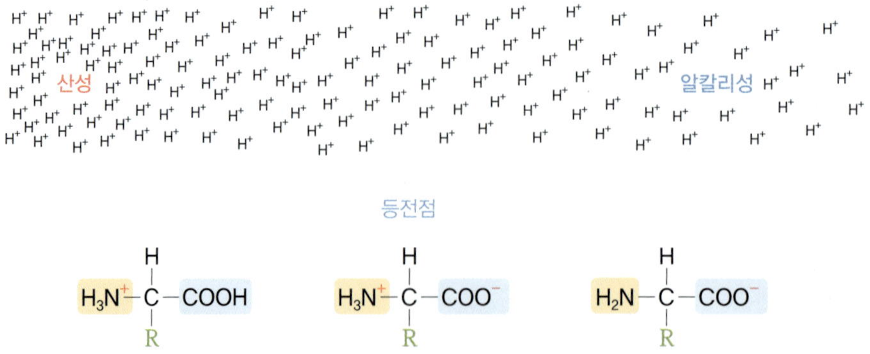

그림 6-4 • pH 조건에 따른 아미노산의 전하와 등전점

액에서 경우에 따라 양전하(+)와 음전하(−) 모두를 지닐 수도 있으며(zwitterion), 그 전하의 종류와 크기는 수용액의 pH(수소 이온 농도)에 의해서 결정된다. 즉 산성 용액에서 아미노산은 수소 이온을 받아들여 양전하(+)가 증가하고, 반대로 알칼리성 용액에서는 수소 이온을 방출하여 음전하(−)가 증가한다.

수용액의 pH를 서서히 변화시키면서 관찰하면 아미노산의 양전하의 양과 음전하의 양이 같아서 실제 전하가 '0'이 되는 지점에 도달하게 되는데 이때의 pH값을 아미노산의 등전점(isoelectric point, pI)이라고 부른다.

Tip

산·염기의 정의

산(acid)에 대해 정의해 보라고 하면 pH가 낮은 물질이라고 답하는 경우가 많다. 맞는 말일까? 전통적으로 가장 오래 사용되어 온 아레니우스(Svante Arrhenius)의 산·염기 개념에 의하면 수용액에서 'H^+를 만드는 물질'을 산으로, 'OH^-를 만드는 물질'을 염기라고 정의하고 있다. 그러나 이 개념은 수용액 안에서만 적용되며 암모니아(NH_3)처럼 OH^-를 내놓지 않는 물질에 대해서는 적용이 불가능하다는 한계를 지니고 있다.

식품이나 인체의 환경에서는 덴마크의 요하네스 브뢴스테드(J. N. Brønsted)와 영국의 토마스 로우리(T. M. Lowry)에 의해 고안된 다음의 개념이 가장 잘 적용된다.

- 산(acid) : 수소 이온(H^+)을 내놓는 물질
- 염기(base) : 수소 이온(H^+)을 받아들이는 물질

염산(HCl)과 암모니아의 반응에 대해서는 다음과 같이 쓸 수 있다.

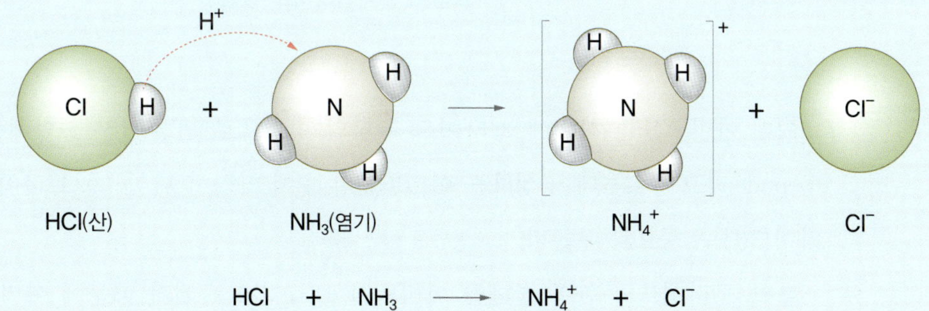

$$HCl + NH_3 \longrightarrow NH_4^+ + Cl^-$$

브뢴스테드-로우리 개념에 의하면 암모니아가 양성자를 받아 염기로 작용함을 설명할 수 있다.

2. 단백질의 결합과 구조

1) 펩타이드 결합

단백질은 수백 개 이상의 아미노산이 펩타이드 결합으로 연결되어 있는 고분자 화합물이다. 펩타이드 결합은 α위치의 아미노기(-NH_2)와 다른 아미노산의 카복실기(-COOH) 사이에서 물 분자 1개가 빠져나오면서 결합(amide 결합, -CO-NH-)이 이루어지는 것을 말한다(탈수축합반응). 결과적으로 각각의 아미노산에 있는 아미노기와 카복실기는 펩타이드 결합을 형성하는 데 사용되고 각 아미노산의 곁가지 부분만이 남아 단백질의 고유한 특성에 기여하게 된다.

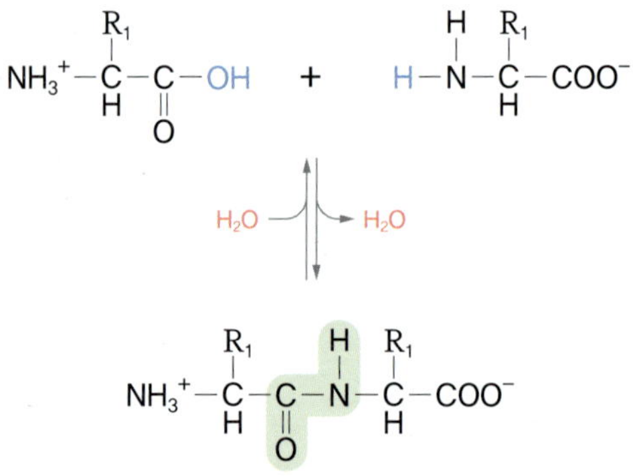

$$NH_3^+-\underset{H}{\overset{R_1}{C}}-\underset{O}{\overset{}{C}}-OH \;+\; H-\overset{H}{N}-\underset{H}{\overset{R_1}{C}}-COO^- \;\rightleftharpoons\; (H_2O) \;\; NH_3^+-\underset{H}{\overset{R_1}{C}}-\underset{O}{C}-\overset{H}{N}-\underset{H}{\overset{R_1}{C}}-COO^-$$

그림 6-5 • 펩타이드 결합

이때 아미노산들 사이에 펩타이드 결합의 형성으로 만들어진 중합체를 펩타이드(peptide)라고 부르는데 구성하는 아미노산의 수에 따라서 다이-(2), 트라이-(3), 폴리펩타이드(다수) 등으로 부른다.

한편, 펩타이드의 한쪽 끝에는 아미노기(-NH_2)가 노출되기 때문에 아미노말단(N-말단)이라고 하고, 다른 한쪽 끝은 카복실기(-COOH)가 노출되기 때문에 카복시말단(C-말단)이라고 부른다.

2) 단백질의 구조

우리는 서두에서 아미노산으로 이루어진 중합체를 단백질이라고 했는데 그러면 폴리

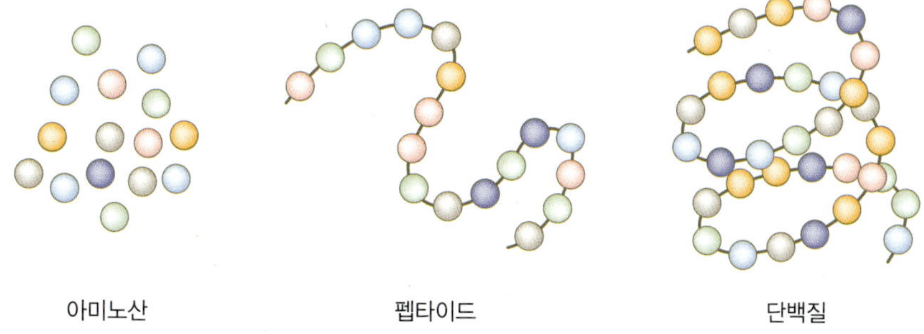

펩타이드(polypeptide)와 단백질은 어떻게 다른 것일까?

결론부터 말하자면 물질적으로는 같은 것일 수도 있으나 기능적으로는 다르다고 말할 수 있겠다. 단백질은 폴리펩타이드로 이루어져 있지만 폴리펩타이드 자체가 단백질은 아니다.

이것은 무슨 말일까?

일반적으로 단백질은 길이가 긴 폴리펩타이드로 되어 있으며, 이 폴리펩타이드가 일정한 모양(구조)을 유지하고 있을 때만 단백질로서의 기능을 발휘할 수 있고 이 분자를 특정한 단백질이라는 이름으로 부르는 것이다. 다시 말해서 단백질은 그 구조를 일정하게 유지하는 것이 중요하다.

단백질의 구조에는 다음의 1차, 2차, 3차 및 경우에 따라서 4차 구조가 있다.

(1) 1차 구조

1차 구조는 폴리펩타이드 중의 아미노산 배열 순서를 말한다. 아미노산의 배열 순서는 이후 고차 구조인 2차 및 3차 구조를 결정하는 결정적 역할을 하며 궁극적으로는 단백질의 기능을 결정하게 된다.

(2) 2차 구조

2차 구조는 아미노산의 곁사슬의 상호 작용에 의해 형성된 입체 구조로서 α-나선(α-helix) 구조와 β-병풍(β-sheet) 구조, 정형화된 구조가 아닌 불규칙 코일(random coil) 구조가 있다.

α-나선 구조는 펩타이드 사슬 안에서 인접해 있는 아미노기($-NH_2$)와 카보닐기($-C=O$) 사이에 많은 수의 수소결합이 형성되어 안정하게 유지되고 있다.

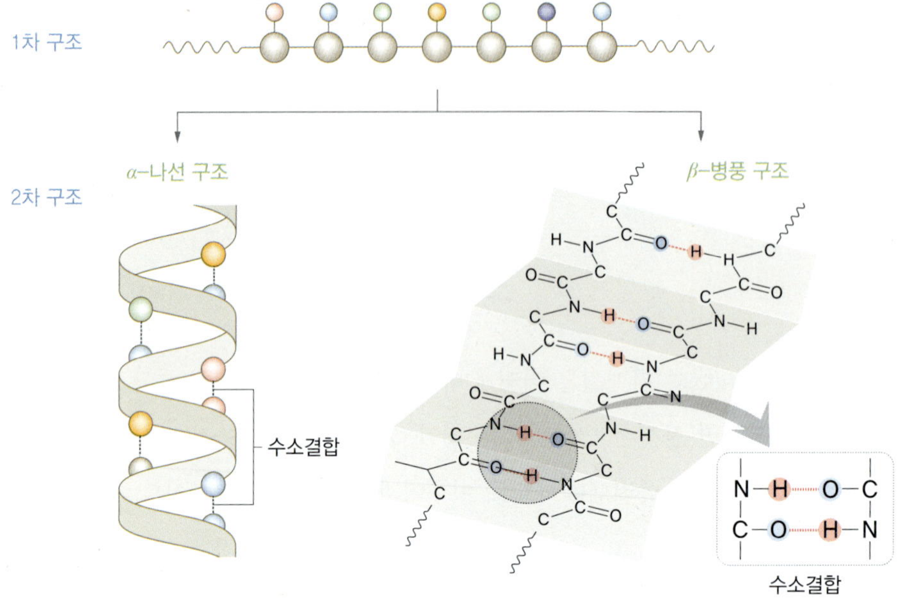

그림 6-6 • 단백질의 1차 구조와 2차 구조

β-병풍 구조는 펩타이드 사슬과 인접해 있는 다른 펩타이드 사슬 사이에 수소결합이 형성되어 안정하게 유지된다.

(3) 3차 구조

3차 구조는 2차 구조를 지니는 긴 폴리펩타이드 사슬이 휘어지고 구부러져서 형성하는 구상 또는 섬유상의 입체 구조를 말한다. 단백질의 3차 구조는 수소결합, 이온결합, 소수성 인력, 이황화결합(disulfide bond) 등에 의해 안정화되어 있다.

(4) 4차 구조

4차 구조는 3차 구조를 유지하는 단백질 소단위체(subunit) 몇 개가 모여서 하나의 거대 분자를 이루는 구조를 말한다. 예를 들면 혈액에서 산소를 운반하는 헤모글로빈은 4개의 소단위체가 비공유결합을 통한 회합으로 연결되어 한 분자를 이루고 있다.

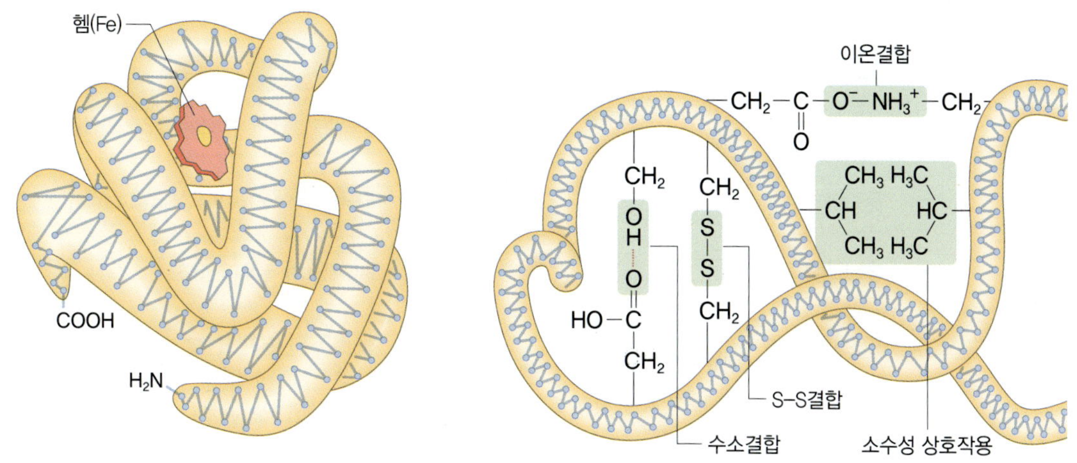

그림 6-7 • 단백질의 3차 구조

그림 6-8 • 단백질의 4차 구조(헤모글로빈)

3. 단백질의 분류

1) 단순단백질

단순단백질은 아미노산으로만 구성된 단백질로서 용해 특성에 따라 표 6-4와 같이 정리할 수 있다.

2) 복합단백질

복합단백질은 단순단백질에 인산, 당질, 지질, 핵산, 색소, 금속 등 비단백성 물질이 결합한 단백질이다.

표 6-4 • 단순단백질의 종류

분류	특징	예
알부민	• 용해도가 가장 높은 단백질 • 가열에 의해 응고	오브알부민(난백), 락트알부민(젖), 혈청알부민(혈액)
글로불린	• 묽은 염류에 잘 용해 • 가열에 의해 응고	락토글로불린(우유), 미오신(근육), 글리시닌(대두)
글루텔린	• 묽은산이나 알칼리에 용해 • 가열에 의해 응고 안 됨	오리제닌(쌀), 글루테닌(밀)
프롤라민	• 알코올에 용해 • 가열에 의해 응고 안 됨	제인(옥수수), 글리아딘(밀), 호데인(보리)
알부미노이드	• 용해도가 매우 낮고 효소 분해가 어려운 섬유상 단백질	콜라겐(근육), 케라틴(손톱), 엘라스틴(인대)
히스톤	• 물, 염류 용액, 묽은산이나 알칼리에 용해 • 가열에 의해 응고 안 됨	글로빈(근육), 흉선 히스톤(흉선)
프로타민	• 알칼리성에서 침전되지 않는 점이 히스톤과 다르지만 용해성은 히스톤과 비슷함	살민(연어), 클루페인(청어), 스콤브린(고등어), 스투린(철갑상어)

(1) 인단백질

인단백질은 단순단백질에 인산이 결합한 것으로서 동물성 식품에서 주로 발견된다. 대표적인 것으로는 우유의 카세인(casein), 난황의 비텔린(vitelin) 등이 있다.

(2) 지단백질

지단백질은 지방질이 결합한 단백질로서 난황의 리포비텔린이 대표적이다.

(3) 당단백질

당단백질은 당질과 결합한 단백질로서 독특한 점성이 있어 점성단백질이라고도 한다. 난백의 오보뮤신, 오보뮤코이드가 여기에 속한다.

(4) 색소단백질

색소와 결합한 색소단백질은 헤모글로빈(혈액), 미오글로빈(근육) 등이 있다.

(5) 금속단백질

금속단백질에는 페리틴(철), 헤모시아닌(구리), 인슐린(아연) 등이 있다.

3) 유도단백질

단순단백질 또는 복합단백질이 화학적 또는 효소적 방법으로 변형되어 형성된 물질을 말한다.

1차 유도단백질은 변성된 단백질을 의미하는데, 예를 들면 콜라겐에서 얻은 젤라틴, 레닛(rennet)으로 응고시킨 카세인 등을 들 수 있다.

이에 반해서 2차 유도단백질은 펩타이드 결합의 분해가 일어난 것으로 프로테오스(proteos)나 펩톤(peptone), 펩타이드 등을 들 수 있다.

4. 단백질의 일반적 성질

1) 등전점

단백질을 구성하고 있는 곁가지는 해리될 수 있는 작용기이므로 용액의 pH에 따라 전하가 달라질 수 있다. 즉 산성 용액에는 수소 이온을 받아들여 양전하(+)가 증가하고, 반대로 알칼리성 용액에서는 수소 이온을 방출하여 음전하(−)가 증가한다. 단백질 수용액의 pH를 서서히 변화시키는 과정에서 단백질 표면의 양전하 양과 음전하의 양이 같아져서 분자 전체적으로 전기적 성질이 중성이 되는 pH값이 나타나는데 이 값을 단백질의 등전점(isoelectric point, pI)이라고 한다.

단백질은 각각의 고유한 등전점을 지니고 있으며, 이 등전점에서 수화, 팽윤, 용해도,

표 6-5 • 주요 식품 단백질의 등전점

단백질	소재	등전점	단백질	소재	등전점
오브알부민	달걀	4.6	펩신	위장	2.8
락트알부민	우유	5.1	글루테닌	밀	5.3
카세인	우유	4.6	글리아딘	밀	6.5
미오신	근육	5.4	제인	옥수수	5.8
미오겐	근육	6.3	글리시닌	대두	4.5

점도 등이 최소가 되는 반면 흡착력, 기포력, 침전성은 최대가 되는 특성이 있다.

대부분 식품 단백질의 등전점은 표 6-5와 같이 pH 5 부근 값을 지니고 있다.

등전점보다 낮은 pH 용액에서 단백질은 양(+)으로 하전되어 있고 등전점보다 높은 pH 용액에서는 음(−)으로 하전되어 있으므로 이 용액에 직류 전류를 걸어 주면 각각 반대 전기를 지닌 전극 방향으로 이동하게 된다. 등전점이 다른 단백질은 이동 방향이나 속도가 다르므로 이러한 현상을 이용하면 단백질 혼합물로부터 각 단백질을 분리할 수 있는데 이러한 기법을 전기영동(electrophoresis)이라고 부른다.

2) 용해성

단백질은 펩타이드 결합의 곁사슬에 $-COOH$, $-NH_2$, $-OH$, $\rangle C=O$ 등과 같은 친수성기를 가지고 있으므로 물속에서 물 분자들이 수소결합을 통해서 표면에 결합하여 수화(hydration)하여 용해하게 된다. 단백질은 분자의 크기가 크기 때문에 설탕 용액과 같이 진용액 상태로 존재하지 않고 용매 중에 분산되어 콜로이드 용액 상태로 존재한다.

대부분의 단백질은 중성 염류 용액에서 용해도가 증가하게 되는데 이러한 현상을 염용(salting in)이라고 하며, 이는 중성염의 해리에 의해서 생성된 이온이 단백질의 이온화된 그룹과 작용함으로써 단백질 분자 간의 인력을 감소시키기 때문이다. 그러나 농도가 높은 중성 염류 용액에서는 용해도가 감소하게 되어 단백질의 침전이 일어나는데 이러한 현상을 염석(salting out)이라고 하며, 단백질의 수화에 필요한 물 분자를 염 이온의 수화에 의하여 경쟁적으로 빼앗기기 때문이다. 중성 염류 중에서 2가 또는 3가 이온은 1가 이온에 비해 염석 효과가 크기 때문에 황산암모늄이나 황산나트륨 등이 일반적으로 사용된다. 또한 이와 같은 염석 현상은 단백질의 정제 방법의 하나로 사용되기도 한다.

5. 단백질의 변성

천연 단백질이 물리적 작용, 화학적 작용, 또는 효소 작용 등을 받아 분자 구조(2차 또는 3차 구조)가 변하면, 즉 모양이 달라지면 단백질 자체가 본래 지니고 있던 성질이 변하게 되는데 이러한 현상을 변성(denaturation)이라고 부른다.

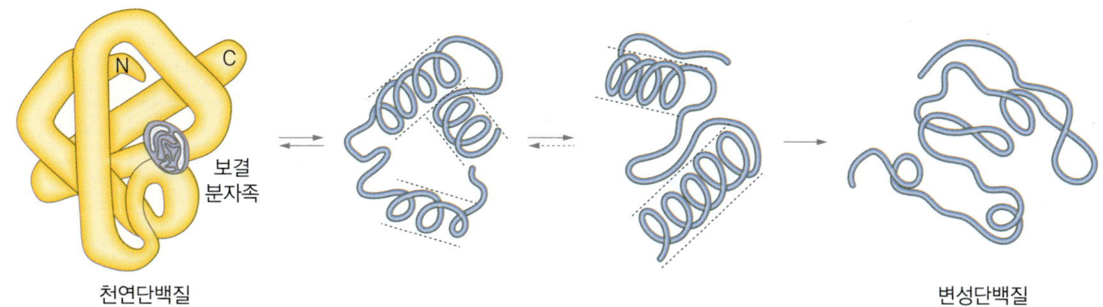

그림 6-9 • 단백질의 변성

1) 변성단백질의 성질

변성된 단백질은 구조가 변하면서 안쪽에 숨어 있던 작용기들이 표면으로 노출되면서 다음과 같은 성질의 변화를 나타내게 된다.

① 생물학적 특성의 상실

단백질이 변성되면 효소 활성, 독성, 항원 및 항체 기능 등 단백질 본래의 생물학적 특성을 상실하게 된다.

② 용해도의 감소

수용성 단백질의 경우 변성으로 구조가 변하면 친수성이 감소하므로 용해도가 감소되어 침전되는 경우가 많다.

③ 응고 또는 겔화

단백질이 변성되면 유동성을 잃고 응고하거나 망상 구조를 갖는 겔을 형성하기도 한다.

④ 소화성 증가

폴리펩타이드 사슬이 풀어져서 노출되는 부분이 증가하므로 소화 효소가 작용하기 용이해져서 소화가 잘 된다.

⑤ 반응성 증가

단백질 내부에 감추어져 있던 -H, -OH, -COOH 등의 작용기들이 표면에 노출되므로 반응성이 증가된다.

⑥ 기타

점도나 자외선 흡광도가 증가하는 등 물리적, 화학적 성질이 변화한다.

2) 단백질의 변성 요인

일반적으로 천연 단백질의 구조 변화에 영향을 줄 수 있는 각종 요인들은 단백질의 변성에 기여할 수 있다. 이들 요인을 특성별로 분류해 보면 다음과 같다.

① 물리적 요인

가열, 동결, 교반, 건조, 광선, 고압, 초음파 등

② 화학적 요인

산, 알칼리, 염류, 금속 이온, 유기 용매, 계면활성제 등

③ 생물학적 요인

단백질은 효소 작용에 의해 변성될 수 있다. 예를 들어 레닌은 우유 단백질을 변성시켜 커드를 형성시키는데 이러한 원리는 치즈 제조에 유용하게 사용된다.

3) 식품에서 단백질 변성의 예

열변성은 식품의 가공 및 조리 과정에서 자주 일어나는 변화이다. 특히 글로불린, 알부민 등의 단백질은 55~75℃ 이상으로 가열하면 쉽게 응고된다. 열변성은 온도가 높을

Tip **머랭(Meringue)**

머랭은 달걀흰자(난백)에 설탕을 넣고 교반하여 기포를 형성시킨 것으로 제과와 제빵에 사용되며, 주로 빵의 질감과 형태에 영향을 준다. 17세기 스위스 도시 머랭겐(Meiringen)에서 유래하여 프랑스 등지로 전파되었고 이후 다양한 형태로 발전한 것으로 전해진다.

난백의 성분은 수분 87.5%, 단백질 10.87%, 지질 0.02%, 회분 0.58%, 탄수화물 1.03%로 단백질 용액이라고 할 수 있다. 일반적으로 단백질 용액은 강하게 교반하면 약한 표면 장력으로 인해 흰자의 수분 사이로 공기가 침투하게 되고 넓게 퍼져 얇은 막을 형성한다(기포성). 이때 공기를 둘러싼 부분에 존재하는 단백질 분자가 부분적으로 변화되고(단백질 변성) 막이 두꺼워져서 기포가 안정되는데, 이와 같은 원리에 의해 거품이 형성되어 머랭이 완성된다.

프렌치 머랭의 경우 난백을 교반하면서 설탕을 첨가하는데, 설탕은 물과 결합해 전체적인 구조를 안정시키고, 단백질의 결합을 더욱 단단하게 해 유입된 공기로 발생된 거품이 더 잘 만들어질 수 있도록 하는 역할을 한다.

수록, 수분이 많을수록, 또 염류가 존재할수록 잘 일어난다. 그리고 pH는 등전점에 가까울수록 열변성은 쉽게 일어난다.

식품을 동결하는 과정에서는 최대 빙결정 생성온도 범위인 -1~-5℃ 부근에서 단백질의 변성이 가장 잘 일어나는데, 육류 단백질이 동결에 의하여 변성되면 해동할 때 많은 양의 드립(drip)이 유출되므로 영양가와 풍미가 저하되고 부패에 취약하게 된다.

한편, 단백질의 변성 현상은 표 6-6과 같이 식품의 조리 과정에서 유용하게 활용되기도 한다.

표 6-6 • 식품의 조리에서 단백질의 변성을 활용한 예

변성 요인	조리 예
열	삶은 달걀, 사골국(젤라틴), 구운 고기
염	두부 제조
산	요구르트, 치즈 제조(산 응고), 생선 조리 시 식초 첨가
건조/냉동	어육 건조, 냉동 어육의 해동 시 드립 현상
교반	머랭, 휘핑크림, 맥주 거품
효소	레닌에 의한 치즈 제조

6. 단백질의 정색반응

단백질 용액에 특이 발색 시약을 첨가하여 반응시키면 구성 아미노산의 종류나 결합 형태에 따라 다른 독특한 색을 나타내므로 아미노산이나 단백질을 정량하는 데 활용할 수 있다. 주요 정색반응은 표 6-7과 같다.

표 6-7 • 단백질의 주요 정색반응

정색반응	발색	반응기
뷰렛반응	적자색	펩타이드 결합
닌하이드린반응	적자색	아미노기
밀론반응	적갈색	타이로신
홉킨스-콜반응	적자색	트립토판
사카구치반응	적색	아르지닌
잔토프로테인반응	황색	타이로신, 트립토판

뷰렛반응은 2개 이상의 펩타이드 결합을 지닌 화합물에 황산구리 용액이 반응하여 적자색을 나타내는 반응으로서 단백질뿐 아니라 펩타이드의 정량에 활용된다.

닌하이드린반응은 α-아미노기를 지닌 화합물이 닌하이드린 시약과 반응하여 나타내는 정색반응으로서 아미노산은 물론이고 펩타이드, 단백질 등에 반응하는 특징을 지니고 있다.

이외에도 특이 아미노산에 발색하는 밀론반응, 홉킨스-콜반응, 사카구치반응 등이 단백질의 정성 및 정량 시험에 활용되고 있다.

단원정리

- 단백질의 구성 단위체인 아미노산은 카복실기와 아미노기를 지니고 있으며, 질소를 평균 약 16% 정도 지니고 있다.
- 단백질은 펩타이드 결합에 의해 연결된 아미노산 사슬로 이루어진다.
- 발린, 루신, 아이소루신, 트레오닌, 라이신, 메싸이오닌, 페닐알라닌, 트립토판은 체내에서 합성되지 않아 반드시 음식물로 섭취해야 하는 필수아미노산이다.
- 아미노산의 양전하와 음전하의 양이 같아서 실제 전하가 0이 되어 전기장 내에서 어느 전극 방향으로도 이동하지 않는 pH를 아미노산의 등전점(isoelectric point, pI)이라고 한다.
- 단백질의 구조에는 1차, 2차, 3차, 4차 구조가 있으며, 1차 구조는 아미노산 배열 순서, 2차 구조는 곁사슬 상호 작용에 의해 형성된 α-나선(α-helix) 구조와 β-병풍(β-sheet) 구조, 불규칙 코일(random coil) 구조, 3차 구조는 수소결합, 이온결합, 소수성 인력, 이황화결합 등에 의해 형성된 구상 또는 섬유상의 입체 구조, 4차 구조는 3차 구조를 유지하는 단백질 소단위체(subunit) 몇 개가 모여서 하나의 거대 분자를 이루는 구조를 말한다.
- 단백질은 아미노산만으로 구성된 단순단백질, 단순단백질에 인산, 당질, 지질, 핵산, 색소, 금속 등 비단백성 물질이 결합한 복합단백질, 그리고 단순단백질 또는 복합단백질이 화학적 또는 효소적 방법으로 변형되어 형성된 유도단백질로 분류한다.
- 변성은 단백질의 모양과 성질을 변화시킨다.
- 단백질은 각각의 고유한 등전점을 지니고 있으며, 등전점에서 수화, 팽윤, 용해도, 점도 등이 최소가 되는 반면 흡착력, 기포력, 침전성은 최대가 된다.
- 단백질은 아미노산이 펩타이드 결합과 곁사슬을 가지고 있어 화학 물질과 반응하면 구성 아미노산의 종류나 결합 형태에 따라 다른 독특한 색을 나타내므로 아미노산이나 단백질을 정량하는 데 활용할 수 있다.

연습문제

1 Alanine의 등전점은 6.0이다. 만일 이것을 pH 3.0 완충 용액에 녹인다면 표면 전하는 어떤 상태일까? (예: 양전하, 음전하, 전하를 띠지 않음)

2 조단백질을 정량할 때 질소함량에 얼마를 곱해야 하는가? (참고로 단백질 중의 질소함량은 약 16%임)

3 다음 중 황(S)을 함유하고 있는 아미노산은?

① Methionine ② Aspartic acid
③ Tryptophane ④ Lysine

4 단백질을 구성하는 아미노산은?

① Citruline ② Taurine
③ DOPA ④ Proline

5 단백질에 대한 설명으로 맞지 <u>않는</u> 것은?

① 등전점에서 용해도가 최대로 된다.
② 주로 L-형의 아미노산으로 되어 있다.
③ 20여 종의 아미노산으로 구성되어 있다.
④ 아미노산이 사슬처럼 이어져서 펩타이드 결합을 하고 있다.

6 다음 중 난백의 주 단백질은 무엇인가?

① conalbumin ② ovoglobulin
③ ovalbumin ④ ovomucin

정답

1 양전하(+)를 띤다. **2** 6.25 **3** ① **4** ④ **5** ① **6** ③

CHAPTER 7

무기질

식품은 탄수화물, 지질, 단백질, 수분, 비타민 그리고 무기질 등으로 구성되어 있다. 무기질은 탄수화물, 지질, 단백질 등과 같은 영양 성분에 비하여 식품에 함유되어 있는 양은 미미하나 그 역할은 매우 중요하다. 탄수화물, 지질, 단백질을 구성하는 C, H, O, N을 제외한 나머지 원소를 일반적으로 무기질(mineral)이라고 하며, 단일 원소이기 때문에 고온으로 가열하거나 심지어 불로 태울 경우에도 파괴되지 않고 재로 남기 때문에 회분(灰分, ash)이라고도 한다. 무기질은 영양 성분처럼 에너지원은 아니지만, 특히 뼈 등을 구성하고 체액의 pH 및 삼투압을 조절하며 각종 생체반응의 촉매로서 작용하는 인체에 필수적인 성분이다. 또한 효소의 구성 성분이나 보조인자로서 생체반응의 촉매로 작용한다. 인체에는 약 20여 종의 무기질이 필요한데, 무기질은 원소이므로 체내에서의 합성은 불가능하기 때문에 반드시 식생활을 통하여 섭취하여야 한다. 20여 종의 필수 무기질은 각각의 1일 권장섭취량이 정해져 있고, 권장섭취량이 하루 100 mg 이상인 것을 다량 무기질(major minerals)로, 그 이하인 것을 미량 무기질(trace minerals)로 구분한다(표 7-1).

1. 다량 무기질

하루 100 mg 이상 요구되는 다량 무기질에는 칼슘(Ca), 인(P), 칼륨(K), 나트륨(Na), 염소(Cl), 마그네슘(Mg) 등이 있다. 이들 중 칼슘, 인, 마그네슘 등은 인체의 구성 성분으로의 역할이 크며, 칼륨, 나트륨, 염소 등은 체액의 산·알칼리 평형 및 삼투압 유지에 주로 이용되어 항상성(homeostasis) 유지에 관여한다.

1) 칼슘

칼슘(calcium)은 체내에 가장 많이 존재하는 무기질로 그 양은 성인 체중의 약 2% 정도에 해당하며, 주로 뼈와 치아에 인산염이나 탄산염의 형태로 존재한다. 그 외에 근육, 혈액 등에 존재하여 생체 기능 조절에 관여한다. 체내 혈액 중에는 100 mL당 약 10 mg 정도의 농도가 유지되어야 혈액 응고, 심장 박동 등이 정상적으로 유지된다. 따라서 체내 칼슘 농도가 부족하게 되면 뼈에서 칼슘을 유출시키기 때문에 골연화증이나 골다공증이 유발된다.

표 7-1 • 무기질의 종류와 특성

무기질		체내 작용	결핍증	과잉증	주요 급원
다량 무기질 (Major minerals)	칼슘 (Calcium, Ca)	• 골격 및 치아 형성 • 혈액의 응고 • 심장 박동 유지 등	• 골격 및 치아 발육 부진 • 골연화증, 골다공증 등	• 고칼슘뇨증 • 신장결석 등	• 우유 및 유제품 • 멸치, 달걀 • 해조류 등
	인 (Phosphorous, P)	• 골격 및 치아 형성 • 근육의 수축 및 체액의 완충 작용 • 에너지 대사 등	• 골연화증 • 성장부진 • 구루병 등	• 저칼슘혈증	• 육류, 멸치 • 채소류, 우유 • 탄산음료 등
	칼륨 (Potassium, K)	• 산·알칼리 평형 • 삼투압 조절 • 근육의 수축 및 이완 등	• 식욕감퇴 • 근육 위축 • 현기증 • 부정맥 등	• 신장기능 환자에게 심장기능 이상 초래	• 과일, 채소 • 곡류, 육류 • 우유 및 유제품 등
	나트륨 (Sodium, Na)	• 산·알칼리 평형 • 삼투압 조절 • 근육 수축 등	• 소화불량 • 근육경련	• 부종 및 고혈압	• 김치, 젓갈 • 수산물 • 장류 등
	염소 (Chlorine, Cl)	• 위산 형성 • 산·알칼리 평형	• 위액의 산도 저하 • 소화불량 등	• 위산과다증	• 김치, 젓갈 • 수산물 • 장류 등
	마그네슘 (Magnesium, Mg)	• 골격 및 치아 형성 • 신경자극 전달 • 근육의 수축 및 이완 등	• 심혈관계 건강 장애	• 설사 유발 • 근력 저하 등	• 녹색채소 • 견과류, 곡류 • 두류, 육류 등
미량 무기질 (Trace minerals)	철 (Iron, Fe)	• 헤모글로빈과 미오글로빈의 구성 성분 • 조효소 성분 • 조혈 작용 등	• 빈혈 유발 • 발육 부진 등	• 심부전 • 당뇨병 등	• 동물의 간 • 난황, 육류 등
	황 (Sulfur, S)	• 아미노산 구성 성분 • 신진대사 • 혈액 응고 등	• 손톱, 발톱, 모발 등의 발육 저하 등	• 거의 없음	• 육류, 어류 • 달걀, 파 • 마늘, 양파 등
	요오드 (Iodine, I)	• 갑상선 호르몬 구성 성분 • 신진대사 등	• 갑상선종	• 자율신경 장애	• 굴, 미역 • 무, 시금치 등
	아연 (Zinc, Zn)	• 단백질 및 콜라겐 합성 • 인슐린의 구성 성분 • 면역 체계 관여 등	• 성장 장애 및 탈모 • 발육 장애 등	• 혈중 콜레스테롤 증가 • 면역기능 억제 등	• 육류, 동물의 간 • 굴, 달걀 등

칼슘의 흡수에는 비타민 D가 관여하여 인(P)과의 흡수 비율을 조정하여 칼슘의 흡수를 촉진한다. 그 외에도 우유의 유당 등도 칼슘의 흡수를 촉진시킨다. 반대로 시금치에 많은 수산(oxalic acid)이나, 곡류 또는 두류에 많은 피트산(phytic acid) 등은 칼슘의 흡수를 저해한다. 또한 마그네슘이 많이 포함된 식품 중의 칼슘은 그렇지 않는 식품에 비해 상대적으로 그 흡수율이 낮다.

칼슘이 많은 식품에는 우유 및 유제품, 멸치, 달걀, 해조류 등이 있으며, 동물성 식품에 함유된 칼슘의 흡수율이 식물성 식품에 함유된 칼슘보다 상대적으로 높다. 칼슘은 결핍증이 발생하기 쉬운 미네랄로 식생활을 통해 꾸준히 섭취해야 하며, 하루 권장섭취량은 20대 남성은 800 mg, 여성은 700 mg이다.

2) 인

인(phosphorous)은 칼슘 다음으로 체내에 많은 무기질로 성인 체중의 약 0.8~1.2% 정도에 해당하며, 약 80% 정도는 칼슘과 결합된 인산칼슘 형태로 뼈와 치아에 함유되어 있어 골격과 치아 형성에 관여한다. 인은 체내에서 많은 역할을 하는데 핵단백질이나 인지질의 구성 성분이기도 하며 근육의 수축 및 체액의 완충 작용 등을 담당한다. 그 외에도 에너지 대사, 지방산의 이동 등에도 관여하는 것으로 알려져 있다.

인은 거의 대부분의 식품에 널리 분포되어 있으므로 결핍보다는 오히려 과잉이 우려되는데, 이는 인을 많이 섭취할 경우 체내의 인과 칼슘 균형이 깨지게 되어 칼슘 부족을 초래할 수 있기 때문이다. 드물게 결핍될 경우에는 골연화증, 성장부진, 구루병 등을 유발할 수 있다. 식품 중에는 육류, 멸치, 채소류, 우유 등에 많이 함유되어 있으며 가공식품 중에는 특히 탄산음료에 많이 포함되어 있다.

3) 칼륨

칼륨(potassium)은 대부분 세포내액 중에 KCl, K_2HPO_4, K_2CO_3 등의 형태로 존재하여 나트륨과 함께 수분 평형, 산·알칼리 평형과 삼투압 조절 작용에 주로 관여한다. 또한 신경 전달과 근육의 수축 및 이완, 호르몬의 분비 등 생리 작용에 있어서 매우 중요한 역할을 한다. 성인에게는 하루에 약 3 g 정도의 칼륨이 필요한데 일반 식품에 널리 분포되어 있어 칼륨 결핍증은 거의 발생하지 않지만 만일 부족할 경우 식욕 감퇴, 근육의 위축, 현기증, 부정맥 등이 발생할 수 있다. 과일, 채소, 곡류 등에 풍부하게 존재하며 육류 및 우유에도 상당량이 함유되어 있다. 주류나 커피는 칼륨 배설을 촉진하기 때문에 칼륨함량이 많은 음식을 섭취할 필요가 있다.

4) 나트륨과 염소

나트륨(sodium)은 칼륨과 반대로 주로 세포외액에 NaCl, Na_2HPO_4, $NaHCO_3$, Na_2CO_3 등의 형태로 존재한다. 이 중 나트륨은 칼륨과 같이 체액과 조직액 사이의 삼투압을 조절하고 체내의 수분 균형 및 혈장과 체액의 산·알칼리 균형을 유지하며 근육의 수축에 관여한다. 염소(chlorine)는 NaCl에서 해리된 후 염산이 되어 위산의 역할을 한다. 나트륨 및 염소의 경우 대부분 식품 중 소금(식염)의 형태로 섭취하게 되는데 나트륨은 하루에 2 g 이상을 섭취하면 부종 및 고혈압 등을 유발할 수 있으며, 염소는 부족하게 섭취하면 충분한 양의 위산이 분비되지 않는다. 이로 인해 소화불량 및 식용부진이 발생하며 반대의 경우에는 위산과다증으로 연결될 수 있다. 식품 중 소금의 함량이 높은 식품에는 수산물, 장류 및 절임류 등을 들 수 있다.

5) 마그네슘

마그네슘(magnesium)은 성인의 체중 중 약 21~28 g 정도를 차지하는 무기질로서 대부분 $Mg_3(PO_4)_2$의 형태로 뼈, 근육, 혈액에 존재한다. 혈액 내 콜레스테롤 축적을 방해하며 신경자극 전달 및 근육의 수축·이완에도 관여한다. 특히 심혈관계의 건강 유지에 필수적인 미네랄이나. 마그네슘은 녹색채소의 클로로필 구성 미네랄이기 때문에 정상적인 식생활을 할 경우에는 결핍되기 어렵다.

녹색채소, 견과류, 곡류, 두류, 해조류 등에 특히 많이 함유되어 있으며, 우유 및 과일에도 미량 함유되어 있다.

2. 미량 무기질

미량 무기질은 다량 무기질에 비하여 체내에 필요한 양은 적지만, 효소, 색소, 단백질 및 비타민의 구성 성분으로서 각종 생체반응과 특히 식품의 색과 연관이 큰 미네랄이다. 대표적 미량 무기질로는 철(Fe), 황(S), 요오드(I), 아연(Zn) 등이 있다.

1) 철

철(iron)은 생명 유지에 필수적인 원소로서 약 70% 정도가 동물성 색소인 헴(heme) 구조에 포함되어 있다. 헴 구조로는 적혈구의 헤모글로빈과 근육의 미오글로빈이 주요 형태이다. 25% 수준으로 카탈레이스(catalase), 퍼옥시데이스(peroxidase), 사이토크롬(cytochrom) 등의 효소에도 헴 구조의 형태로 포함되어 효소의 보조인자의 역할을 수행한다. 페리틴(ferritin)이나 헤모시데린(hemosiderin) 등은 철단백질이지만 헴의 구조로 철을 포함하고 있지는 않다.

동물성 식품의 경우 철이 헴의 구조로 되어 있어 흡수율이 높지만, 식물성 식품의 경우 흡수율이 낮으며 제2철(Fe^{3+})보다 제1철(Fe^{2+})의 형태가 흡수율이 높다. 철은 생체 내의 요구량이 많아질수록, 그리고 흡수 촉진 물질이 있을 경우 체내 흡수율이 상승한다. 대표적 촉진 물질로는 비타민 C와 구연산 등이 있으며, 반대로 저해 물질로는 인산염, 피트산, 타닌 등이 있다. 철의 1일 평균필요량은 20대의 경우 남성 8 mg, 여성 11 mg 수준이며, 임신기에는 8 mg 정도를 추가로 필요로 한다.

Tip **미네랄과 중금속(heavy metal)의 차이**

철의 경우 식품학에서 미량 무기질로 분류하지만, 물리화학적 측면에서는 중금속(비중 5.0 이상)으로 분류할 수 있다. 중금속은 체내에 축척되어 각종 만성 질환을 유발하는 위해한 물질로 식품학에서는 미네랄과 중금속을 필수 물질과 위해 물질로 구별하여 사용한다. 그러나 철의 경우에서와 같이 철이 과량으로 체내에 존재할 경우, 간이나 심장 등에 무리를 주어 오히려 건강을 훼손하기 때문에 이럴 경우에는 중금속으로 취급하는 것이 옳을 것이다. 미네랄이나 중금속 모두 원소이기 때문에 그 구분이 모호할 수 있음을 생각해 볼 필요가 있다.

2) 황

황(sulfur)은 체내의 모든 세포에 존재하며, 특히 황을 함유하는 아미노산(메싸이오닌, 시스틴, 시스테인)의 구성 성분이다. 그 외에 비타민 B_1, 바이오틴, 코엔자임 A(Co A) 등의 구성 성분이다. 연구자의 분류 관점에 따라 다량 미네랄로 구분될 정도로 체내에 함유된 양이 적지 않은 미네랄로서 다량과 미량의 경계에 있다고 볼 수 있다. 체내에서 신진대사, 혈액 응고, 콜라겐 합성에 관여하는 미네랄이다. 식품의 풍미 중 매운맛과 냄새 성분에는 황이 함유되어 있기 때문에 식품의 특징 및 기호에도 크게 관여를 하는 미네

Tip **유기 유황화합물(MSM, methyl sulfonyl methane)**

유기 유황화합물의 효능이 많이 알려지고 있다. 콜라겐 합성을 촉진하여 관절염에 효능이 있다고 하며 노화 방지, 항암 효과 등도 언급되고 있다. 하지만 MSM의 경우 자연계에 존재하는 양이 적어, 대부분 화학적으로 합성한 물질이다. 반대하는 전문가들은 독성은 발견되지 않았으나 식품을 통해 충분히 섭취할 수 있는 황의 보충에 대해 비판적 견해를 보이기도 한다. 부작용으로 구토, 설사, 두통, 알레르기 등을 언급하기도 한다. 건강한 사람의 경우 건강기능식품에 의존하는 것보다는 정상적 식생활을 통한 미네랄의 섭취가 훨씬 바람직하다고 하겠다.

랄이다. 황은 아미노산 형태로 많이 존재하므로 단백질 식품을 충분히 섭취할 경우 결핍증은 거의 일어나지 않는다. 육류, 어류, 달걀, 파, 마늘, 양파 등에 널리 존재한다. 황은 식품에 널리 분포되어 있어 결핍 현상은 거의 나타나지 않는다.

3) 요오드

요오드(iodine)는 70~80%가 갑상선에 존재하는데, 이는 갑상선 호르몬인 티록신(thyroxine)의 구성 성분에 요오드가 포함되기 때문이다. 갑상선에 존재하는 요오드는 신진대사, 성장, 성기능 등에 관여한다. 요오드가 부족하면 갑상선이 계속 커져서 갑상선 종을 일으킬 수 있으며 이로 인하여 기초대사율이 저하되는 등 신체의 활력이 저하된다. 굴, 미역, 어패류 등의 해산식품에 풍부하며, 육상식품에는 해산식품에 비하여 높지 않지만 무, 당근, 상추 등에 어느 정도 수준의 요오드가 존재한다.

4) 아연

아연(zinc)은 체내에 약 2 g 정도만 존재하지만 생체 내 단백질 및 콜라겐 합성에 중요한 작용을 하며, 췌장 호르몬인 인슐린의 구성 성분으로 면역 체계에도 관여하는 미네랄이다. 결핍 시에는 성장 장애 및 탈모, 상처 치유가 지연될 수 있으며, 반대로 과잉 시에는 혈중 콜레스테롤 수치를 높일 수 있다. 아연은 동물성 식품에 풍부한데, 특히 고기, 간, 굴, 달걀 등에 많이 있으며, 식물성 식품에도 소량으로 널리 분포되어 있기 때문에 아연 결핍증은 자주 발생하지 않는다.

3. 식품의 조리·가공과 무기염류

무기질은 식품 중 염류의 형태로 존재하며, 주변 환경의 pH에 따라서 쉽게 용출될 수 있으나 화학적인 변화는 거의 일어나지 않는다. 조리 방법이나 식품의 종류에 따라 손실률은 각각 다르게 나타난다. 이 외에도 식품의 조리 및 가공 시에 식품의 물성 변화나 저장 기간 연장 등에 관여하는데, 대표적 사례는 다음과 같다.

1) 조직의 경화

과육을 이용한 잼류를 제조할 때 펙틴 분자 중 저메톡실펙틴의 경우 칼슘 이온을 첨가하면 쉽게 반응하여 겔을 형성하는데 이를 잼(jam)이라 한다.

밀가루 반죽의 점탄성과 신전성을 증진하기 위하여 보통 제빵 개량제를 사용한다. 밀가루 반죽의 물성은 밀단백질인 글루텐과 상관관계가 크며, 이때 사용되는 제빵 개량제는 칼슘을 포함하고 있어 글루텐 사이의 결합을 강화하여 반죽의 탄력을 증가시킨다.

2) 단백질의 응고

두부는 콩의 가용 성분을 더운물로 용출시켜 두유를 만들고, 두유에 단백질 응고제를 부어 두유 중 단백질을 응고제(보통 간수라고 한다)로 응고시킨 것이다. 응고제로는 주로 마그네슘, 칼슘, 알루미늄 등의 염류를 사용한다. 무기염류의 이온가가 높을수록 단백질 응고 효과가 크다.

3) 색의 안정화

구리나 철 등의 금속 이온은 색소를 고정시켜 변색을 방지한다. 조리 또는 가공 중 안정한 색소를 유지하기 위하여 완두콩 통조림을 제조할 때 황산동 용액을 소량 첨가하거나, 일상에서 검은콩을 삶을 때 쇠못 등을 넣는 것이 좋은 예라고 할 수 있다.

4) 연수와 경수

물에 함유되어 있는 무기염의 함량에 따라 일반적으로 연수(단물) 및 경수(센물)로 구분한다. 경수는 칼슘, 마그네슘 등의 무기질이 많이 녹아 있는 물로서 특히 지하수, 해수 등의 물이 여기에 해당한다. 연수는 무기질이 적게 녹아 있는 물로 하천수나 빗물 등이 이에 해당한다. 경수는 다시 일시적 경수와 영구적 경수로 분류하는데, 일시적 경수는 칼슘이나 마그네슘이 탄산 이온과 결합하여 있는 물을 말하며, 영구적 경수는 칼슘이나 마그네슘이 황산 또는 질산 이온과 결합되어 있는 물을 말한다. 일시적 경수는 물을 끓일 경우 염 성분이 침전하여 쉽게 분리되나, 영구적 경수는 침전되지 않아 연화제를 사용하여야 한다. 경도가 높은 물을 제조 수로 사용하게 되면 조리·가공하는 과정에서 침전이나 변색 등 바람직하지 않은 변화를 일으킬 수 있기 때문에 되도록 연수를 사용하는 것이 좋다.

5) 삼투압 작용

식염(NaCl)은 수용액에서 강한 삼투압으로 살균력과 탈수력을 발휘하여 조리 과정이나 염장식품 등의 식품 보존 용도로 사용되고 있다. 예를 들어 채소를 소금물에 절이면 수분이 빠져나와 숨이 죽는 현상이 나타나며 전골을 조리할 때 간장을 넣으면 채소나 고기 속의 수분이 빠져나와 빨리 끓게 된다.

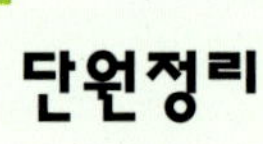

- 무기질의 1일 권장섭취량이 100 mg 이상인 것을 다량 무기질, 그 이하인 것을 미량 무기질로 분류한다.
- 무기질은 탄수화물, 지질, 단백질에 비하여 그 필요량은 적으나 인체 조직의 구성, 체액의 pH 및 삼투압 조절, 생체반응의 촉매 작용 등을 담당하는 필수 물질이다.
- 무기질은 조직의 경화, 단백질의 응고 등 식품의 가공·조리 시에도 그 역할을 담당한다.

1 다음 중 무기질의 기능이 아닌 것은?

① 체액의 삼투압을 조절한다. ② 치아와 골격을 구성한다.
③ 아미노산을 구성하기도 한다. ④ 동물체의 에너지를 내는 영양소가 된다.

2 다음 중 하루에 100 mg 이상 필요한 다량 무기질에 속하지 않는 것은?

① 칼슘(Ca) ② 나트륨(Na)
③ 칼륨(K) ④ 요오드(I)

3 다음 중 철의 흡수를 저해하는 물질이 아닌 것은?

① 인산염 ② 비타민 C
③ 피트산 ④ 타닌

4 체내에 약 2 g 정도로 존재하지만 단백질의 합성, 인슐린 합성 등에 관여하는 미량 무기질은?

① 아연(Zn) ② 나트륨(Na)
③ 황(S) ④ 칼륨(K)

정답

1 ④ 에너지를 내는 영양소의 역할은 하지 않는다. **2** ④ 요오드는 미량 무기질에 해당한다. **3** ② 비타민 C의 경우, Fe^{2+}가 Fe^{3+}로 산화되는 것을 막아 오히려 흡수를 촉진한다. **4** ① 아연에 해당하는 설명이다.

CHAPTER 8

비타민

비타민은 주로 식품 내에 소량이 존재하며, 열량을 공급하거나 몸을 구성하지는 않지만, 생체 내에서 성장, 발달, 에너지 대사, 체내 조직의 유지 등 생리 작용을 조절하는 데 필수적인 유기화합물이다. 특히 비타민 B의 경우 에너지 대사에 있어서 조효소로 작용하기에 생체 활동에 중요한 역할을 한다.

비타민은 생체 내에서 합성되지 않기 때문에 주로 식품으로 섭취해야 하지만 대부분의 비타민은 체내에서 가역 변화에 의해 반복해서 이용되기 때문에 미량으로도 그 기능을 발휘할 수 있다. 따라서 하루에 5종류 이상의 다양한 과일이나 신선한 채소를 섭취하는 것은 식품으로부터 비타민을 충분히 섭취하는 방법으로 알려져 있다. 적합한 양의 비타민 섭취는 관련 결핍증으로부터 보호하고 만성 질환의 위험을 감소시킨다.

비타민의 명명은 발견된 순서에 따라서 A, B, C, D, E 등과 같이 알파벳을 붙이기로 하였으나 비타민 B는 한 가지 물질이 아니라는 것이 밝혀져 B_1, B_2, B_6 등으로 구별하여 명명하고 있다. 또한 비타민이 나타내는 성질과 관련한 이름을 붙인 경우도 있는데, 예를 들면 비타민 K는 혈액의 응고(koagulation), 비타민 L은 젖의 분비(lactation), 비타민 P는 혈관 벽의 침투성(permeability)에 관련된 비타민이다.

최근에는 비타민은 화학적 구조에 의해서는 분류하는 체계를 만들기 어렵기 때문에 혈류에서의 흡수 및 전달, 생체 내에서의 저장 방법 등에 영향을 미치는 용해도에 따라 지용성 비타민과 수용성 비타민으로 분류하고 있다. 지용성 비타민에는 크게 비타민 A, D, E, K가 있으며, 수용성 비타민에는 비타민 B군과 비타민 C 이외에 다양한 비타민이 존재한다. 대부분의 지용성 비타민은 필요량 이상을 섭취하면 초과량은 체내에 저장되며 심하면 부작용을 일으키는 경우도 있다. 반면에 수용성 비타민은 초과 섭취량이 모두 배설되는 특징이 있다.

1. 지용성 비타민

지용성 비타민은 물에 녹지 않고 유지나 지방에 잘 녹는 성질을 지니고 있다(fat-like substances). 따라서 생체 내 흡수를 위해서는 담즙(bile)이 필요하며, 림프계로 바로 흡수된 후 단백질 수용체(protein receptor)와 함께 혈관을 따라 이동한다. 대부분의 지용성 비타민은 지방처럼 간 또는 지방 조직에 축적될 수 있으므로 일정 기간 동안 섭취량이 부족해도 쉽게 결핍증이 나타나지 않는다. 그러나 비타민 A나 D처럼 과잉 섭취 시 독성을 나타내는 경우도 있으므로 주의해야 한다.

1) 비타민 A

비타민 중에 최초로 발견되어 비타민 A로 명명되었으며, 우리나라 국민들이 아직까지 충분히 섭취하고 있지 못하는 비타민 중의 하나이다. 비타민 A는 레티노이드의 일종으로 β-이오논(β-ionone)의 링(ring) 구조와 아이소프레노이드(isoprenoid) 사슬 구조를 가지고 있으며, 레티놀(retinol), 레티날(retinal), 레틴산(retinoic acid) 및 그 유도체인 레티닐팔미테이트(retinyl palmitate) 등의 구조를 가진다(그림 8-1).

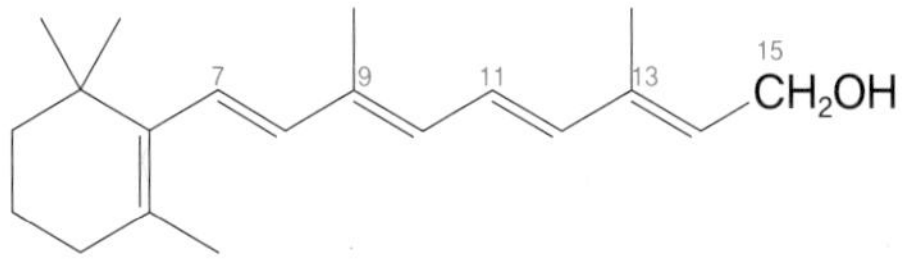

retinol (CH_2OH) retinal (CHO) retinoic acid (COOH) retinyl palmitate ($CH_2-O-C(=O)-(CH_2)_{14}CH_3$)

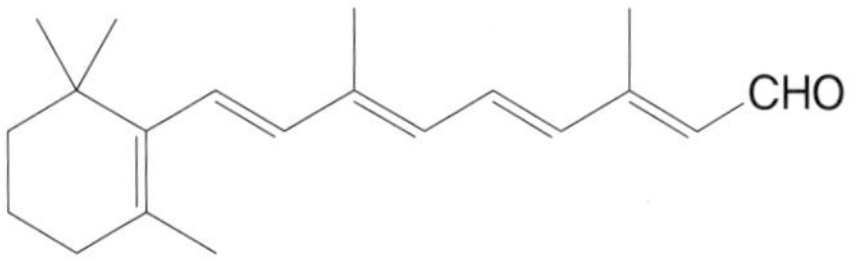

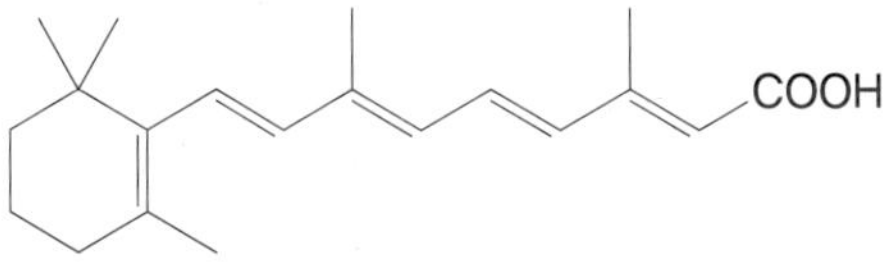

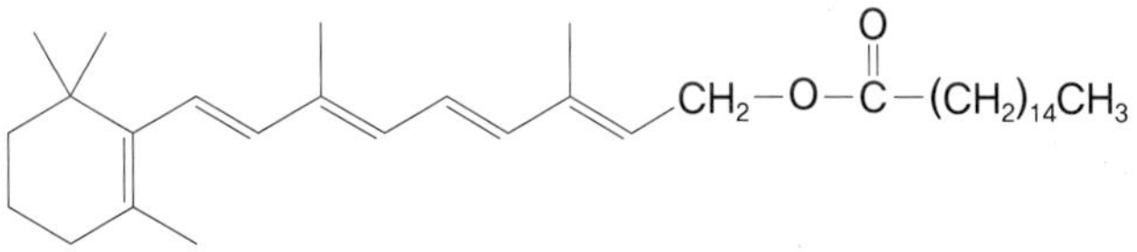

그림 8-1 • 비타민 A를 형성하는 다양한 레티노이드 구조

구조적으로는 이중결합을 지니고 있는 불포화형이며, 아이소프렌의 공액 이중결합은 *cis*-형과 *trans*-형이 있는데 *trans*-형의 생물학적 생리 효과가 더 높다. 동물 조직에서는 레티놀과 레티날의 활성이 높은 반면 레틴산의 활성은 상대적으로 낮은 편이다. 레티놀은 어류의 간, 달걀노른자, 우유 및 유제품 등에서 주로 발견되며, β-이오논 핵과 아이소프렌(isoprene) 사슬로 이루어져 있으며 끝부분에 하이드록실기를 가지는 알코올이다.

식물성 및 동물성 식품에 존재하는 카로테노이드(carotenoid) 중에서 α-, β-, γ-카로텐(carotene)과 크립토잔틴(cryptoxanthin)은 동물체내에서 비타민 A로 전환되기 때문에 프로비타민(provitamin) A라고 부른다. 이 중에서 식물의 색소로 많이 존재하는 β-카로텐이 레티놀 전환이 가장 쉬우며(장 점막 세포, 간, 신장), 비타민 A의 상대적 활성도가 50% 정도를 나타내 활성이 제일 높다(표 8-1). 그 외 α-카로텐과 β-크립토잔틴의 비타민 A의 생체 내 효율은 β-카로텐의 절반이다. 하지만 카로테노이드의 생화학적 전환 효소의 활성은 매우 낮은 편이어서 실질적인 전환 효과는 매우 낮다고 알려져 있다. 예를 들면 당근 내에 많이 포함되어 있는 β-카로텐은 레티놀 형태의 비타민 A에 비해 21%의 상대적 활성도를 나타내어, 비타민 A로써의 생체 이용도(bioavailability)가 낮은 편이다. 따라서 레티놀 형태의 비타민 A가 주로 존재하는 동물성 식품을 식이를 통해 섭취하는 것이 유리하다. 또한 비타민 A는 이중결합을 많이 지니고 있기 때문에 지방산과 유사하게 산화에는 약하지만 열과 알칼리에는 비교적 안정하다.

비타민 A는 시각 작용, 상피 조직의 보호 작용, 항산화 작용 등의 기능에 관여하며, 결핍되면 망막에 존재하는 색소단백질인 로돕신(rhodopsin)의 생성량이 적어져서 야맹증이나 안구 건조증 등이 발생한다. 개발도상국에서 영양 결핍으로 인한 시력을 잃게 되는 주요한 원인 중에 하나이며, 면역력이 약해져서 홍역이나 HIV에 감염될 확률이 높아진다. 과량 섭취 시에는 구토, 두개골의 압력 증가, 흐려진 시야, 두통, 모발 손실 및

표 8-1 • 프로비타민 A(provitamin A)의 구조적 특성 및 상대적 활성도

carotenoid	구조식	상대적 활성도
β-carotene	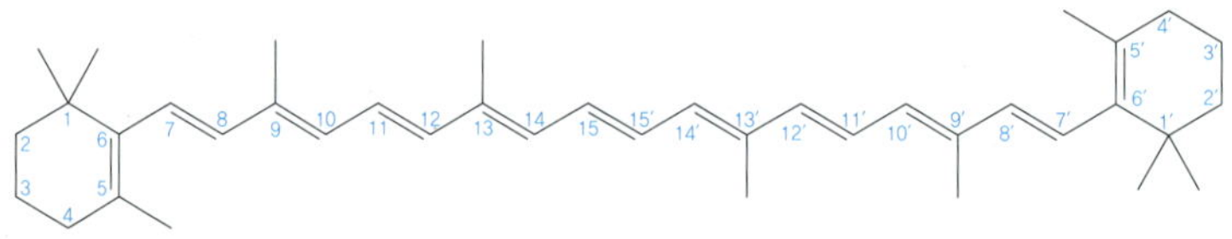	50
α-carotene	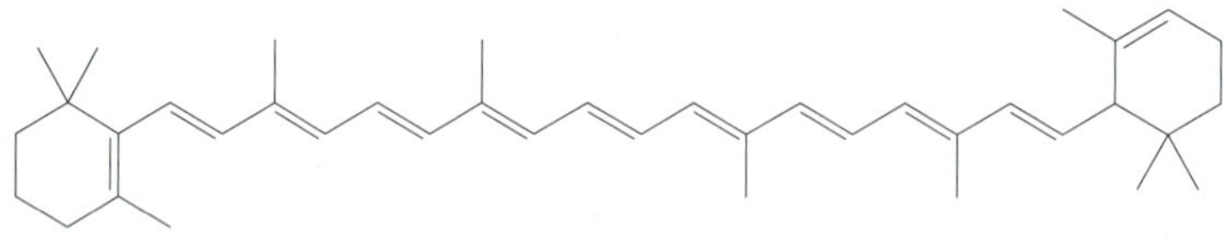	25
cryptoxanthin	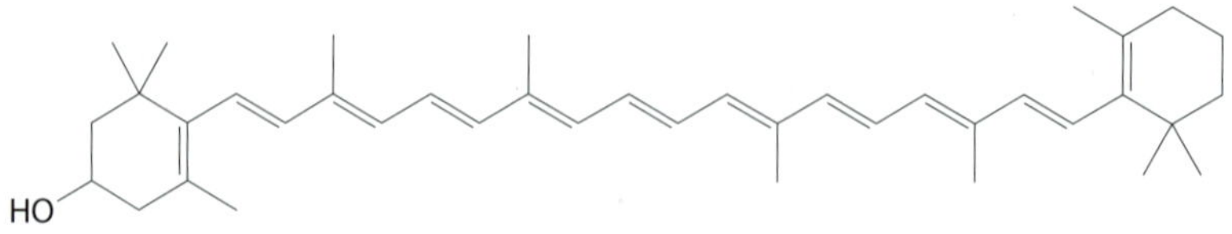 HO	25
lycopene	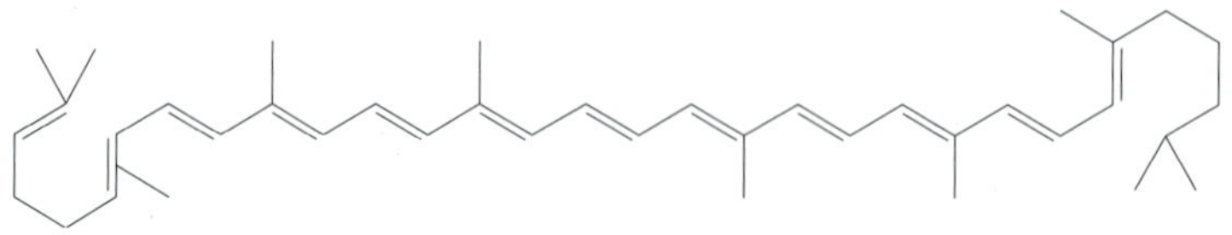	0

간 손상 같은 작용들이 일어나는 것으로 알려져 적당량을 섭취하는 것이 중요하다. 주로 동물성 식품인 동물의 간, 고지방 생선, 달걀노른자 등에 많이 함유되어 있고, 식물성 식품에는 당근이나 호박 등에 카로테노이드 형태로 존재한다.

2) 비타민 D

비타민 D는 장관과 뼈에서 칼슘과 인을 흡수하는 데 중요한 역할을 하며, 석회화하는 기능을 지니고 있으므로 칼시페롤(calciferol)이라고 부른다. 비타민 D에는 다양한 형태가 있는데 이 중 비타민 D_2(ergocalciferol)는 버섯, 효모 등에 많이 분포하고, 비타민 D_3(cholecalciferol)는 동물체의 간장, 기름진 생선, 난황 등에 존재하는 스테롤류에 자외선을 조사하면 생성된다(그림 8-2). 비타민 D_2와 D_3의 전구체를 각각 에르고스테롤(ergosterol)과 7-데하이드로콜레스테롤(dehydrocholesterol)이라고 하며, 이들을 프로비타민 D라고 부른다. 이 전구체는 자외선(ultra violet, UV)에 의해서 비타민 D의 형태로 전환될 수 있으며 인간의 경우 피부를 통해 햇빛에 노출되었을 때 바뀔 수 있다.

비타민 D는 실제로 식품을 통해 충분히 섭취하기가 어려워 다른 종류의 비타민에 비해 결핍의 비율이 높으며, 질병관리본부에서 발표한 2017년 국민건강통계에 따르면 대한민국 남성의 91.3%, 여성의 95.9%가 비타민 D 결핍에 시달리고 있는 것으로 알려져 있다. 비타민 D는 칼슘과 인의 흡수를 촉진시키고 혈액 중의 칼슘을 침착시켜 뼈와 치아의 형성을 촉진한다. 따라서 비타민 D의 결핍은 뼈에 이상을 초래하여 구루병을 유

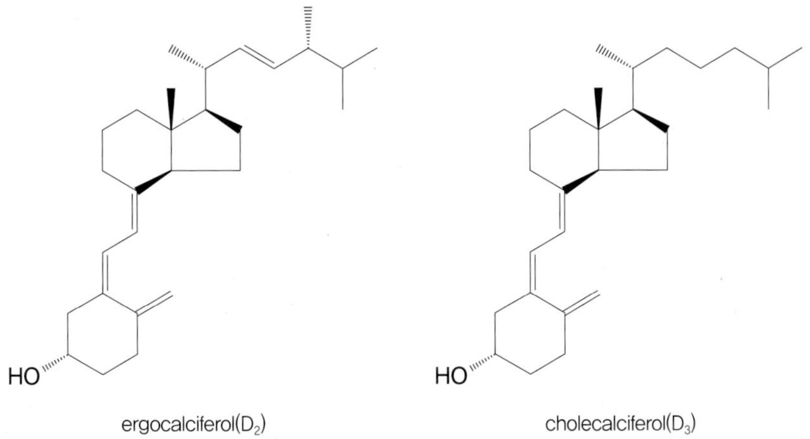

HO ergocalciferol(D_2)

HO cholecalciferol(D_3)

그림 8-2 • 비타민 D_2와 D_3의 구조적 특성

발하지만 과잉 섭취 시에는 어린이의 경우 정신지체, 비정상적인 뼈의 생육, 구토, 설사, 체중 감소 등이 나타날 수 있다. 또한 탈모증이나 장기에 석회 침착을 유발하는 경우도 있다.

3) 비타민 E

비타민 E(tocopherol)는 발견 초기에는 불임과 관련되어 항불임성 비타민으로 알려졌으며, 최근에는 열, 빛, 산소 등에 상당히 안정하고 항산화 작용이 있기 때문에 식품의 천연 항산화제로 이용되고 있다. 구조적으로는 토콜(tocol)의 유도체로 세 개의 아이소프레노이드 단위체와 포화 사슬을 지니고 있는 토코페롤류와 세 개의 불포화 사슬을 지닌 토코트라이엔올(tocotrienol)류를 모두 총칭하며, 각각 알파(α-), 베타(β-), 감마(γ-), 델타(δ-)형을 가지고 있다(그림 8-3).

토코페롤이 식품에 다양하기 이용되기 위해서는 수용성 성질을 가져야 활용 범위가 넓어지며, 지용성인 비타민 E를 물에 녹이기 위해서는 토코페릴아세테이트(tocopheryl acetate) 형태로 변환하여 수용성을 높인다. 토코페릴아세테이트는 그 자체로는 비타민 E의 기본 생리 활성인 항산화 작용 능력이 없으나, 생체 내에서 다시 토코페롤로 변환되어 비타민 E의 활성을 되찾는다. 특히 토코페릴아세테이트는 안정성이 높아 식품 및 비타민 보충제 같은 제품에 많이 활용되고 있다.

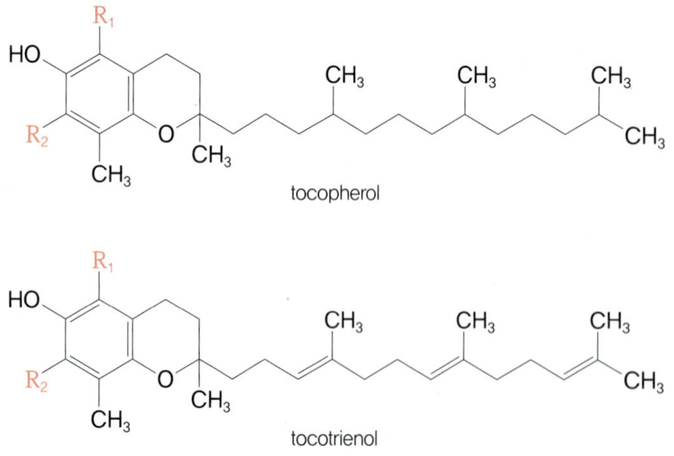

	R_1	R_2
α	CH_3	CH_3
β	CH_3	H
γ	H	CH_3
δ	H	H

그림 8-3 • 토코페롤과 토코트라이엔올의 구조

식품 내 토코페롤은 항산화제로서 중요한 역할을 하며 몇몇의 유지 제품(oil)의 경우에는 토코페롤이 없으면 바로 산패되어 상품화 및 판매가 어려워진다. 토코페롤은 생체 내에서는 토코페롤 퀴논(tocopherol quinone)으로 산화되어 활성 세포를 감소시켜 생식과 세포의 노화 방지에 관여하므로, 비타민 E가 결핍되면 불임증과 노화를 초래한다. 또한 저밀도 지단백 콜레스테롤(LDL)이 혈관 내에 침착되는 것을 억제한다.

비타민 E는 곡류의 배아, 견과류, 달걀 및 동식물의 지방 등에 많이 분포하지만 식품의 가공 중에 지속적으로 손실될 수 있다. 또한 빛이나 열에 노출될 경우 파괴될 수 있으므로 주의해야 한다. 특히 최근 건강식품을 다양하게 섭취하고 있는 가운데 아스피린 같은 혈액 응고 억제제를 섭취하는 환자의 경우에는 출혈 시 혈소판 응집을 억제하는 부작용이 있으므로 주의해야 한다.

4) 비타민 K

비타민 K는 혈액의 응고에 관여하는 비타민으로서 '응고'의 덴마크어인 'koagulation'에서 유래하였으며, 칼슘이 뼈에 결합하는 것을 도와주는 역할을 한다. 주로 해조류, 녹황색 채소, 양배추 등에 많이 함유되어 있다. 비타민 K_1은 한 개의 이중결합을 가지고 있으며 필로퀴논(phylloquinone)이라고 부른다. 비타민 K_2는 몇 개의 단위 그룹을 가

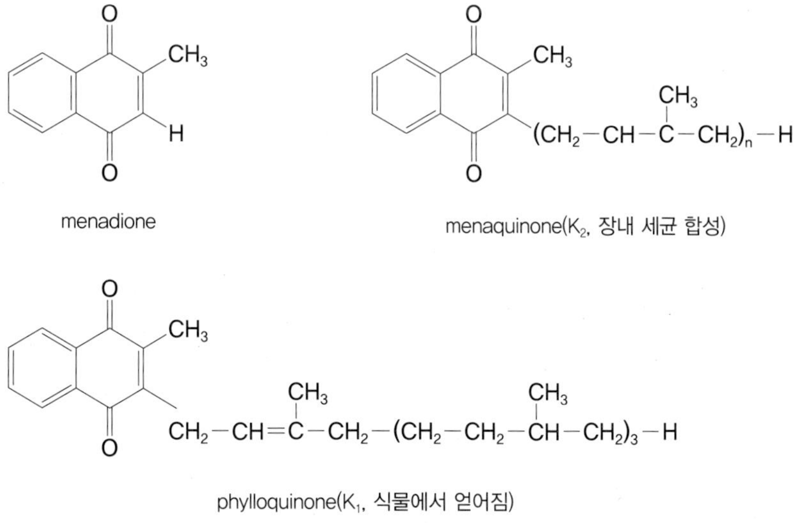

menadione

menaquinone(K_2, 장내 세균 합성)

phylloquinone(K_1, 식물에서 얻어짐)

그림 8-4 • 다양한 비타민 K의 구조적 특성

지고 있으며, 메나퀴논(menaquinone)이라고 부른다(그림 8-4). 비타민 K_1은 주로 식물에 존재하며, K_2는 인간의 장내 미생물에 의해 합성된다. 건강한 사람의 경우 비타민 K가 장내 세균에 의해 합성되므로 결핍되는 경우가 거의 없지만 항생제를 장기 복용하는 경우에는 장내 세균의 균형이 깨지면서 결핍이 될 수 있다. 결핍되면 혈액 응고가 지연되고 뼈에 칼슘이 부족해지며 피부에 멍이 쉽게 생긴다. 과잉 섭취의 가능성은 낮은 편이나 합성 비타민을 많이 섭취할 경우 간에 영향을 미칠 수도 있다. 또한 신생아의 경우 결핍성 출혈을 억제하기 위해 비타민 K를 인위적으로 주사하기도 한다.

2. 수용성 비타민

수용성 비타민은 직접 혈류로 흡수되어 이동하며, 체내에 저장하기 어렵고 소변으로 배출되기 때문에 매일 일정량을 꾸준히 섭취해야 한다. 지용성 비타민에 비해 생체 내 축적될 염려가 적어 독성은 적은 편이다.

1) 비타민 B_1

비타민 B_1(thiamine)은 당질 대사에 필요한 보조효소를 구성하는 비타민으로, 질소가 포함되어 있는 피리미딘(pyrimidine) 구조와 싸이아졸(thiazole) 구조가 서로 연결되어 있는 형태이다(그림 8-5). 생체 내의 모든 세포는 탄수화물 대사를 통해 에너지를 생산하기 위해 비타민 B_1을 필요로 하며, 비타민 B_1은 신경과 근육의 성장 및 유지를 도와준다.

구조적으로 주로 티아민피로인산(thiamin pyrophosphate, TPP) 형태로 존재하며, TPP

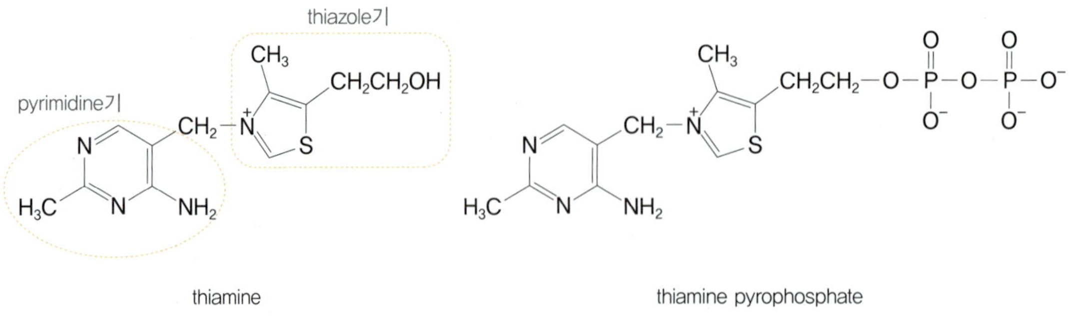

thiamine　　　　thiamine pyrophosphate

그림 8-5 • 티아민과 티아민피로인산의 구조적 특성

는 피루브산 탈수소효소 복합체(pyruvate dehydrogenase complex)의 조효소로 작용하여 피루브산(pyruvate)이 TCA 회로에서 대사되는 과정을 도와주게 된다. 또한 전하를 가지고 있어 수용액 상태에서 pH의 변화에 따라 산성에서는 안정하지만(120°C까지 안정), 중성이나 알칼리성에서 안정성 떨어진다(그림 8-6). 표백제로 사용되는 아황산, 아황산염에 의해 쉽게 파괴될 수 있으며, 타닌(tannin)에 의해 침전된다. 싸이올(thiol) 형이나 자유염기(free base) 형은 형광이 있는 싸이오크롬(thiochrome)을 생성하기 때문에 이를 비타민 B_1의 정량 분석에 활용한다.

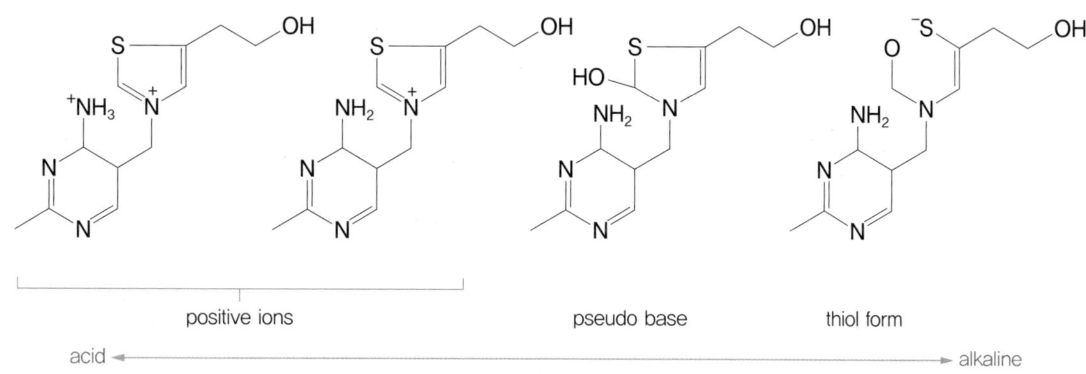

그림 8-6 • 티아민의 pH 변화에 따른 구조 변화

비타민 B_1은 불안정한 비타민 중 하나로 곡류의 과피나 배아에 존재하므로 도정과 제분하는 과정 또는 식품을 물로 씻거나 가열 조리하는 과정에서 손실되는 양이 많다. 또한 마늘과 함께 식품을 섭취할 때 비타민 B_1의 흡수 및 이용률이 높아지는데 그 이유는 마늘의 알리신(allicin)이 티아민과 결합하여 안정한 형태의 알리티아민(allithiamine)을 형성하여 비타민 B_1의 안정성이 증가하기 때문이다.

돼지고기, 건조효모, 밀 배아, 땅콩 등이 좋은 급원식품이며, 2,000 kcal의 에너지 소비당 최소 1 mg의 비타민 B_1 섭취가 권장된다. 결핍 시에는 각기병(beriberi)에 걸리게 되며 주로 80~90%의 에너지를 도정한 쌀을 섭취하여 얻는 극동지방에서 많이 발견된다. 1900년대에 교도소에 있는 죄수들이 도정하지 않은 쌀겨(bran)를 섭취한 후 각기병에 걸리지 않은 것을 보고 각기병을 치유하였다.

2) 비타민 B_2

생체 내 비타민 B_2(riboflavin)의 구조는 아이소알록사진고리(isoalloxazine ring) 핵에 D-리비톨(D-ribitol)이 기본 결합한 구조로 구성되어 있으며, 플라빈 뉴클레오타이드(flavin mononucleotide, FMN), 플라빈 아데닌 다이뉴클레오타이드(flavin adenine dinucleotide, FAD) 형태로 존재한다(그림 8-7). 산화 환원에 관여하는 대표적인 보조효소이며 성장 촉진에 관여하여 비타민 G(vitamin grounding)라고 명명하기도 한다. 소장 내 상피세포벽에서 인산화된 후 흡수되며, 이의 산화형인 플라보퀴논(flavoquinone)은 노란색을 띤다.

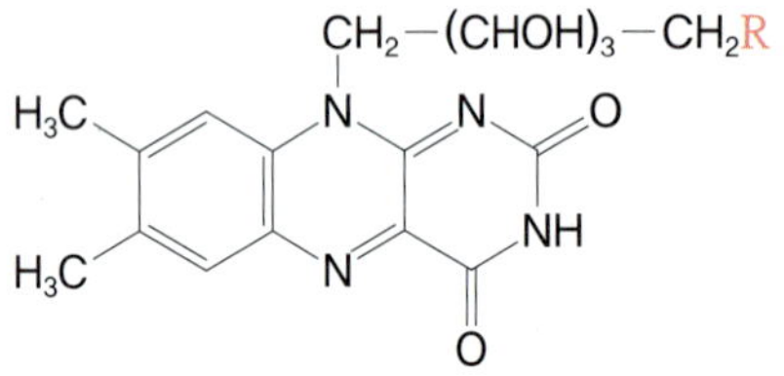

$CH_2-(CHOH)_3-CH_2R$

	R
리보플라빈	OH−
인산화리보플라빈	PO_3NaOH-

그림 8-7 • 리보플라빈의 구조적 특성

일반적인 조리 및 가공 조건이나 열과 산에는 비교적 안정하나 알칼리와 자외선에 예민하여 쉽게 파괴되어 비타민 효력을 상실한다. 따라서 가열 가공이나 조리 중 10~20% 정도가 손실되는 것으로 알려져 있고, 식품 내 포스파테이스(phosphatase)의 작용으로 소화기관 내에서 리보플라빈(riboflavin)으로 분해된다. 광화학적 반응에 의해 분해되며(빛에는 예민, 자외선이 아님), 우유에서 소위 일광취(sunlight flavor)를 유발하는 다이메틸다이설파이드(dimethyl disulfide)를 생성하여 이취를 일으키는 원인이 된다. 산성 조건에서 리보플라빈은 루미크롬(lumichrome)이라는 비활성 유도체로 변하게 되며 이 물질은 우유 내의 비타민 C 성분을 파괴한다.

비타민 B_2는 효모, 우유, 난백, 녹색채소 등 다양한 식품에 포함되어 있으나 그 함량이 많지는 않다. 결핍 시에는 성장에 영향을 주게 되는 리보플라빈결핍증(ariboflavinosis), 코와 입 주변의 피부가 건조해지는 구순증(cheilosis), 혓바늘(glossitis) 등이 생기게 된다.

3) 비타민 B_3

비타민 B_3는 나이아신(niacin)이라고 불리며, 카복실기(carboxyl)기를 가지고 있는 피리딘으로 니코틴산(nicotinic acid)과 니코틴아마이드(nicotinamide)의 일반 명칭이다. 탄수화물, 단백질, 지방으로부터 유리되는 에너지를 대사시킬 수 있게 도와주며 생체 내 지방을 형성하도록 돕는다. 니코틴아마이드는 생체 내 주요 효소인 NAD와 NADP(탈수소효소의 조효소)의 부분으로써 비타민 B군 중에서 가장 안정하며 열, 산소, 산이나 알칼리, 빛, 산화 등에 영향이 거의 없다(그림 8-8). 또한 식품 가공 중 저온 살균, 고온 살균, 증발 건조 같은 유가공 중에서도 거의 영향이 없다. 다만, 가공 중 물에 의해 용출되어 손실이 발생할 수 있다. 일부 곡류에서는 탄수화물, 펩타이드, 페놀류와 복합물을 형성하며 구조적으로 가수 분해되지 않으면 비타민 B_3로서의 영양학적 활성은 없다. 따라서 복합물을 알칼리 처리하면 나이아신 방출이 가능하다. 또한 곡류 중의 니코틴산은 여러 가지의 에스터 화합물로 존재하여 활성이 없다.

결핍 시에는 홍반병(pellagra), 피부 질환, 신경계 이상 및 정신 질환 등이 나타난다. 홍반병은 유럽과 미 대륙에서 나이아신이 부족한 옥수수를 주요 작물로 재배하기 시작했을 때 발생하기 시작한 것으로 알려져 있다.

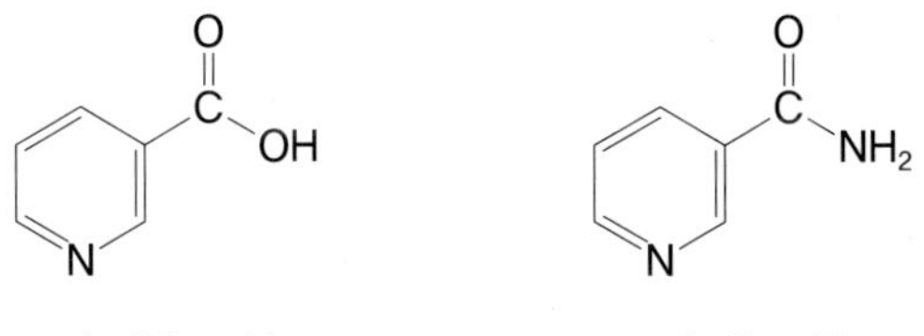

nicotinic acid

nicotinamid

그림 8-8 • 니코틴산과 니코틴아마이드의 구조적 특성

4) 비타민 B_5

비타민 B_5는 코엔자임(coenzyme) A를 만드는 데 필요한 비타민으로(그림 8-9), 코엔자임 A는 분자 내 아세틸기 또는 아세틸 그룹을 이동시키는 데 필요한 물질로 100가지 이상의 생체 내 효

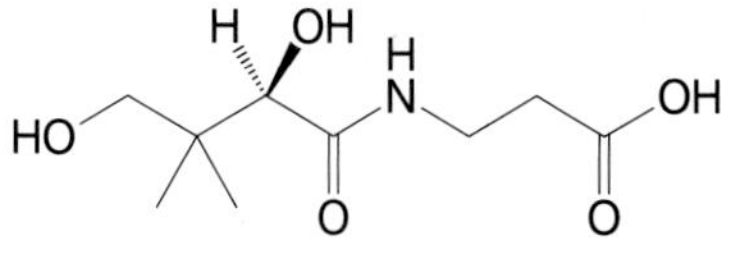

그림 8-9 • 비타민 B_5의 화학 구조

소 관련 대사 반응에 필요하다. 비타민 B_5는 성장, 생식 등의 활동에 필요하며 하루에 6~8 mg 정도가 요구된다. 판토텐산이라고도 불리는데 판토텐산(pantothenic acid)의 의미는 그리스어의 '모든 곳(panthothen)'에서 유래하였으며, 어원처럼 거의 대부분의 식품에 판토텐산 칼슘염의 형태로 존재한다. 또한 인간은 대장 내의 장내 세균에 의해 합성이 되므로 거의 결핍 증상이 안 나타난다고 할 수 있다. 또한 아직까지는 보고된 결핍에 대한 증상이 부족한 편이다.

5) 비타민 B_6

비타민 B_6(pyridoxine)는 아미노산, 탄수화물, 신경전달물질, 지질 대사와 관련된 반응의 효소반응에서 조효소로 작용한다. 피로독신(pyridoxine)은 피리딘(pyridine) 유도체라는 의미를 가지고 있다. 주로 피리독살 5-인산(pyridoxal-5'-phosphate)의 인산화된 구조를 나타내며(그림 8-10), 식물체에서는 당이 추가로 수식되어 있는 배당체로 존재한다. 섭취 후 소화기관에서 가수 분해되어 비타민 B_6가 된다. 구조적으로는 HCl 염 피리독솔(pyridoxol) 형태가 안정성이 높으며, 가열 공정이나 저장 중에 변화(통조림 가공 중 20~25% 손실)가 일어나는 것으로 알려져 있다. 갈변반응의 주요 과정인 아미노카보닐(aminocarbonyl) 반응에 참여하며 강산 조건에서도 안정하다. 쌀겨, 난황, 배아 등과 같은 동식물체에 널리 분포하며, 장내 세균에 의해서도 합성되어 비타민 B_5와 유사하게 생체 내 결핍은 거의 없는 편이다.

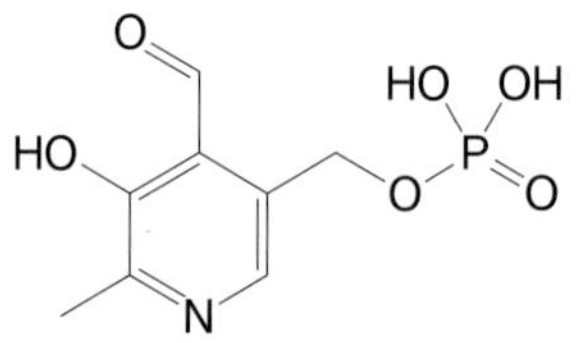

O HO OH HO P O O N

그림 8-10 • 비타민 B_6(피리독살 5-인산, pyridoxal-5'-phosphate)의 구조적 특성

6) 비타민 B_7

비타민 B_7은 바이오틴(biotin)이라고 불리며 초기에는 피부와 관련이 있다 하여 비타민 H(Haupto=skin)라고도 명명되었다. 자연계에는 유리형의 바이오틴과 결합형의 바이오시틴(biocytin, biotyl-lysine)으로 존재하고 있으며, 따라서 식품 중 존재하는 비타민 B_7은 대부분은 단백질과 결합한 바이오시틴 형태이다(그림 8-11). 생체 내에서는 카복실

화(carboxylation) 반응에 관여하는 조효소로 작용하며 주로 지방산 생합성에 관여한다. 식물 및 동물성 식품에 널리 분포하고 인체의 장관 내 존재하는 세균에 의해서 합성되므로 결핍이 거의 없다. 구조적으로 열, 광선, 산화에 비교적 안정한 상태이며 췌장액이나 소장 점막에 존재하는 바이오사이티네이스(biocytinase)에 의해 유리형 혹은 바이오틴펩타이드(biotin peptide)로 분해된 후에 생체 내로 흡수된다. 날달걀 중의 알부민(albumin)의 일종인 알비딘(avidin)과 강하게 결합하여 비타민 B_7의 흡수를 방해하므로 날달걀을 장기간 섭취하면 바이오틴 결핍증이 유발된다.

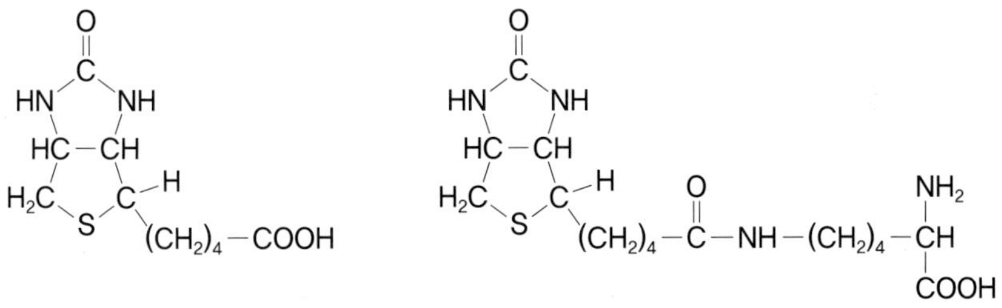

그림 8-11 • 바이오틴과 바이오시틴의 구조

7) 비타민 B_9

식물의 잎에서 유래했다고 하여 엽산이라고도 불리며, 다른 명칭으로는 폴레이트(folate), 폴라신(folacin), 폴산(folic acid) 등이 있다. 비타민 B_9는 생물체 대사에서 탄소 한 단위 전달반응의 조효소로 작용한다. 프테로일-L-글루탐산염(pteroyl-L-glutamate) 구조를 띠고 있으며, 이는 Glu-amino benzoic acid-pteridine의 형태로 구성되어 있다. 다만, 이와 같은 엽산 구조는 자연계에서 미량이고, 대부분 γ-펩타이드(γ-peptide) 결합에 의한 5~6개의 중합체로 존재하며(그림 8-12), 포유류에서는 사슬 길이에 상관없이 활성을 지닌다. 단백질 조직 형성을 위한 아미노산의 활용에 필요하며, 새로 생성되는 세포의 DNA 형성에 필요하다. 따라서 모든 신생 세포가 비타민 B_9을 필요로 하며, 또한 적혈구 세포의 형성에도 요구된다. 비타민 B_9은 소장 점막에서 글루탐산이 1개 붙어 있는 모노글루타밀 폴레이트(monoglutamyl folate)의 형태로 흡수된다.

엽산이라는 단어가 잎(foliage)에서 유래했듯이 최초로 발견된 식품은 주로 녹색의 채

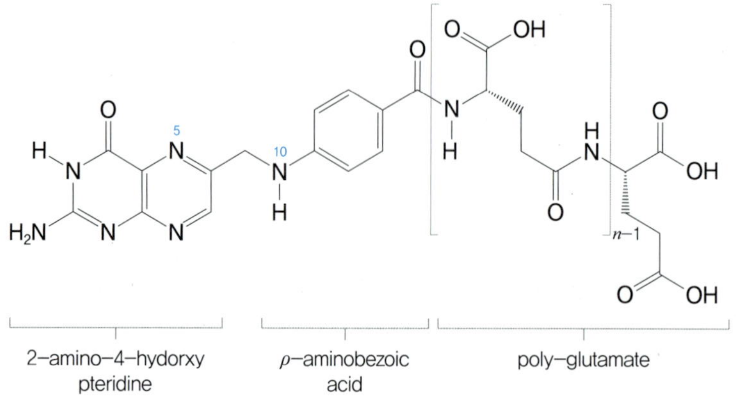

2-amino-4-hydorxy pteridine
p-aminobezoic acid
poly-glutamate

그림 8-12 • 엽산의 구조적 특성

소, 시금치, 상추, 브로콜리 등이며, 과일류, 우유, 동물의 간, 곡류 등에서 다양하게 발견된다. 비타민 B_9의 결핍은 주로 임신부에 영향을 미치게 되며 태아의 신경관 결함, 척추이분증, 심장 및 뇌출혈의 위험성 증가, 자궁경부암 등이 일어날 수 있다. 따라서 성인의 경우 1일 권장섭취량은 400 μg이며, 임신부는 추가로 200 μg, 수유부는 추가로 150 μg의 섭취를 권장한다.

8) 비타민 B_{12}

비타빈 B_{12}(cyanocobalamin)는 모든 비타민 중에서 가장 복잡한 구조로 구성되어 있으며, 4개의 피롤(pyrrole) 핵을 갖는 테트라피롤(tetrapyrrole) 구조가 코발트(Co)와 결합된 코리노이드(corrinoid) 구조를 형성하기에 일반적으로 코발라민(cobalamin)이라고 명명한다(그림 8-13). 비타민 B_{12}는 대사 과정 중에 메틸(methyl-) 그룹의 전이 또는 재배치 반응에 관여하며, 신경 조직을 유지하거나 단백질 및 뼈 조직의 형성을 돕는다. 식품 저장이나 가공 중 비타민 B_{12}의 큰 손실은 거의 없으며, 주로 동물성 식품이나 영양 성분이 강화된 아침형 씨리얼에 많이 들어 있으나, 식물류에서는 찾아보기 어렵다. 일반적인 식이상에서 결핍은 잘 일어나지 않으며, 채식주의자 경우에 식물성 식품류로부터 비타민 B_{12}의 섭취가 부족하여 결핍이 생긴다. 결핍 시에는 신경 장애, 악성 빈혈, 피로감, DNA 합성 장애 등이 일어날 수 있다.

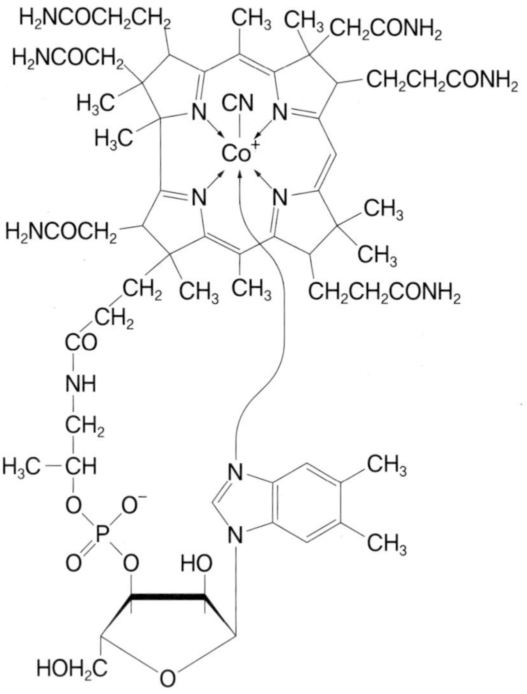

그림 8-13 • 비타민 B_{12}의 구조적 특성

9) 비타민 C

비타민 C(L-ascorbic acid)는 괴혈병을 막아낸다는 뜻을 지닌 비타민으로 생체 내에서는 능동 수송과 확산에 의해 혈관으로 흡수된다. 생체 내 연결 조직, 피부, 연골 조직 형성의 주요한 단백질인 콜라겐의 합성에 관여하며, 상처 치료, 철분의 흡수를 돕는 등의 작용을 한다. 또한 감염에 대항하여 면역시스템을 강화하며, 항산화 작용을 통한 활성 산소를 제거하는 효과가 있다. 비타민 C는 열이나 빛에 매우 민감하며, 동시에 열과 공기 노출에 의해 쉽게 파괴된다.

비타민 C의 구조는 당과 유사한 모양을 하고 있으며(그림 8-14), 활성이 높은 환원형(hydro-)과 낮은 산화형(dehydro-) 두 가지 형태가 있는데 이들은 상호 전환이 가능하다. 풋고추, 무청, 딸기, 감귤류 등 신선한 채소 및 과일류에 다량 함유되어 있으며 오이, 가지, 당근 등의 식물

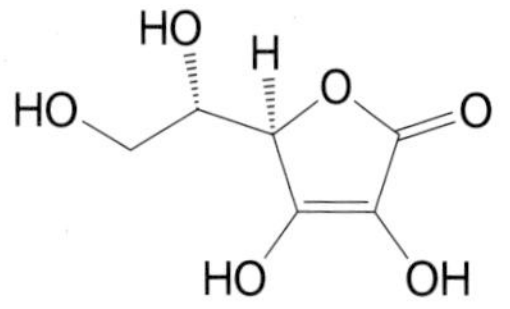

그림 8-14 • 비타민 C (L-ascorbic acid)의 화학적 구조

체에는 비타민 C를 산화시키는 효소가 함유되어 있어 활성을 감소시킨다. 식품산업에서도 아스코브산(L-ascorbic acid)이 과일이나 채소의 갈변/탈색 억제, 지방/어류/유제품의 항산화제, 육류의 색소 안정 등 다양하게 활용되고 있다.

비타민 C가 결핍되면 치아와 뼈의 약화, 모세혈관의 출혈, 빈혈, 상처가 잘 낫지 않으며, 질병에 대한 면역력이 약화되는 등의 증상으로 나타난다. 특히 20~40일 간 비타민 C가 공급되지 않는 상태가 되면 괴혈병으로 발전하게 되며, 콜라겐의 합성 저하, 피로 증가, 붉은 반점, 점막 내 출혈이 길어가게 된다. 과거 대항해 시대에는 괴혈병으로 인해 대략 50%의 선원만이 항해에서 살아남았다고 알려져 있다.

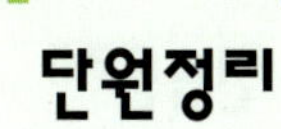

- 비타민은 소량 섭취를 통하여 생체 내에서 성장, 발달, 에너지 대사, 체내 조직의 유지 등 생리 작용을 조절하는 데 필수적인 유기화합물이다.
- 지용성 비타민에는 A, D, E, K가 있는데 필요량 이상 섭취할 경우 초과량은 체내에 저장되어 결핍증이 서서히 나타나며, 과량 복용 시 부작용을 일으키는 경우도 있다.
- 수용성 비타민에는 비타민 B군과 비타민 C가 있는데 초과 섭취량이 모두 배설되므로 필요량을 주기적으로 섭취해야 한다.
- 비타민 D는 장관과 뼈에서 칼슘과 인을 흡수하는 데 중요한 역할을 하며, 자외선에 노출되었을 때 합성된다.
- 비타민 E는 항산화 작용으로 인해 식품의 천연 항산화제로 이용된다.
- 비타민 C는 생체 내 연결 조직, 피부, 연골 조직의 형성의 주요한 단백질인 콜라겐의 합성에 관여하며, 상처 치료, 철분의 흡수를 돕는 등의 작용을 한다.

연습문제

1 다음 중 식품의 조리·가공 또는 저장 중에 가장 손실이 큰 비타민은?

① 비타민 A ② 비타민 C

③ 비타민 D ④ 비타민 E

2 다음 중 비타민 A의 산화를 방지할 수 있는 것은?

① 비타민 B ② 비타민 K

③ 비타민 D ④ 비타민 E

3 다음 중 비타민 B_1에 대한 설명 중 옳지 <u>않은</u> 것은?

① 당질 대사에 관여한다.

② 산화·환원 효소의 조효소 작용을 한다.

③ 보통의 가열 조리에서 파괴되지 않는다.

④ 결핍되면 각기병 또는 신경염 증상을 보인다.

4 β-카로틴은 어떠한 비타민의 전구체로 활용되는가?

5 다음 중 지용성 비타민이 <u>아닌</u> 것은?

① 비타민 A ② 비타민 B

③ 비타민 E ④ 비타민 K

정답

1 ② 2 ④ 3 ③ 4 비타민 A 5 ②

CHAPTER 9
효소

신선한 사과의 과육은 예쁜 색을 지니고 있는데 깎아서 공기 중에 방치하면 왜 색이 변하는 것일까? 이러한 현상의 원인에는 사과 안에 함유되어 있는 효소 작용이 관여되어 있다. 효소(enzyme)는 생체 세포에서 생산되어 물질대사를 도와주는 활성 단백질이다. 생명체 안에 이루어지는 대사반응이 일반적인 화학반응에 비하여 훨씬 온화한 조건에서도 신속하고 원활하게 진행될 수 있는 것은 효소의 촉매 작용 덕분이다. 따라서 효소를 일명 '생체 촉매(biological catalyst)'라고 부른다. 우리 인체는 물론이고 우리가 섭취하는 식품도 대부분 생명체이기 때문에 당연히 다양한 종류의 효소를 함유하고 있다.

이들은 식품의 조리, 가공, 저장 및 소화·흡수, 영양 및 건강한 삶의 유지에 있어서 중요한 역할을 담당하고 있으므로 그 특성을 정확히 이해하는 것이 필요하다.

1. 효소는 단백질이다

효소의 성분은 단순단백질만으로 구성되어 있는 것과 단백질이 아닌 물질(보조효소나 보조인자)을 함유하고 있는 복합단백질로 구성된 것이 있다. 복합단백질 효소는 단순단백질 효소보다 훨씬 크고 복잡한 구조로 되어 있다. 이 경우에 효소 전체를 부를 때는 완전효소(holoenzyme)라고 부르고, 단백질 부위만을 구분하여 부를 때는 아포효소(apoenzyme)라고 부른다. 이때 비단백질 부위를 구성하고 있는 비타민, 뉴클레오타이

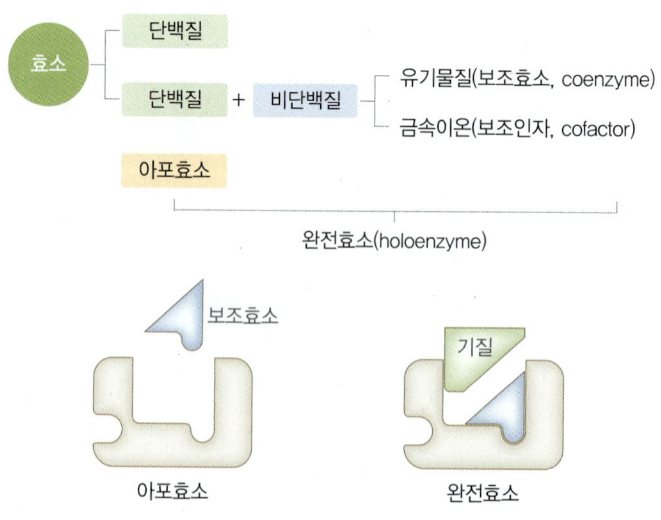

그림 9-1 • 아포효소와 완전효소

드, 무기질 등은 자체로는 효소 작용이 없지만 효소 작용이 불완전한 아포효소에 결합하여 완전효소를 형성함으로써 온전한 효소 활성을 나타낼 수 있도록 도와주는 역할을 한다.

2. 효소의 명칭

효소의 명칭은 기질(효소가 작용하는 대상 물질)의 이름이나 효소가 촉매하는 반응의 이름과 연관하여 이름을 부여한 '상용명(common name)'을 자주 사용하고 있다. 이 방식은 기질 또는 반응의 명칭에 해당하는 단어의 끝에 '-에이스(-ase)'라는 어미를 부착시키거나 또는 별도로 부여한 이름을 사용하는 방식이다. 그러나 생명체 안에 존재하는 매우 다양하고 많은 효소에 별개의 이름을 부여하여 사용하는 것은 많은 혼돈을 일으킬 뿐 아니라 그 이름을 모두 기억하는 것은 사실상 불가능한 일이다. 따라서 국제생화학 및 분자생물학연맹(International Union of Biochemistry and Molecular Biology, IUBMB)은 효소를 7가지 종류로 분류하여 효소번호를 부여하는 방식을 도입하여 사용하고 있다(표 9-1).

표 9-1 • 효소의 국제적인 분류

분류 번호	명칭	반응 형식
1	산화환원효소(oxidoreductase)	산화반응, 탈수소반응, 환원반응, 수소첨가반응 등의 산화환원반응
2	전이효소(transferase)	아미노기, 인산기 등과 같은 작용기의 전이반응
3	가수분해효소(hydrolase)	글리코사이드 결합, 에스터 결합, 펩타이드 결합 등의 가수분해반응
4	제거효소(lyase)	탈탄산반응, 탈아미노반응, 탈알데하이드반응 등의 비가수분해적인 분리반응
5	이성화효소(isomerase)	입체이성질화반응, 시스-트랜스 전환반응 등과 같이 분자 구조를 변화시키는 반응
6	합성효소(ligase)	카복실화반응, 합성반응 등과 같이 어떤 두 분자를 결합시키는 반응
7	전위효소(translocase)	이온 또는 분자를 세포막을 가로질러 이동시키는 반응

3. 효소의 특성

1) 특이성

효소는 무기촉매와는 다르게 특정한 종류의 기질 또는 특정한 반응에만 관여하여 촉매 작용을 나타내는 성질이 있는데 이와 같이 기질 또는 반응에 대해서 선택성을 나타내는 것을 '특이성'이라고 부른다. 하나의 효소는 한 종류의 효소반응만을 촉매하기 때문에 동일한 기질이라도 다른 효소가 작용하면 다른 반응의 결과가 나타나게 된다. 대부분의 효소는 기질특이성이 엄격하게 적용되지만 소화효소처럼 일부 효소는 특이성이 약하여 유사한 형태의 구조를 지니는 기질들에 대해서도 함께 활성을 나타내는 경우가 있다.

2) 온도에 대한 민감성

효소는 단백질로 되어 있기 때문에 온도에 민감한 특성을 나타낸다. 일반적인 화학반응은 대부분 온도가 높아짐에 따라 반응 속도가 증가한다. 그러나 효소반응은 일정한 온도 범위를 벋어나게 되면 반응 속도가 오히려 감소하고 지나친 경우에는 반응이 멈추어 버린다. 이때 효소가 최고의 촉매 활성을 나타내는 온도 범위를 '최적 온도'라고 부른다. 최적 온도를 초과한 높은 온도에서는 효소단백질이 변성되어 촉매 활성을 잃어버리게 되므로 이러한 현상이 나타나는 것이다. 효소의 열변성은 식품의 조리 및 가공 과정에서 효소 활성을 제어하는 수단으로 유용하게 활용하고 있다.

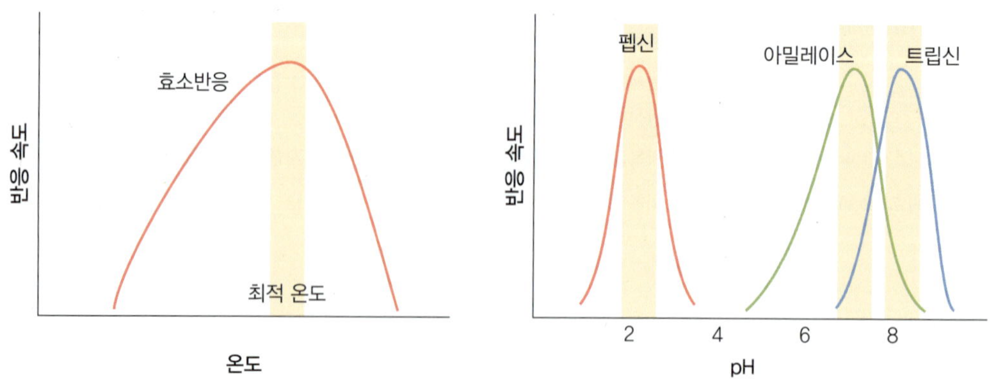

그림 9-2 • 효소반응의 온도와 pH 의존성

3) pH에 대한 민감성

효소는 단백질로 되어 있기 때문에 수용액의 pH 변화에 의해서도 민감하게 영향을 받는다. 단백질은 산이나 알칼리에 의해서 수용액의 pH가 달라지면 구조가 변화되어 변성이 일어난다. 효소 작용도 동일하게 일정한 pH 범위 안에서만 활성을 유지하는데 이때 최고의 촉매 활성을 나타내는 pH 범위를 '최적 pH'라고 부른다. 효소를 활용한 반응을 산업적으로 이용하거나 또는 효소 작용을 멈추게 하여 식품의 이용성을 향상시키는 데 있어서 pH는 매우 유용한 조절 수단으로 사용되고 있다.

4. 식품에 중요한 효소들

식품의 품질에 영향을 미치는 효소는 식품 자체 안에 보유하고 있는 효소와 미생물이 생성하는 효소로 크게 분류할 수 있다. 이들 효소는 식품의 발효, 품질 관리 및 조리·가공 등에서 다양한 반응을 촉매하여 변화를 일으키는데 이러한 변화는 우리가 의도하는 바람직한 방향으로 작용하는 경우도 있지만 변질이나 부패 등 우리가 원하지 않는 변화일 수도 있다. 식품을 취급하는 과정에서 자주 언급되는 몇 가지 효소의 특성을 살펴봄으로써 효소에 대한 유용성을 익혀보기 바란다.

1) 전분 분해효소

전분을 분해하는 아밀레이스(amylase)는 다음의 3가지 유형이 있다.

① α-아밀레이스

전분 분자의 내부에서 α-1,4 결합을 무작위적으로 분해시키는 효소로서 액화효소라는 별명을 지니고 있다. 사람은 타액에 이 효소를 다량 함유하고 있다.

② β-아밀레이스

전분 분자의 비환원성 말단에서 이당류인 말토스(maltose) 단위로 규칙적으로 분해하는 효소로서 당화효소라는 별칭을 지니고 있다. 식혜 제조에 사용하는 맥아에 다량 함유되어 있으며, 최적 온도가 60℃ 내외이다.

③ 글루코아밀레이스

글루코아밀레이스(glucoamylase)는 전분 분자의 비환원성 말단에서 포도당 단위로 규칙적으로 분해하는 효소이다. 전분을 이용하여 포도당을 생산하는 데 사용된다.

2) 올리고당 분해효소

① 말테이스

말테이스(maltase)는 맥아당을 가수분해하여 2분자의 포도당을 형성하는 효소이다.

② 전화효소

전화효소(invertase)는 설탕을 가수분해하여 포도당과 과당을 생성하는 효소이다. 이때 생성된 분해물을 전화당(invert sugar)이라고 부르는데 설탕보다 감미도가 높아 식품 제조의 원료로 널리 사용하고 있다.

③ 락테이스

락테이스(lactase)는 β-갈락토시데이스(β-galactosidase)라고도 하며 유당을 가수분해하여 포도당과 갈락토스를 생성하는 효소이다. 이 효소를 생성하지 못하는 사람은 유당을 분해하지 못하여 우유를 마시면 설사 증세를 보이는 경우가 있는데 이를 유당불내증(lactose intolerance)이라고 부른다. 락테이스는 식품산업에서 아이스크림 제조 시 유당을 분해시켜 결정 형성으로 인해 촉감이 나빠지는 것을 방지하는 목적으로 사용한다.

3) 배당체 분해효소

① 미로시네이스

미로시네이스(myrosinase)는 고추, 겨자 등의 매운맛을 내는 시니그린(sinigrin)을 분해하여 아이소싸이오사이아네이트(isothiocyanate)를 생성하는 효소이다.

② 나린지네이스

나린지네이스(naringinase)는 감귤류 과즙에 존재하는 쓴맛을 나타내는 나린진을 분해하여 쓴맛을 제거하는 목적으로 사용하고 있다.

4) 지질 분해효소

지질 분해효소는 여러 가지 형태의 에스터 결합을 가수분해하여 산과 알코올을 형성한다.

① 라이페이스

라이페이스(lipase)는 중성지방을 분해시켜 지방산과 글리세롤로 분해하는 소화효소로서 유지식품의 산패 원인이 되기도 한다.

② 리폭시제네이스

리폭시제네이스(lipoxygenase)는 지방산을 산패시켜 하이드로퍼옥사이드(hydroperoxide)를 생성한다. 이 효소는 비타민이나 카로틴 등 지용성 색소를 파괴해서 향미를 손상시키므로 과일이나 채소를 저장하기 전에 데치기 조작을 실시하여 효소를 불활성화해야 한다.

5) 단백질 분해효소

① 레닌

레닌(renin)은 우유의 주 단백질인 κ-카세인(κ-casein)을 파라 κ-카세인으로 분해하여 응고시키는 효소로 치즈의 제조에 이용된다.

② 천연효소

단백질을 분해시켜 연육 작용을 나타내는 천연효소에는 파파인(papain, 파파야 열매), 브로멜린(bromelain, 파인애플), 피신(ficin, 무화과), 액티니딘(actinidine, 키위) 등이 있다.

6) 품질 관리에 이용하는 효소

① 과산화효소

과산화효소(peroxidase)는 과산화수소를 물과 산소로 전환하는 반응을 촉매하는 효소이다. 곡물이 오래될수록 이 효소의 활성은 감소하므로 곡물의 신선도를 측정하는 용도로 활용되고 있다.

② 포스파테이스

포스파테이스(phosphatase)는 우유에 존재하여 인산에스터를 분해하는 효소이다. 이 효소는 우유의 저온살균 조건에서 불활성화되므로 우유의 살균 효과가 적절하게 이루어졌는지를 검증하는 데 활용하고 있다.

7) 갈변을 유발하는 효소

① 폴리페놀옥시데이스

폴리페놀옥시데이스(polyphenol oxidase)는 과일이나 채소에 함유되어 있으며, 폴리페놀 화합물을 산화시켜 멜라닌 색소를 형성하여 갈변을 일으키는 효소이다.

② 타이로시네이스

감자에는 특이하게 아미노산인 타이로신을 많이 함유하고 있는데 타이로시네이스(tyrosinase)는 타이로신을 산화시켜 멜라닌을 형성하여 갈변을 일으킨다. 이들 효소는 염소에 의해 억제되기 때문에 과일이나 감자를 소금물에 담가두면 갈변이 방지된다.

8) 기타

① 티아미네이스

티아미네이스(thiaminase)는 티아민을 분해하는 효소로서 쌀겨에 함유되어 있어 도정이 불완전한 쌀의 경우 티아민의 손실을 유발할 수 있다.

Tip 식혜

식혜는 한국의 전통 음료 중의 하나로서 시원하면서 달고 부드러운 맛을 특징으로 한다. 식혜는 일반적으로 발효 음료로 생각하는 사람들이 많으나 실상은 그렇지 않다. 식혜는 엿기름과 밥을 같이 삭혀서 제조하는 것이 일반적이다. 엿기름은 보리에 물을 부어 싹만 틔운 후 바로 건조시킨 것으로 여기에는 보리가 발아할 때 생성된 α-아밀레이스와 β-아밀레이스에 해당하는 효소가 풍부하게 함유되어 있다. 따라서 탄수화물(호화된 밥)에 엿기름을 넣고 일정 온도를 유지하게 되면 엿기름에 들어 있는 아밀레이스의 작용에 의한 전분의 가수분해를 통해서 소당류(주로 맥아당) 등이 생성되어 단맛이 나게 된다. 따라서 식혜는 미생물에 의한 발효가 아니라 엿기름에 존재하는 효소에 의한 탄수화물(전분)의 당화 과정을 통해서 만든 음료이다.

② 펙티네이스

펙티네이스(pectinase)는 과일이나 채소의 성숙 및 연화에 영향을 미치는 효소로서 주스 등을 생산할 때 펙틴을 분해시켜 여과성을 높이고, 주스를 맑게 해서 생산량을 증가시키는 목적으로 활용되고 있다.

단원정리

- 효소는 생체 세포에서 물질대사를 도와주는 활성 단백질로 일명 '생체 촉매'라고 부른다.
- 효소반응은 특히 온도 및 pH 조건에 따라 민감하게 변화한다.
- 식품의 품질에 영향을 미치는 효소는 크게 식품 자체 안에 보유하고 있는 효소와 미생물이 생성하는 효소로 분류할 수 있다.
- 이들 효소는 식품의 발효, 품질 관리 및 조리·가공 등에서 다양한 반응을 촉매하여 변화를 일으킴으로써 식품의 이용성에 영향을 준다.

연습문제

1 다음 중 효소의 활성에 크게 영향을 미치지 않는 것은?

① 온도 ② pH

③ 기질농도 ④ 공기

2 다음 중 단백질분해효소가 아닌 것은?

① 카텝신 ② 파파인

③ 펙티네이스 ④ 피신

3 다음 중 우유의 저온살균이 잘 되었는지 확인하는 데 사용하는 효소는?

① 폴리페놀옥시데이스 ② 퍼옥시데이스

③ 포스파테이스 ④ 펙티네이스

4 효소에 의한 변질을 억제시킬 수 있는 방법이 아닌 것은?

① pH 조절 ② 온도를 높여 가열

③ 저해제 첨가 ④ 비타민 첨가

5 유당불내증(유당분해효소결핍증, lactose intolerance)에 직접적으로 연관된 효소는?

① 미로시네이스 ② 락테이스

③ 라이소자임 ④ 락토퍼옥시데이스

정답

1④ 2③ 3③ 4④ 5②

CHAPTER 10

식품의 색

식품의 기호성에 대한 현대인들의 관심이 높아지면서 식품의 외관, 특히 식품의 색이 품질을 좌우하는 중요한 요인이 되었다. 식품 고유의 색은 식품의 신선도를 표출하는 지표이자 식품의 감각적 기능(2차 기능)을 담당하며 식욕을 증진시키는 중요한 품질 요소이다(그림 10-1). 식품의 색이 변하거나 퇴색한 경우, 소비자는 식품의 품질이 저하된 것으로 판단한다.

그림 10-1 • 신선도 지표이자 감각적 기능을 담당하는 식품의 색

이 장에서는 식품에 분포되어 있는 색소의 종류와 그 특성에 대하여 살펴보기로 하자.

1. 색의 분류와 인식

1) 색의 분류

색(color)은 색각으로 느낀 빛의 주파수(또는 파장)의 차이에 따라 다르게 느껴지는 시감각들을 말한다. 색의 속성에 따라 색상을 기술하는 색체계에는 대표적으로 헌터(Hunter) 색체계, CIE(Commission Internationale de l'éclairage, 국제조명위원회) 색체계, 먼셀(Munsell) 색체계 등이 있다(그림 10-2). 식품과학에서 가장 높은 빈도로 사용되는 헌터 색체계는 명도를 나타내는 L값(lightness), 적색/녹색의 강도를 나타내는 a값(redness), 황색/청색의 강도를 나타내는 b값(yellowness)의 3가지 변수를 가지고 있다. CIE 색체계는 색을 빨강, 초록, 파랑 삼원색을 통해 표현할 수 있다는 원칙에 근거한다. 먼셀 색체계는 색상, 명도, 채도의 세 가지 속성으로 색을 기술하는 색체계로서, 미국의 화가이자 색채 연구가인 먼셀(Alber. H. Munsell)에 의해 창안되었다.

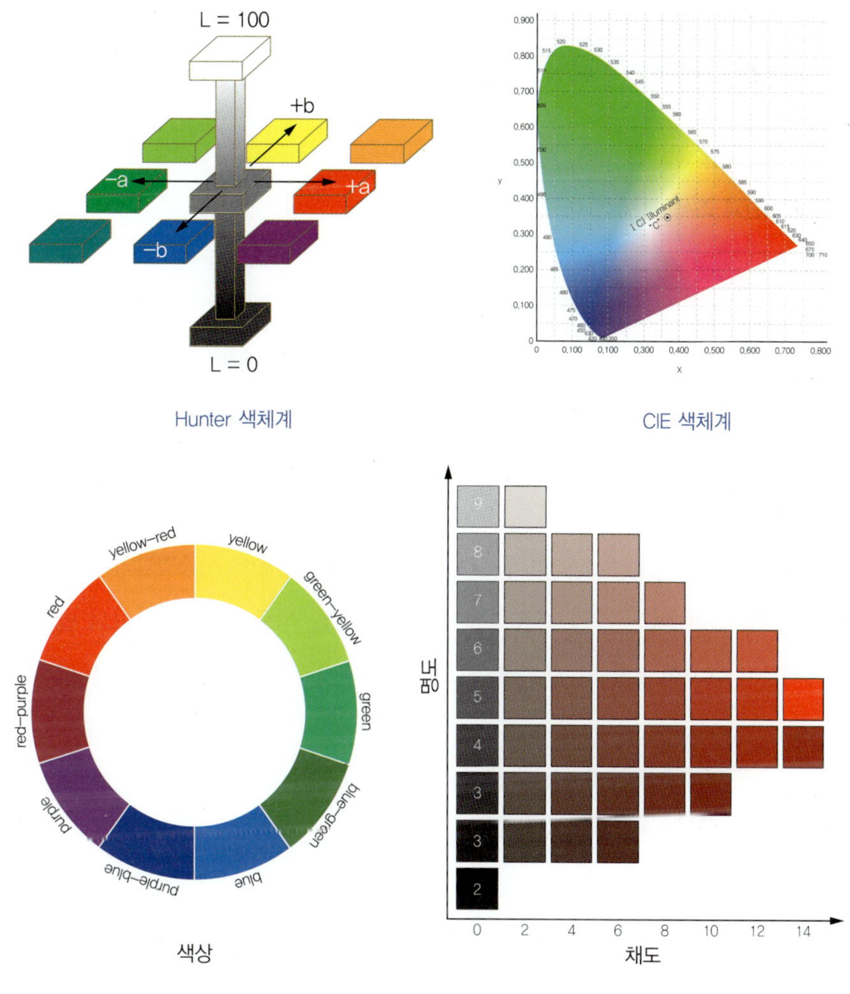

Munsell 색체계

그림 10-2 • 헌터, CIE, 먼셀 색체계

2) 색의 인식

사람은 가시광선 영역인 380~760 nm 대의 파장을 눈으로 인식한다. 우리는 빛이 식품에 입사되어 일정 영역의 파장이 선택적으로 흡수된 후, 흡수되지 않은 파장의 광선을 눈으로 받아들일 때 식품의 색을 인식한다.

식품이 색을 나타내기 위해서는 발색단과 조색단이라는 원자단이 필요하다. 분자 구조에 발색단을 가지고 있는 물질을 색소원(chromogen)이라고 하는데, 색소원 자체만으로는 색을 가지지 못하지만 조색단과 결합하면 고유한 색을 나타낸다. 이때 발색단은 말 그대로 색을 나타내는 기본이 되는 원자단이고, 조색단은 색의 발현을 도와주는 원자단을 의미한다(표 10-1).

표 10-1 • 발색단과 조색단

발색단	-C=O (케톤기) -C=C (에틸렌기) -NO (나이트로소기)	-N=N- (아조기) $-NO_2$ (나이트로기) -C=S (싸이오카보닐기)
조색단	-OH (하이드록실기) $-NH_2$ (아미노기)	

식품에 함유된 색 성분은 그 화학적인 특성(전자 배치, 공액 이중결합의 숫자, 금속 이온 존재 유무 등)에 따라 여러 가지 색을 띤다. 일반적으로 식품은 일정 범위의 발색단을 함유하고 있고, 발색단의 길이가 길수록 긴 파장의 가시광선을 흡수할 수 있다.

2. 식물성 색소

1) 클로로필

(1) 클로로필의 구조

클로로필(chlorophyll)은 식물의 잎과 줄기에 널리 분포하는 녹색을 띠는 색소이다. 클로로필은 4개의 피롤(pyrrole) 핵이 서로 연결되어 포르피린 고리(porphyrin ring)를 이루고 있으며 중심에 마그네슘(Mg^{2+})을 포함하고 있다(그림 10-3).

(2) 클로로필의 변화

클로로필은 산에 매우 불안정하여 산성에서 마그네슘 이온이 수소 이온으로 치환되어 황갈색의 페오피틴(pheophytin)으로 전환된다. 신선한 채소나 오이김치 등이 발효 과정에서 황갈색으로 변하는 것은 채소 자체가 지니는 유기산 또는 발효 과정에서 생성된 젖산, 초산 등의 작용에 의한 것이다. 조리 과정에서 발생하는 유기산에 의해 채소의 녹색이 퇴색될 수 있으므로 뚜껑을 열고 고온에서 단시간 데쳐야 채소의 신선한 녹색

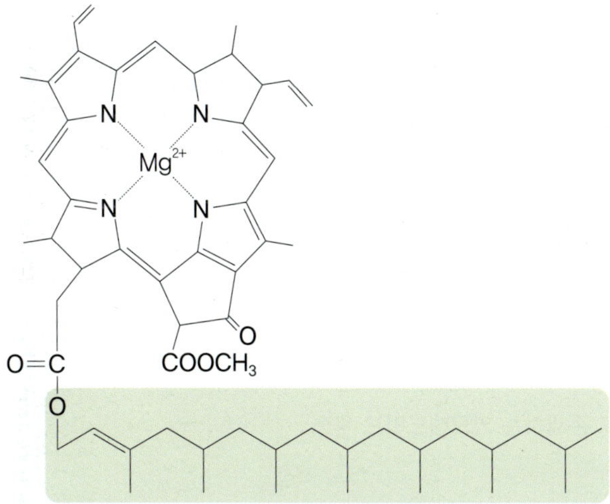

그림 10-3 • 클로로필의 구조

을 유지할 수 있다.

클로로필은 중성 또는 알칼리성에서는 대체적으로 안정하지만 알칼리용액에서 가열하면 선명한 녹색의 수용성 클로로필라이드(chlorophyllide)가 되고, 계속 가열하면 클로로필린(chlorophylline)이 되어 조리수에 용출되어 나온다. 클로로필은 구리와 함께 가열하면 마그네슘이 구리로 대체된 동-클로로필이 되어 매우 안정한 녹색을 유지한다. 이 원리는 완두콩 통조림 제조에서 완두콩의 선명한 녹색을 유지하는 데 활용되고 있다.

2) 카로테노이드

카로테노이드(carotenoid)는 식물의 잎, 줄기, 뿌리, 과일 등에 널리 분포하는 황색~적색을 띠는 지용성 색소이다. 난황, 연어, 갑각류 등 동물성 식품에도 카로테노이드가 함유되어 있는 것은 주로 동물체가 섭취한 먹이에서 기인한 것이다. 카로테노이드는 8개의 아이소프렌 단위체(isoprene unit)가 결합되어 있기 때문에 많은 공액 이중결합을 지니고 있다(그림 10-4).

그림 10-4 • 아이소프렌 단위체의 구조

카로테노이드 색소는 크게 카로틴(carotene)류와 잔토필(xanthophyll)류로 분류되는데 카로틴류에는 α-, β-, γ-카로틴과 라이코펜(lycopene)이 있고, 잔토필류에는 크립토잔

Tip **β-카로틴(β-carotene)**

β-카로틴은 천연 카로테노이드(carotenoid) 중 하나로, 비타민 A의 전구체이다. 장과 간에서 β-카로틴은 레티놀을 거쳐 비타민 A로 전환된다. 식품의약품안전처에서는 β-카로틴을 건강기능식품 성분으로 인정하고 다음과 같은 효능을 인정하였다.

- 유해 활성 산소의 제거에 도움이 됨
- 어두운 곳에서 시각 적응을 위해 필요함
- 피부와 점막을 형성하고 기능을 유지하는 데 필요함
- 상피 세포의 성장과 발달에 필요함

표 10-2 • 식품 중에 존재하는 카로테노이드 색소

분류	색상	함유 식품
α-카로틴	황등색	당근, 오렌지
β-카로틴	황등색	당근, 호박, 난황
γ-카로틴	황등색	고구마, 살구
라이코펜	적색	토마토, 수박
크립토잔틴	황등색	감, 옥수수
루테인	황등색	난황, 녹색잎
지아잔틴	황등색	옥수수, 난황
아스타잔틴	적색	새우, 연어, 송어
캡산틴	적색	고추, 파프리카

틴(cryptoxanthin), 루테인(lutein), 지아잔틴(zeaxanthin) 등이 있다(표 10-2).

카로테노이드 색소를 함유한 식품으로는 파프리카, 당근, 호박, 오렌지 등이 있다. 카로테노이드 색소는 열에 비교적 안정하기 때문에 조리 또는 가공하는 과정에서 쉽게 퇴색하지 않지만 분리된 색소는 이중결합이 많아 공기 중의 산소나 산화효소, 햇빛 등에 의해 쉽게 산화되어 변색되기 쉽다.

3) 안토사이아닌

안토사이아닌(anthocyanin)은 과일이나 꽃 등에 존재하는 청색, 자색, 적색의 아름다운 색감을 지닌 수용성 색소이다. 이 색소는 매우 불안정하여 조리 및 가공 과정에서 쉽게 퇴색되어 식품의 품질을 저하시키는 원인이 되는 경우가 많다. 안토사이아닌은 pH

에 따라 가역적인 변색반응을 하여 산성에서는 적색, 알칼리성에서는 청색을 띤다. 또 여러 가지 금속 이온과 반응하여 독특한 색을 지니는 착화합물을 형성하는 특성을 지니고 있다(표 10-3).

표 10-3 • 식품 중에 존재하는 안토사이아닌 색소

분류	색상	함유 식품
펠라고니딘(pelargonidin)	빨간색	딸기
사이아니딘(cyanidin)	빨간색	사과, 베리, 팥
페오니딘(peonidin)	보라색	포도, 자색양파
델피니딘(delphinidin)	보라색	가지
페투니딘(petunidin)	보라색	포도
말비딘(malvidin)	보라색	포도, 자두, 베리

4) 플라보노이드

플라보노이드(flavonoid)는 안토잔틴이라고도 부르는 담황색~황색의 띠는 색소로서 주로 배당체 형태로 존재한다. 플라보노이드는 산에는 안정하나 알칼리에서는 불안정하여 황색으로 변한다. 밀가루에 중조(탄산수소나트륨)를 넣어 빵을 찌면 옅은 황색으로 변하는 것이 대표적인 현상이다.

Tip **플라보노이드(flavonoid)**

플라보노이드는 식물계에서 색을 띠는 대표적인 물질로, 라틴어의 황색을 나타내는 'flavus'에서 그 이름이 유래되었다. 화학적으로 플라보노이드는 두 개의 페닐 고리(A와 B) 및 탄소와 산소로 이루어진 헤테로 고리(C)로 구성된 15개의 탄소 골격 구조를 가진다(그림 10-5). 이 탄소 구조는 C6-C3-C6로 축약될 수 있으며, 이러한 골격을 갖는 식물 색소를 모두 플라보노이드로 분류한다.

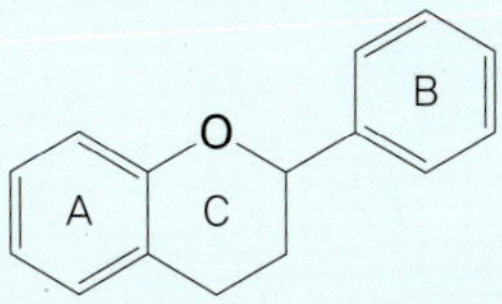

그림 10-5 • 플라보노이드 탄소 골격 구조

5) 타닌

타닌(tannin)은 식물, 특히 미성숙한 과일과 차에 많이 함유되어 있는 쓴맛과 떫은맛을 내는 무색의 폴리페놀 성분을 말한다. 타닌 자체는 무색이지만 산화되거나 금속 이온과 복합염을 형성하면서 흑색~적갈색을 띠게 된다. 덜 익은 감을 쇠칼로 절단하거나 차를 경수로 끓일 때 갈색 침전을 형성하는 것이 좋은 예이다. 식품 중에는 카테킨류, 류코안토사이아니딘류, 클로로겐산 등이 있는데 카테킨류는 특히 차, 감, 연근 등에 많이 함유되어 있다.

3. 동물성 색소

1) 미오글로빈

미오글로빈(myoglobin)은 동물의 근육에 존재하는 적색의 색소로서 철을 함유하는 헴(heme)과 글로불린단백질이 결합되어 있는 복합단백질이다. 일반적으로 육류 안에는 환원형의 미오글로빈(Fe^{2+} 함유)이 함유되어 있어 적자색을 띠지만 절단하여 공기 중의 분자상 산소와 접촉하면 옥시미오글로빈이 되어 선홍색을 나타낸다(그림 10-6). 육류를 가열하거나 산화하면 암갈색의 메트미오글로빈(Fe^{3+} 함유)이 생성되고 계속 가열하면 단백질 부분이 변성되고 갈색의 헤마틴으로 분리된다. 햄, 소시지, 베이컨 등의 육가공

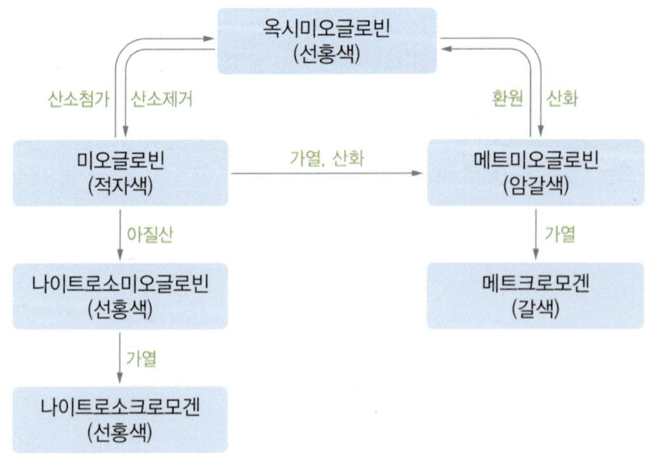

그림 10-6 • 미오글로빈의 변화

품은 육색이 변화하는 것을 방지하기 위하여 아질산염 또는 질산염으로 염지 처리하여 안정한 형태의 나이트로소미오글로빈을 형성시킴으로써 유통 및 조리 과정에서도 색상이 변화되지 않고 선홍색을 유지한다.

2) 카로테노이드

가재, 새우, 게 등의 갑각류 표피에는 카로테노이드에 속하는 아스타잔틴(astaxanthin)이 단백질과 결합하여 청록색을 띠고 있다. 갑각류를 가열하면 단백질이 분리되고 아스타잔틴이 산화됨으로써 적색의 아스타신(astacin)으로 변한다. 아스타신은 연어나 송어의 독특한 육색을 내기도 한다. 이외에도 난황은 카로테노이드계에 속하는 루테인(lutein)과 지아잔틴(zeaxanthin)을 함유하고 있다.

4. 식품의 갈변

갈변이란 식품을 조리, 가공, 저장할 때 효소 작용이나 식품 성분 간의 상호 작용에 의하여 갈색으로 변하는 현상을 말하는데 효소가 관여된 작용과 효소의 개입 없이 발생하는 두 가지 형태로 구분될 수 있다. 식품이 갈변하면 외관이나 풍미가 나빠지거나 영양소의 손실이 초래되기도 하지만 때에 따라서는 다류, 장류, 과자류 등 일부 식품과 같이 독특한 색과 풍미를 나타내는 유용한 결과로 작용하기도 한다.

1) 효소적 갈변

(1) 효소적 갈변의 원리 및 조절

갈변반응을 일으키는 효소는 생체 내에 막으로 둘러싸여 있기 때문에 신선한 과일이나 채소에서는 반응을 일으키지 않는다. 그러나 껍질을 벗기거나 충격 등에 의해서 조직이 파괴되면 효소가 밖으로 유출되어 기질과 만나 산화 작용을 촉매함으로써 검은색의 멜라닌(melanin)을 형성하게 된다.

효소적 갈변반응은 차의 향미를 내거나 건조과일의 색을 발현시키는 등의 경우처럼 유용하게 사용될 때도 있지만 대부분은 식품의 품질을 떨어뜨리는 원인으로 작용한다.

표 10-4 • 효소적 갈변을 방지하는 방법

구분	조작	원리	사용 예
효소 작용 억제	pH 조절	최적 조건 회피 및 효소의 변성	묽은 구연산 용액에 담그기
	열처리	60°C 이상에서 불활성화	과일이나 채소를 살짝 데침
	저해제 사용	염소 이온이 효소 작용 억제	깎은 과일을 소금물에 담그기
	금속 접촉 방지	촉매 차단	
산화 작용 억제	공기 차단	산화 요인 차단	설탕물, 소금물 등에 담그기
	산화 방지	기질의 산화 억제	비타민 C 또는 아황산나트륨 첨가
기질 접촉 차단	기질 제거	원인 물질의 제거	물에 침지하여 타이로신 제거

효소적 갈변을 방지하기 위해서는 효소반응의 최적 조건에서 벗어나도록 환경 조건을 조절하거나, 기질이나 산소와의 접촉을 차단하는 방법을 적용할 필요가 있다(표 10-4).

(2) 효소적 갈변의 예

사과나 배를 깎아서 공기 중에 방치하면 폴리페놀 산화효소(polyphenol oxidase)가 과육에 있는 카테콜이나 클로로겐산과 같은 카테콜 유도체를 퀴논화합물로 산화시키고 이어서 비효소적 산화·중합반응에 의해 멜라닌 유사 물질을 형성하여 갈색~흑색의 색소를 형성하게 된다.

감자의 갈변에는 타이로시네이스(tyrosinase)가 관여하는데 이 효소는 아미노산인 타이로신을 산화시켜 DOPA와 DOPA 퀴논을 거쳐 흑갈색의 멜라닌에 이르는 변화에 관여한다. 이 효소는 수용성이므로 깎은 감자를 물에 담가두면 갈변을 방지할 수 있다.

2) 비효소적 갈변

(1) 마이야르 반응

알데하이드나 케톤기를 가진 환원당이 아미노기를 가진 화합물과 작용하여 멜라닌 유사 물질을 만들어 갈색으로 변하는 반응을 마이야르 반응(Maillard reaction)이라고 부른다(그림 10-7). 식품의 경우 대부분 당류와 아미노산을 함유하고 있기 때문에 마이야르 반응은 식품의 조리 및 가공 과정에서 자주 발생하는 반응이다. 마이야르 반응을 활용한 대표적인 식품의 예로는 빵, 비스킷, 맥주, 커피, 분유, 된장 등을 들 수 있다. 마

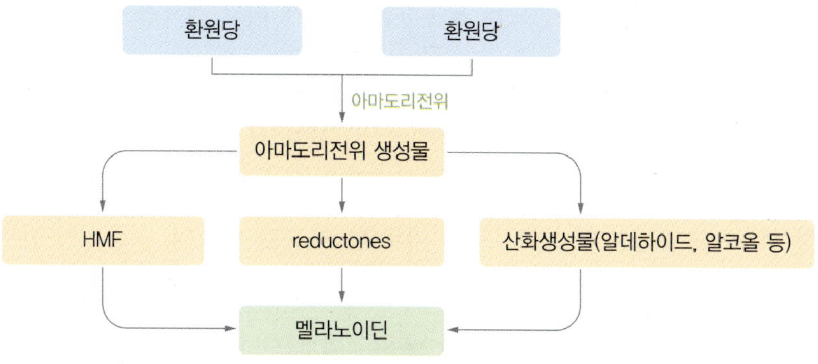

그림 10-7 • 마이야르 반응의 개요

이야르 반응은 온도, pH가 높을수록 잘 일어나며 단당류, 특히 오탄당에서 반응이 잘 일어난다.

(2) 캐러멜 반응

마이야르 반응과는 다르게 아미노화합물이 존재하지 않는 상태에서 당류를 180℃ 이상으로 가열할 때 산화 및 분해 생성물들이 중합 및 축합하여 형성된 갈색의 물질을 캐러멜이라고 부른다. 이 반응으로 만들어진 캐러멜은 독특한 색과 향기 및 맛을 나타내므로 약식, 캔디, 음료, 소스 등의 착색제로 이용되기도 한다.

Tip 마이야르 반응에 의한 아크릴아마이드 형성

아크릴아마이드(acrylamide)는 무취의 백색 결정체로 음용수 및 폐수 처리 시 입자 및 기타 불순물 제거 시 사용되는 폴리아크릴아마이드 제조에 사용되는 화학물질이다(그림 10-8). 감자나 시리얼 등 탄수화물이 풍부한 식품 원료를 튀기거나 볶는 고온 조리법을 통해 생성될 수 있다. 특히 원료를 160℃ 이상 고온에서 조리 및 가공하였을 때 생성되고 가열 시간에 비례하여 아크릴아마이드 생성이 증가한다. 유해 환경에 노출되지 않는 사람의 체내에도 발암 물질인 아크릴아마이드가 축적되어 있다는 사실을 조사하던 스웨덴 식품규격청은 2002년 고탄수화물 식품(감자 등)의 고온 처리(120℃ 이상) 중에 아크릴아마이드가 생성된다는 사실을 규명하였다. 이후 대부분의 선진국에서 고온 조리 식품의 아크릴아마이드 함량 추적 및 안전성에 관한 많은 연구가 지속되고 있다.

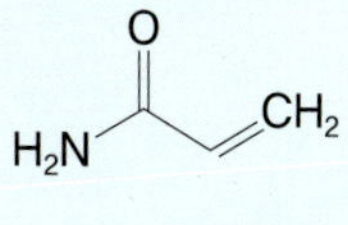

O, H_2N, CH_2

그림 10-8 • 아크릴아마이드 구조

단원정리

- 식품 고유의 색은 식품의 신선도를 표출하는 지표가 되고 식욕을 증진시키는 중요한 품질 요소가 된다.
- 대표적인 색체계에는 헌터(Hunter) 색체계, CIE 색체계와 먼셀(Munsell) 색체계가 있으며, 사람은 380~760 nm 영역의 가시광선 파장을 식품의 색으로 인식한다.
- 식물성 색소에는 지용성인 클로로필과 카로테노이드가 있으며, 수용성인 안토사이아닌, 플라보노이드와 타닌이 있다.
- 동물성 색소에는 헴(heme)을 포함하는 색소인 헤모글로빈과 미오글로빈, 그리고 아스타잔틴이나 루테인과 같은 카로테노이드계 색소가 있다.

연습문제

1 먼셀(Munsell) 색체계에서 색을 분류하기 위해 선정한 기준이 아닌 것은?

① 색상 ② 명도 ③ 채도 ④ 파장

2 다음 중 조색단에 속하는 기능기는 무엇인가?

① -OH (하이드록실기) ② -NO (나이트로소기)
③ -C=O (케톤기) ④ -C=S (싸이오카보닐기)

3 다음 중 수용성인 색소는?

① 클로로필 ② 카로틴 ③ 잔토필 ④ 안토사이아닌

4 다음 중 클로로필 색소의 구성 성분이 되는 무기질은?

① 구리 ② 마그네슘 ③ 철 ④ 아연

5 토마토의 빨간색 색소 성분의 이름은?

6 다음 중 안토사이아닌계 색소를 함유한 채소의 붉은색을 안정하게 유지하는 데 있어 효과적인 방법은?

① 식초를 소량 첨가한다. ② 중조를 첨가한다.
③ 냉각시킨다. ④ 술을 소량 첨가한다.

7 햄을 제조할 때 고기에 질산염을 첨가하면 생성되는 선홍색 물질은 무엇인가?

8 다음 중 식품의 갈변반응에 관여하는 효소는?

① 말테이스(maltase) ② 아밀레이스(amylase)
③ 폴리페놀 산화효소(polyphenol oxidase) ④ 펙티네이스(pectinase)

9 알데하이드나 케톤기를 가진 환원당이 아미노기를 가진 화합물과 작용하여 멜라닌 유사 물질을 만들어 갈색으로 변하는 반응을 무엇이라 하는가?

정답

1 ④ 2 ① 3 ④ 4 ② 5 라이코펜 6 ① 7 나이트로소미오글로빈 8 ③ 9 마이야르 반응(Maillard reaction)

CHAPTER 11

식품의 맛

식품을 선택하는 기준에 있어 가장 으뜸이 되는 감각은 아마도 맛이 아닐까 생각한다. 아무리 영양가가 높고 몸에 좋은 음식이라고 할지라도 맛이 좋지 않으면 사람들이 잘 선택하지 않는 경향이 있다. 맛은 몸에 필요한 영양소의 섭취에 도움을 주기도 하고 몸에 해로운 물질을 기피하게도 한다. 식품의 맛은 맛 물질과 혀에 존재하는 미각 수용체 사이의 상호 작용으로 감지되는 감각이다.

이 장에서는 맛에 관련된 이론과 함께 식품에 함유되어 맛을 제공하는 물질에 대하여 살펴보기로 하자.

1. 맛감각

1) 맛의 감지와 분류

맛을 감지하는 수용체는 혀 표면에 분포하는 유두 속 미뢰(taste bud)에 존재한다. 맛 성분이 미뢰에 있는 맛 세포를 자극하면 대뇌의 미각중추에 신호가 전달되어 맛을 느끼게 되는데 맛에 대한 감수성은 혀의 부위에 따라 조금씩 다르다. 맛의 종류에는 단맛(sweet), 쓴맛(bitter), 짠맛(salty), 신맛(sour)에 감칠맛(umami)이 추가된 5가지 기본 맛(원미, primary taste)이 존재한다. 원미가 되기 위한 조건으로, 첫째는 다른 원미의 것과는 다른 맛 수용체 부위가 존재해야 하고(그림 11-1), 둘째는 맛의 질이 다른 원미의 것과 확연히 달라야 하며, 셋째는 여러 원미 물질을 혼합하더라도 그 맛을 나타낼 수 없어야 한다는 세 가지 조건이 충족되어야 한다.

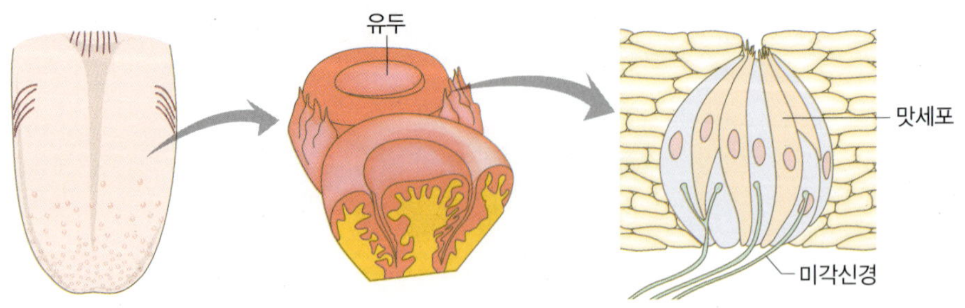

그림 11-1 • 맛감각 기구

2) 맛에 대한 감수성

단맛은 혀의 앞부분에서, 짠맛은 옆 부분에서, 신맛은 혀의 둘레에서, 그리고 쓴맛은 혀의 안쪽에서 예민하게 느껴진다.

맛을 느낄 수 있는 맛 물질의 최저 농도를 역치(threshold value)라고 하는데 일반적으로 쓴맛 성분의 역치가 가장 낮고 단맛 성분의 값이 가장 높다. 그리고 맛에 대한 감수성은 온도, 연령, 성별, 기질 등에 따라 다르게 나타난다. 온도의 영향을 살펴보면 단맛은 20~50℃, 짠맛은 30~40℃, 신맛은 5~25℃, 쓴맛은 40~50℃, 매운맛은 50~60℃에서 가장 잘 느낀다.

Tip 페닐싸이오카바마이드(phenylthiocarbamide, PTC) 시험법

맛을 느끼지 못하는 것을 미맹(taste blind)이라고 하는데, 미맹 여부를 확인할 때 쓴맛 성분인 페닐싸이오카바마이드를 감지하는 시험을 실시한다. 페닐싸이오카바마이드에 대하여 맛을 느끼지 못하는 현상은 세대를 거쳐 유전되며, 정상인은 이 물질에 대하여 쓴맛을 느끼는 데 반해 미맹인 사람은 아무런 맛을 느끼지 못하거나 전혀 다른 맛으로 느낀다. 조사된 바로는 백인 중의 30%, 아시아인의 15%, 흑인의 3%가 이 물질에 대한 맛을 못 느끼거나 다른 맛으로 느낀다고 한다.

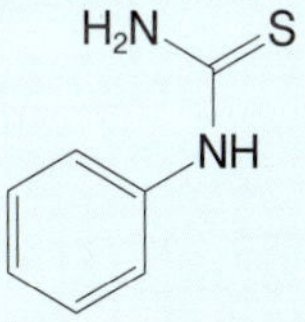

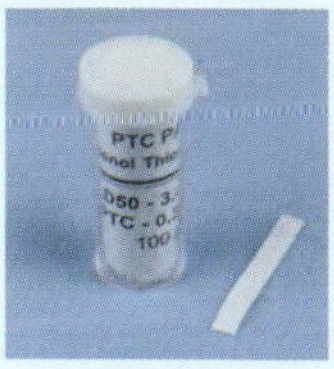

그림 11-2 • 페닐싸이오카바마이드 구조

2. 미각의 생리

1) 혼합에 의한 변화

(1) 맛의 대비(강화)

서로 다른 맛 성분이 혼합되었을 때 주된 맛이 강하게 느껴지는 현상을 맛의 대비 또는 맛의 강화라고 한다. 설탕물 용액에 소금을 소량 가하면 단맛이 강해지거나 소금물 용액에 식초를 소량 가하면 짠맛이 강해지는 현상이 좋은 예이다.

(2) 맛의 억제

서로 다른 맛 성분이 혼합되었을 때 주된 맛이 약해지는 현상을 맛의 억제라고 한다. 커피에 설탕을 섞으면 쓴맛이 감소하거나 신맛이 나는 과일에 설탕을 첨가하면 신맛이 억제되는 현상을 예로 들 수 있다.

(3) 맛의 상쇄

두 가지 이상의 맛 성분을 혼합했을 때 각각의 고유한 맛은 없어지고 조화된 맛을 내는 현상을 맛의 상쇄라고 부른다. 예를 들면 김치는 짠맛과 신맛이 상쇄되어 조화된 맛이 나고, 청량음료는 단맛과 신맛이 상쇄되어 조화된 맛을 낸다.

(4) 맛의 상승

같은 종류의 맛을 두 가지 이상 혼합하면 각각이 가지고 있는 본래의 맛보다 맛이 훨씬 더 강해지는 현상을 말한다. 예를 들면 조미료 성분인 글루탐산나트륨(monosodium glutamate, MSG)과 5′-IMP(inosine monophosphate) 또는 5′-GMP(guanosine monophosphate) 등의 핵산 성분을 혼합했을 때 감칠맛이 더욱 강하게 느껴진다.

2) 맛감각의 변화

(1) 맛의 순응

특정한 맛 성분을 계속해서 맛볼 때 미각이 조금씩 둔화되는 현상을 맛의 순응이라고 한다. 이것은 같은 맛을 반복적으로 접함으로 인해 미각신경이 피로해져서 나타나는 현상이다.

(2) 맛의 변조

한 가지 맛 성분을 맛본 후 다른 맛을 볼 때 고유의 맛이 아닌 다른 맛으로 느껴지는 현상을 말한다. 예를 들면 쓴 약을 먹은 후 물을 마셨을 때 단맛이 느껴지는 현상은 맛의 변조에 해당한다.

3. 주요 맛 성분

1) 단맛

단맛을 지니고 있는 물질은 당류, 당알코올과 일부의 아미노산 및 방향족 화합물 등이다. 당류의 단맛은 분자량이 증가할수록 점차 감소하며, 다당류는 거의 단맛이 없다. 단맛의 강도는 당의 종류에 따라 다른데 같은 당이라도 입체 구조에 따라 단맛의 차이를 나타낸다. 예를 들면 포도당은 α-형이 β-형보다 1.5배 정도 더 달고 과당은 β-형이 α-형보다 3배 정도 더 달다.

비만과 충치 발생을 걱정하는 현대인의 요구에 따라 당류를 당알코올이나 칼로리가 적은 인공감미료로 대체하여 사용하는 경향이 증가하고 있다. 설탕은 일정한 단맛을 나타내기 때문에 단맛의 표준 물질로 사용하는데, 10% 설탕물 용액의 단맛을 100으로 했을 때 나타내는 상대적 감미도를 단맛의 세기로 사용하고 있다(표 11-1).

표 11-1 • 여러 가지 단맛 물질의 상대적 감미도

종류		감미도	종류		감미도
당류	수크로스(sucrose)	100	아미노산류	아스파탐(aspartame)	15,000~20,000
	말토스(maltose)	50~60		모넬린(monellin)	150,000~200,000
	락토스(lactose)	20~30		타우마틴(taumatin)	200,000~300,000
	글루코스(glucose)	50~75	고감미도 화합물	스테비오사이드(stevioside)	20,000~30,000
	프럭토스(fructose)	150		사카린(saccharin)	20,000~70,000
	전화당(Invert sugar)	120		아세설페임(acesulfame)	18,000~20,000
당알코올류	자일리톨(xylitol)	90~100		글리시리진(glycyrrhizin)	5,000~10,000
	소비톨(sorbitol)	50~70		둘신(dulcin)	7,000~35,000
	글리세롤(glycerol)	80			

소비톨(sorbitol), 자일리톨(xylitol)은 당알코올에 해당하며, 깔끔한 단맛과 함께 구강 내에서 침 등에 용해될 때 흡열반응을 일으켜 청량감을 부여한다. 소비톨은 음식의 조직감을 개선하고 원치 않는 발효를 억제하는 효과도 가진다. 자일리톨은 저칼로리의 당알코올이어서 당뇨환자도 섭취 가능하며, 충치 예방 효과(식품의약품안전처 인증 건강기능식품 성분)를 가지고 단맛의 지속성이 설탕에 비해 강하다는 특징을 가진다.

Tip **자일리톨(xylitol)**

자일리톨은 자작나뭇과 및 참나뭇과 교목, 아몬드 외피, 귀리, 사탕수수 등에서 얻은 자일란(xylan)을 가수분해하고 수소를 첨가하여 얻는다. 자일리톨은 그 화학 구조가 설탕과 유사하다. 그로 인해 충치 원인균인 스트렙토코쿠스 뮤탄스(*Streptococcus mutants*)가 설탕으로 인식하여 흡수하지만 자일리톨 특유의 5탄당 구조 때문에 균 내에서 소화하지 못한다.

다수의 임상 시험 결과 자일리톨을 섭취했을 때 치태 생성, 구강 산성화 및 치아 우식 발생을 감소시킨다는 것을 확인하였다. 이에 식품의약품안전처에서는 자일리톨을 건강기능식품 원료로 인정하였다.

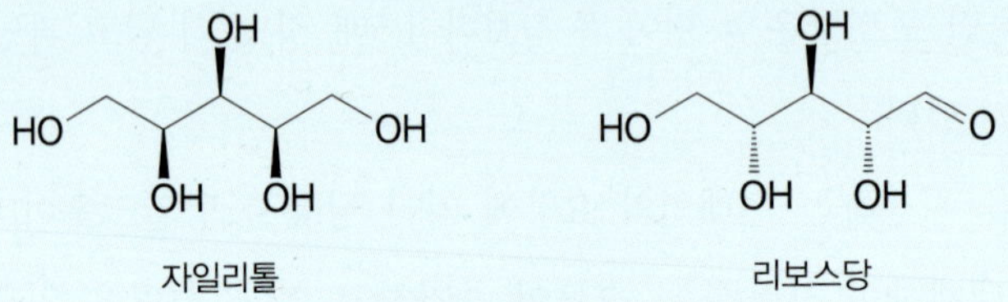

그림 11-3 • 자일리톨과 리보스당의 화학 구조 비교

2) 쓴맛

쓴맛은 불쾌감을 주거나 독성을 나타내기도 하지만 식품과 조화를 이룰 수 있을 정도의 미량의 쓴맛은 오히려 식욕을 증진시키는 역할을 한다. 식품에서 쓴맛을 지니는 성분은 알칼로이드, 배당체, 케톤류, 무기염류 등이 있다. 알칼로이드 형태의 쓴맛 성분으로는 차나 커피에 함유된 카페인(caffeine), 코코아나 초콜릿에 함유된 테오브로민(theobromine), 키나나무에 함유된 퀴닌(quinine) 등을 들 수 있다. 특히 퀴닌은 쓴맛의 표준 물질로 이용되고 있다.

과일이나 채소의 쓴맛을 주는 플라보노이드형 쓴맛 성분으로는 레몬이나 자몽주스의 배당체인 나린진(naringin), 오이 꼭지의 쿠쿠비타신(cucurbitacin), 양파의 퀘세틴(quercetin) 등이 있다.

쓴맛을 지니고 있는 케톤류에는 맥주 원료로 사용하고 있는 호프에 함유된 후물론(humulone)과 루풀론(lupulone) 등이 있다. 기타 구조로는 콩에 함유된 사포닌(saponin) 및 쑥에 함유된 투존(thujone)이 쓴맛을 나타내는 성분이다.

단백질 가수분해물이 첨가된 음식이나 과도하게 숙성된 치즈도 쓴맛을 지니는 경우가 있다. 펩타이드는 그 구조적 특징에 따라 쓴맛 수용체와 결합하는 친화도가 달라져 쓴맛에 차이가 발생한다. 대체적으로 펩타이드를 구성하는 아미노산의 소수성(hydrophobicity) 정도가 강할수록 쓴맛이 증가한다고 보고되었으며, 발린, 루신, 아이소루신, 페닐알라닌 등 비극성 중성아미노산이 이에 해당한다.

3) 짠맛

짠맛은 무기 및 유기 알칼리염에서 생성된 이온이 나타내는 맛이다. 식탁염으로 사용되는 소금(NaCl)은 순수한 짠맛을 나타내기 때문에, 각종 무기염의 짠맛을 비교하는 기준 물질로 사용한다. 이온 중에서 양이온이 짠맛의 주체가 되고 음이온은 짠맛을 강하게 하거나 쓴맛을 내는 등 부가적인 맛에 관여한다.

다이소듐말레이트(disodium malate), 다이암모늄말로네이트(diammonium malonate), 소듐글루코네이트(sodium gluconate) 등의 유기산염은 소금과 비슷한 짠맛을 지니면서도 혈중 나트륨 농도를 크게 증가시키지 않으므로 소금 섭취가 제한된 신장병이나 고혈압 환자를 위한 소금 대용품으로 이용되고 있다. 다만 소금의 대체 물질들은 대개 쓴맛, 떫은맛 등 소비자가 부정적으로 인식하는 풍미를 소금보다 더 많이 갖고 있다는 단점이 상존한다.

4) 신맛

신맛은 무기산이나 유기산에서 해리된 수소 이온이 나타내는 맛으로서 미각과 식욕을 증진시키는 역할을 한다. 동일한 pH에서는 유기산이 무기산보다 강한 신맛을 주는데 이것은 무기산에 비해 유기산(표 11-2)은 수소 이온을 서서히 해리시키기 때문에 지속적으로 강한 느낌이 유지되기 때문이다.

무기산에는 염산, 황산, 인산 등이 있는데 신맛을 제공하기 위한 목적으로는 인산만

표 11-2 • 식품 중의 주요 유기산

유기산 종류	식품 소재	유기산 종류	식품 소재
초산(acetic acid)	식초, 김치	젖산(lactic acid)	발효유, 김치
구연산(citric acid)	감귤류, 살구	주석산(tartaric acid)	포도, 파인애플
호박산(succinic acid)	청주, 조개류	말산(malic acid)	사과, 복숭아

Tip 구연산(citric acid)

구연산은 레몬이나 덜 익은 감귤류 등에 다량 함유되어 있다. 식품첨가물로서 구연산은 과즙 및 청량음료에 사용되며, 의약품 및 이뇨성 음료에 신맛을 제공하는 용도로도 쓰인다. 구연산 섭취 시 칼슘의 체내 흡수를 도우며 혈액 응고반응에도 관여한다.

구연산은 생화학 분야에서 시트르산으로도 불리며, 산소 호흡을 하는 모든 생물의 대사 과정에서 일어나는 시트르산 회로의 중간 생성물로 알려져 있다.

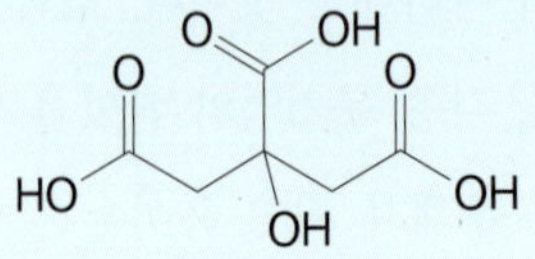

그림 11-4 • 구연산의 구조 및 함유 식품

이 일부 음료에 사용된다. 아미노산 중 산성 아미노산인 글루탐산과 아스파트산이 신맛을 띠며, 히스티딘도 수소 이온이 해리될 수 있어 신맛을 나타낼 수 있다.

5) 감칠맛

감칠맛은 단맛, 짠맛, 신맛, 쓴맛이 조화된 복합적인 맛으로 육류, 다시마, 장류, 버섯 등에서 느낄 수 있다. 감칠맛 성분으로는 아미노산과 그 유도체, 펩타이드, 콜린 유도체, 뉴클레오타이드 등이 있다. 식품 소재를 중심으로 살펴보면 조개류, 새우, 게 등은 글리신과 글리신 유도체인 베타인이 감칠맛 성분이다. 육류는 크레아틴이, 다시마에는 글루탐산이 감칠맛을 제공한다. 실제로 다시마 추출물에서 분리한 글루탐산의 나트륨염인 MSG(monosodium glutamate)는 대표적인 조미료 성분으로 사용되고 있다. 핵산 구성 물질인 뉴클레오타이드들도 감칠맛을 제공하는데 표고버섯에는 5′-GMP가, 멸치나 가다랑어포에서는 5′-IMP가 감칠맛을 제공하는 성분이다. 핵산 물질의 감칠맛은 5′-GMP > 5′-IMP > 5′-XMP(xanthosine monophosphate) 순으로 높게 나타난다.

MSG는 향미 증진제 기능을 수행하기도 한다. MSG가 소금, IMP, GMP 및 기타 아미노산과 식품 내에 적절한 비율로 존재할 때 음식의 풍미가 극대화되며, 이는 식품 및 외식산업 전반에 걸쳐 활용되고 있다.

일각에서는 감칠맛을 원미로 인정하는 것에 소극적 태도를 보이기도 하지만, MSG 등이 내는 감칠맛이 다른 원미의 질과 확실히 다르고, 다른 원미 물질을 여러 가지 조합으로 구성해도 감칠맛이 나지 않는다는 연구 결과는 감칠맛이 원미로서의 조건을 충족시킨다는 사실을 보여준다.

6) 매운맛

매운맛은 다른 맛과 다르게 구강 전체에 열감을 동반하는 통증을 유발하기 때문에 통각이라고도 한다. 적당한 매운맛은 식욕을 증진시키고 항산화나 살균 및 살충 작용을 돕는다. 식품 중의 매운맛 성분으로는 방향족 알데하이드 및 케톤류, 산아마이드류, 황화합물, 아민류 등으로 나눌 수 있다.

방향족 알데하이드나 케톤류 중에서 생강에 함유된 물질로 진저롤(gingerol)과 쇼가올(shogaol)이 있으며, 진저롤은 생강의 건조 과정에서 쇼가올로 전환되어 생강의 매운맛이 강해진다. 또한 조리 과정에서 생강에 열을 가하면 이들은 진저론(zingerone)이라는 성분으로 변하여 매운맛과 향이 감소하면서 달콤한 향이 증가한다.

카레가루를 만드는 강황에는 커큐민(curcumin)이, 계피에는 시나믹알데하이드(cinnamic aldehyde)가 매운맛 성분이다.

산아마이드류 중에서 고추에 함유된 캡사이신(capsaicin)은 작렬하는 자극의 매운맛을 주는 성분이다. 후추에는 차비신(chavicin)이, 산초 열매에는 산쇼올(sanshool)이 매운맛을 나타낸다.

황화합물 중 흑겨자나 고추냉이의 시니그린(sinigrin)은 마쇄할 때 효소(mirosinase)에 의해 분해되어 알릴아이소싸이오사이아네이트(allylisothiocyanate)로 변하면서 매운맛을 나타낸다. 마늘에 있는 알린(alliin)이 효소(allinase)에 의해 분해되어 알리신이 되어야 매운맛을 나타낸다.

7) 떫은맛

떫은맛은 혀의 점막 단백질이 일시적으로 변성 응고함으로써 미각신경이 마비되어 나타나는 수렴성의 불쾌한 맛이다. 타닌(tannin)과 폴리페놀(polyphenol)은 덜 익은 과일,

적포도주, 다류에 다량 함유되어 있는 대표적인 떫은맛 성분이다. 떫은맛이 강하면 불쾌한 감각을 주지만 약하면 다른 맛 성분과 혼합하여 독특한 풍미를 형성한다. 다류의 떫은맛은 카테킨류(catechin), 밤 껍질은 엘라그산(ellagic acid), 커피는 클로로겐산(chlorogenic acid), 덜 익은 감은 시부올(shibuol)이 떫은맛의 주된 성분이다. 감과 같은 과일이 익어감에 따라 떫은맛이 줄어드는 것은 수용성 타닌이 산화되어 불용성 물질로 변하기 때문이다.

8) 아린맛

아린맛은 쓴맛과 떫은맛이 혼합되어 나타나는 불쾌한 맛으로서 토란, 우엉, 죽순, 고사리 등의 식품을 섭취할 때 경험할 수 있다. 이들 식품에서 검출되는 아린맛은 호모겐티스산(homogentisic acid)에 의한 것인데 물에 담가두면 대부분 제거할 수 있다.

단원정리

- 식품의 맛은 맛 물질과 혀에 존재하는 미각 수용체 사이의 상호 작용에 의해 감지되는 감각이다.
- 기존에 구성된 단맛, 쓴맛, 짠맛, 신맛의 4가지에 감칠맛을 추가하여 기본 맛을 5원미로 부른다.
- 맛 물질의 혼합이나 맛감각의 변화에 의하여 인체에서 느끼는 맛감각의 강도가 달라지거나 다른 맛으로 느껴질 수도 있다.
- 5원미 이외에 매운맛, 떫은맛, 아린맛은 맛 수용체에서 인식되는 것이 아니라 자율신경이나 혀의 점막 등 구강 내에서 복합적으로 느끼는 감각이다.

연습문제

1 다음 중 기본 맛(원미)에 해당하지 <u>않는</u> 것은?

① 단맛 ② 짠맛 ③ 신맛 ④ 매운맛

2 설탕에 소금을 조금 섞으면 단맛이 증가하는 현상은?

① 맛의 강화 현상 ② 맛의 상쇄 현상
③ 맛의 변조 현상 ④ 맛의 상승 현상

3 다음 중 유기산의 이름이 <u>잘못</u> 짝지어진 것은?

① 구연산-citric acid ② 젖산-acetic acid
③ 주석산-tartaric acid ④ 사과산-malic acid

4 다음 중 쓴맛 물질과 식품 소재의 연결이 <u>잘못된</u> 것은?

① 테오브로민-코코아 ② 나린진-감귤류
③ 후물론-양파 ④ 쿠쿠비타신-오이

5 다시마에서 분리되어 감칠맛을 내는 조미료로 널리 쓰이는 물질은?

6 원미의 3대 조건을 기재하시오.

정답

1 ④ **2** ① **3** ② **4** ③ **5** MSG(monosodium glutamate) **6** ① 다른 원미의 것과는 다른 맛 수용체 부위가 존재해야 한다. ② 맛의 질이 다른 원미의 것과 확연히 달라야 한다. ③ 여러 원미 물질을 혼합하더라도 그 맛을 나타낼 수 없어야 한다.

CHAPTER 12

식품의 냄새

식품의 냄새는 맛, 색, 조직감과 더불어 식품의 품질을 좌우하는 중요한 요소이다. 식품이 지닌 고유한 냄새 성분은 식품을 조리·가공하거나 보관하는 중에 좋은 느낌을 주는 향기(aroma)를 발산하기도 하고 불쾌감을 주는 이취나 악취를 발생하기도 한다. 냄새는 휘발성이 강한 다양한 화학 성분으로 이루어져 있는데, 각 성분의 과학적 특성을 이해하면 음식의 풍미를 개선하거나 품질 평가를 하는 데 있어 유용하게 활용할 수 있다.

이 장에서는 냄새를 인지하는 원리와 식품에 함유된 주요 냄새 성분에 대하여 살펴보기로 하자.

1. 냄새 감지

1) 후각 기관

사람의 후각은 비강 천정에 분포하는 후각 상피를 통해 작용하며, 후각 상피는 점막으로 덮인 후각 세포와 지지 세포로 구성되어 있다(그림12-1). 냄새 수용체 단백질은 후각 상피 말단의 후각 섬모에서 발현되며, 이 단백질에 의해 식품의 냄새 성분이 감지된다. 냄새 수용체 단백질은 외부 환경으로부터 보호될 수 있는 비강 상단의 상피조직에 위치하며, 이러한 특성으로 인해 냄새 수용체 단백질에 다다르는 냄새 성분의 농도는 외부 환경의 실제 농도에 비해 낮은 편이다. 제한된 양의 냄새 성분을 감지하기 위하여 각 비강에는 수백만 개의 냄새 수용체 단백질이 위치한다.

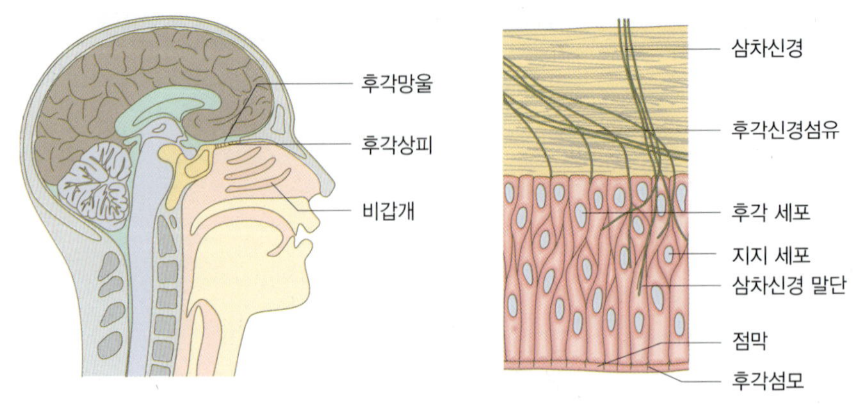

그림 12-1 • 후각 기관 및 후각 상피 구조

벅(Linda B. Buck)과 액셀(Richard Axel)은 냄새 수용체의 발견 및 냄새 감지 시스템 연구에 관한 공로로 2004년 노벨의학상을 공동 수상하기도 하였다. 인간 유전체 중 후각에 관련된 유전자는 약 1,000개 정도 알려져 있으며, 이는 단일 기능을 담당하는 유전자군 중 가장 규모가 크다.

2) 후각 생리

사람이 냄새를 느끼는 것은 휘발성을 나타내는 냄새 성분들이 코 안의 점막 세포에 녹아 들어가 후각 신경을 자극하기 때문이다. 지금까지 휘발성 냄새 성분으로 밝혀진 화합물은 5,000여 종이며, 이 중 대부분이 분자량 300 이하의 지용성 성분이다. 냄새 성분에 의한 자극은 식품의 맛을 느끼는 데에도 영향을 주기 때문에 냄새와 맛을 합해 식품의 향미(flavor)라고 표현하기도 한다. 이때 후각 세포를 흥분시켜 냄새를 감지하기 위해서는 냄새 물질이 일정 농도 이상 존재해야 하는데 냄새의 감지에 필요한 물질의 최소량을 역치(threshold value)라고 한다. 후각은 오감 중에서 가장 예민하여 가장 작은 양의 역치를 지니고 있다.

후각 신경은 다른 감각에 비하여 피로 현상이 쉽게 나타나기 때문에 같은 냄새를 계속 맡으면 쉽게 둔해지는 성질이 있다. 한편, 사람은 다른 동물에 비하여 후각 수용체를 적게 지니고 있어 냄새를 인지하는 능력이 비교적 떨어지는 것으로 알려져 있다.

사람의 냄새 인식에 관한 대표적인 메커니즘으로는 영국의 생화학자 존 아무어(John E. Amoore)가 제안한 입체화학설(stereochemical theory)이 있다. 이에 따르면 원취는 자극적인 향(pungent), 꽃향(floral), 사향(musky), 흙향(earthy), 미묘한 향(ethereal), 장뇌향(camphor), 박하향(peppermint), 에테르향(ether), 부패향(putrid)으로 구분된다.

2. 냄새 성분의 분류

냄새 성분의 종류는 대단히 많고 복잡하여 간단히 분류하기가 매우 어렵기 때문에 본 장에서는 화학적 구조에 따라서 구분하여 설명하고자 한다. 왜냐하면 일반적으로 냄새 성분이 지니고 있는 원자단의 종류 및 화학 구조는 그것이 나타내는 냄새에 큰 영향을 주기 때문이다.

1) 탄화수소

식물체를 수증기 증류할 때 포집되는 유성 물질을 정유(essential oil)라고 부르는데 정유에는 아이소프렌(isoprene)의 중합체인 터펜(terpene)류가 포함되어 있다. 이 중에서 주로 모노터펜과 세스퀴터펜류가 자극성의 향기 성분과 관련이 있다. 예를 들면 레몬의 리모넨(limonene), 쑥의 투존(thujone), 박하의 멘톨(menthol) 등이 대표적이다.

Tip

리모넨(limonene) – 거울상 이성질체

동일한 분자식, 분자량, 결합으로 물리·화학적 특징은 같지만, 한쪽 방향으로 진행하는 편광을 비출 때 물질을 통과한 빛의 회전 방향이 서로 다른 물질들을 광학이성질체라고 부른다. 광학이성질체 중 특히 거울 대칭 구조를 갖는 물질을 거울상 이성질체라고 한다.

아로마의 일종인 리모넨의 경우 D형은 레몬 혹은 오렌지 향을 내고, L형 이성질체는 소나무 향을 가지고 있다.

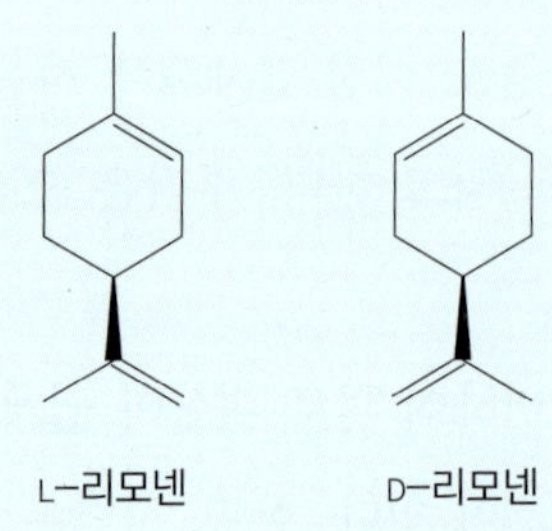

그림 12-2 • 리모넨 이성질체의 구조

2) 저분자 알코올

지방족 알코올류 중에서 탄소 10개 이하의 저분자 물질은 일반적으로 향기가 좋다. 이 중 탄소 5개 이하의 알코올은 채소, 과일, 청주 등의 향기 성분이며, 헥센올(hexenol)과 같이 불포화결합을 가지고 있는 알코올은 어린잎의 풋내 성분, 그리고 유제놀(eugenol)과 같은 방향족 알코올은 꽃향기의 주성분이다.

3) 알데하이드 및 케톤

알데하이드류는 일반적으로는 알코올에 비하여 불쾌한 냄새를 지니는 것이 많은 편이지만 시나믹알데하이드(cinnamic aldehyde, 계피)처럼 식품 소재의 고유한 특성을 부여하는 냄새 성분이 되기도 한다. 다이아세틸(diacetyl)이나 아세토인(acetoin)과 같은 케톤류는 버터나 발효된 유제품의 주된 향기 성분이다.

4) 에스터

에스터류는 카복실산과 알코올의 반응으로 생성되며, 저급지방산의 에스터류는 과일 향기 등과 같이 좋은 냄새를 지니는 것이 많다.

5) 황화합물

채소류나 향신료의 매운맛 성분이기도 한 휘발성 황화합물은 다량 함유하고 있을 때는 악취를 내지만 미량 함유하면 음식의 향기를 좋게 한다. 황화수소(H_2S), 싸이오알코올(R-SH, 머캅탄), 알킬싸이오설페이트(alkyl thiosulfate), 알킬아이소싸이오사이아네이트(alkylisothiocyanate) 등이 있다.

6) 질소화합물

질소화합물에는 일반적으로 어류 및 육류 등과 같은 동물성 식품의 냄새 성분이 많다. 동물성 식품의 부패취를 나타내는 암모니아(NH_3)나 아민(amine)류, 민물고기의 비린내 성분인 피페리딘(piperidine) 등이 있다.

3. 식물성 식품의 냄새

식물성 식품의 냄새 성분은 알코올, 에스터, 알데하이드, 케톤 및 황화합물이 주를 이루고 있다.

1) 채소의 냄새

엽채류의 냄새 성분은 주로 헥세놀(hexenol)과 같은 저분자의 불포화알코올류 또는 알데하이드류이며 파, 마늘 등은 유기 황화합물로서 알릴 설파이드(allyl sulfide), 알킬 머캅탄(alkyl mercaptan) 등이 함유되어 있다. 양배추나 무와 같은 채소는 아이소사이아네이트류를 함유하며, 날것 상태에서는 냄새가 비교적 약하지만 썰거나 다지는 과정에서 세포 조직이 파괴되면 특징적인 냄새가 강하게 발산된다. 이것은 황화합물이 분해되어 형성된 황화수소 등의 휘발성 황화합물을 형성하기 때문이다.

예를 들면 마늘의 알리네이스(alliinase)는 전구체인 알린(alliin)을 분해시키고 이후 중합 작용으로 알리신(allicin)으로 변화시킨다. 이때 작용하는 효소인 알리네이스는 열에 약하기 때문에 마늘에 열을 가하면 매운맛이 잘 발산되지 않는다. 따라서 음식을 조리할 때 마늘은 가능한 한 마지막에 넣어야 마늘의 고유한 맛과 향을 살릴 수 있다. 한편, 알리신은 불안정하여 쉽게 분해되며 다이설파이드나 싸이오설포네이트 등의 휘발성 황화합물을 형성하여 독특한 마늘의 냄새를 구성한다.

2) 과일의 냄새

과일의 향기는 그 과일의 특성이나 선도를 나타내는 중요 성분이다. 과일 향기는 주로 저급지방산의 에스터류와 방향족 알코올류가 주를 이룬다. 그러나 감귤류의 냄새 성분은 터펜 계통의 성분이 주를 이루고 있다.

3) 특정 식물성 식품의 냄새

커피의 냄새 성분은 가공 과정에서 생성되는 푸르푸릴알코올(furfuryl alcohol) 등이며, 후추, 겨자, 계피 등은 매운맛 성분과 동일하게 피페린(piperine), 차비신(chavicine), 알릴아이소싸이오사이아네이트(allyl isothiocyanate), 시나믹알데하이드, 유제놀(eugenol) 등이다. 터펜류로서는 박하의 멘톨(menthol), 미나리의 미르센(myrcene), 쑥의 투존(thujone) 등이 주요 냄새 성분이다.

4. 동물성 식품의 냄새

동물성 식품의 냄새 성분은 주로 휘발성 아미노화합물과 지방산 및 카보닐 화합물 등이다.

1) 어패류의 냄새

신선한 생선은 비린내가 없는 트라이메틸아민옥사이드(trimethylamine oxide, TMAO)를 함유하고 있는데 신선도가 떨어지면 TMAO가 효소 작용에 의해 환원되어 트라이메틸아민(trimethyl amine, TMA)을 형성함으로써 비린내가 나게 된다. 이때 생선을 우유에 잠시 담그거나 식초 또는 레몬즙을 뿌려주면 비린내 제거에 효과적인데 그 이유는 우유 단백질에 비린내가 흡착되거나 또는 산성인 식초나 레몬즙이 염기성인 트라이메틸아민을 중화시키기 때문이다.

민물고기가 바다 생선보다 훨씬 더 비린 이유는 아미노산인 라이신(lysine)이 분해되어 생성된 피페리딘, δ-아미노발레르알데하이드(δ-amino valeraldehyde), δ-아미노발레르산(δ-amino valeric acid) 등을 생성하기 때문이다.

갑각류 및 연체류 특유의 향은 비휘발성 성분의 비중이 크다. 산업적으로는 다양한 아미노산, 핵산 및 염이온을 조합하여 갑각류에서 발현하는 향미를 유사하게 구현할 수 있다.

Tip 트라이메틸아민(trimethylamine, TMA)과 암모니아

생선 100 g 중 TMA가 3 mg 이상 포함되면 냄새가 나기 시작하고, 30 mg 이상 존재하면 강한 비린내가 풍긴다. 특히 홍어, 가오리, 상어 등은 체내의 요소가 분해되어 생성되는 암모니아도 공존하여 강한 비린내를 가진다. TMA과 암모니아가 생선 표면의 점액에 주로 존재하고, 두 물질이 모두 수용성이라는 특성을 감안하여 재료 손질 시 물로 표면 및 점액을 잘 제거해 주어야 한다.

2) 축산물의 냄새

신선한 육류의 냄새는 아세트알데하이드에 의한 것인데 신선도가 저하되면 분해되어 암모니아, 메틸머캅탄(methyl mercaptan), 황화수소, 인돌(indole), 스카톨(skatol) 등이 생겨서 불쾌한 냄새가 난다. 육류를 가열 조리하는 과정에서 지방 성분의 산화로 형성된 카보닐 화합물, 알코올, 아세트산 등에 의해 가열취가 형성된다.

우유는 저급지방산인 프로피온산 및 뷰티르산(butyric acid), 메틸설파이드 등에 의해서 좋은 냄새를 유지하는데, 신선도가 떨어지면 유지방의 가수분해로 δ-아미노아세토

페논(δ-amino acetophenone) 등의 불쾌취를 형성한다. 유가공품인 버터의 독특한 향은 다이아세틸(diacetyl)과 아세토인(acetoin) 냄새에 의한 것이다.

5. 가공에 의한 향미 물질

가열 조리 및 가공식품은 식품의 원재료에 따라 다양한 향미 물질을 생성한다. 가장 대표적인 향미 물질 생성반응은 캐러멜 반응과 마이야르 반응이다.

1) 캐러멜 반응

설탕을 150~180°C로 가열하면 당 분자로부터 물 분자가 빠져 무수물을 형성하는 탈수반응이 진행된다. 그 결과 오탄당에서는 푸르푸랄(furfural)이 형성되고 육탄당에서는 5-하이드록시메틸푸르푸랄(5-hydroxymethylfurfural)이 형성되며, 캐러멜 향이 발생한다. 이 향에는 여러 가지 퓨란 유도체, 카보닐 화합물, 알코올, 각종 탄화수소 화합물이 포함되어 있다. 제과 공업 등에서는 캐러멜 향을 얻기 위해 당액을 가열하는데, 여기에서는 말톨(maltol), 아이소말톨(isomaltol), 락톤(lactone) 등이 생성된다.

Tip 커피 로스팅과 캐러멜 반응

커피의 향기 성분은 대부분 로스팅 과정을 통해 생성된다. 고온(170~230°C에서 10분 이상)과 고압(원두의 내부는 25기압에 이름)은 각종 화학반응을 촉발해 약 1,000가지에 이르는 다양한 휘발성 물질을 생성한다(원두의 휘발성 물질이 약 300종이며, 로스팅 과정을 통해 약 650종 정도가 새로 추가된다). 이 중 퓨란 유도체가 대다수이고, 이는 보통 설탕의 분해로 만들어지는 캐러멜의 느낌을 준다. 그리고 이 퓨란류 화합물이 황 함유 물질과 반응해 커피 특유의 풍미를 제공한다.

2) 마이야르 반응

마이야르 반응은 비효소적 갈변화의 일종으로, 캐러멜 반응이나 단백질 열분해와는 달리 고온뿐만 아니라 상온 혹은 냉장 온도에서도 서서히 일어나는 특성을 가져 조리, 증발, 가열, 건조 등 다양한 공정을 통해 일어난다. 환원당의 카보닐기와 아미노산의 아미노기의 반응을 시작으로 복합적인 단계를 거쳐 볶은 견과류, 구운 고기 향, 캐러멜 향, 탄내 등을 만든다. 마이야르 반응에 의해 생성되는 향미 물질은 헤테로고리 반응향 물질이며, 퓨란(furan), 피론(pyrone), 카보닐(carbonyl), 피롤(pyrrole), 피라진(pyrazine), 싸이아졸(thiazole) 등 다양하다. 지속적인 마이야르 반응을 위해서는 카보닐기를 제공할 환원당과 아미노기를 제공할 아미노산이 필요하다.

6. 발효에 의한 향미 물질

발효식품은 식품의 원재료 함유 성분이 효소에 의해 분해, 중합 및 신규 생성되며 특유의 향을 발산한다. 발효반응에 관여하는 효소는 대부분 미생물에서 유래하며, 발효를 거쳐 알코올, 알데하이드, 케톤, 유기산, 에스터 등이 생성된다. 가장 대표적인 향미 물질 생성반응은 장류 및 김치 제조 시 나타난다.

1) 장류의 향미 물질

된장, 간장, 청국장 등의 전통식, 개량식 장류를 생산할 때 원료에 함유된 지방질 및 발효과정 중 미생물 유래 효소에 의해 생성된 휘발성 성분이 특유의 향을 좌우한다. 된장의 경우 3-(메틸싸이오)프로판알[3-(methylthio)propanal], 2-메틸프로판알(2-methylpropanal) 등의 알데하이드를 비롯하여 2-메틸부탄산(2-methylbutyric acid), 3-메틸부탄-1-올(3-methylbutan-1-ol), 2,3-부탄다이온(2,3-butanedione) 등의 성분이 특유의 발효취, 고소한 향, 쿰쿰한 향을 내는 것으로 알려져 있다. 청국장의 경우 2-헥센알(2-hexenal), 부탄산(butyric acid), 2-퓨란메탄올(2-furanmethanol), 3-하이드록시부탄-2-온(3-hydroxybutan-2-one) 등이 주요 향미 성분이다.

2) 김치의 향미 물질

김치는 배추 또는 무 등을 소금에 절여서 고춧가루, 파, 마늘, 생강 등의 양념을 버무린 뒤 발효시킨 음식으로 우리나라 고유의 저장 식품이다. 숙성 초기에는 배추 또는 무, 양념 등 원재료 성분이 주요 향미 물질이며, 김치의 발효에 따라 냄새 성분에 많은 변화가 생긴다. 특히 미생물 발효에 따른 유기산이 김치의 냄새에 중요한 역할을 하는데, 주요 유기산은 휘발성 및 비휘발성으로 나눌 수 있다. 휘발성 유기산으로는 아세트산(acetic acid), 프로피온산(propionic acid), 부탄산(butyric acid) 등이 있으며, 비휘발성 유기산은 젖산(lactic acid), 석신산(succinic acid), 말산(malic acid), 시트르산(citric acid) 등이 있다.

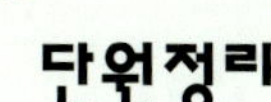

- 사람의 후각을 담당하는 후각 상피는 점막으로 덮인 후각 세포와 지지 세포로 구성되어 있으며, 후각 수용체를 통해 냄새 분자를 감지한다.
- 사람의 후각은 오감 중에서 가장 예민하여 가장 작은 양의 역치를 지니고 있지만, 다른 감각에 비하여 피로 현상이 쉽게 나타난다.
- 식품이 지니고 있는 고유한 냄새 성분은 좋은 느낌을 주는 향기를 발산하기도 하고 불쾌감을 주는 이취나 악취를 발생하기도 한다.
- 식물성 식품의 냄새 성분은 주로 알코올, 에스터, 알데하이드, 케톤 및 황화합물이 주를 이루고 있으며, 동물성 식품의 냄새 성분은 주로 휘발성 아미노화합물과 지방산 및 카보닐 화합물 등이다.
- 식품 원료가 고유하게 가진 냄새 성분뿐만 아니라 조리 등 가공 과정에서도 다양한 냄새 성분이 발생하여 최종적인 식품의 냄새에 영향을 미친다.
- 장류, 김치 등 식품의 발효 시에는 미생물 유래 효소에 의해 알코올, 알데하이드, 케톤, 유기산, 에스터 등이 생성된다.

연습문제

1 냄새 수용체 단백질은 사람의 어느 세포에 존재하는가?

① 후각 세포 ② 지지 세포 ③ 후각 신경 섬유 ④ 후각 섬모

2 후각 세포를 흥분시켜 냄새를 감지하기 위해서는 식품의 냄새 물질이 일정 농도 이상 존재해야 하는데, 냄새의 감지에 필요한 물질의 최소량을 무엇이라 하는가?

3 마늘의 알리네이스(alliinase)는 전구체인 알린(alliin)을 분해시켜 어떤 물질을 만들어 내는가?

4 다음 중 과일과 꽃의 주요 향기 성분은?

① 에스터류 ② 아민류 ③ 황화합물 ④ 터펜류

5 다음 중 생선의 비린내 성분은?

① 트라이메틸아민 ② 아세톤

③ 아세트알데하이드 ④ 뷰티르산

6 다음 중 버터의 독특한 냄새에 기여하는 성분을 모두 고르시오.

① 헥세놀 ② 트라이메틸아민 옥사이드

③ 다이아세틸 ④ 아세토인

7 가공에 의한 향미 물질 생성반응을 2가지 기재하시오.

정답

1 ④ 2 역치(threshold value) 3 알리신(allicin) 4 ① 5 ① 6 ③, ④ 7 캐러멜 반응, 마이야르 반응

CHAPTER 13

식품의 물성

식품의 물리적 상태(고체, 액체, 반고체 등)나 구조 등은 혀로 느끼는 촉감이나 씹히는 감각에 영향을 줌으로써 경우에 따라서는 식품의 기호성에 결정적인 영향을 미치게 된다. 이것은 식품이 지니고 있는 점성이나 탄성 또는 입자의 크기 등에 따라서 사람이 느끼는 감각이 달라지기 때문이다. 식품의 구조에서 유래한 물리적 특성 중에서 주로 촉감에 의해 느껴지는 특성을 텍스처(texture)라고 한다. 식품의 조성이나 구조는 물성을 결정하고, 식품의 물성은 텍스처에 영향을 미치기 때문에 두 가지를 명확하게 구분하여 설명하는 것은 쉽지 않다. 이 장에서는 식품이 지니고 있는 몇 가지 물리적인 특성과 텍스처에 관하여 개략적으로 살펴보고자 한다.

1. 식품의 교질성

교질(콜로이드colloid) 용액이란 1~1000 nm 정도의 작은 입자가 어떤 물질 속에 균일

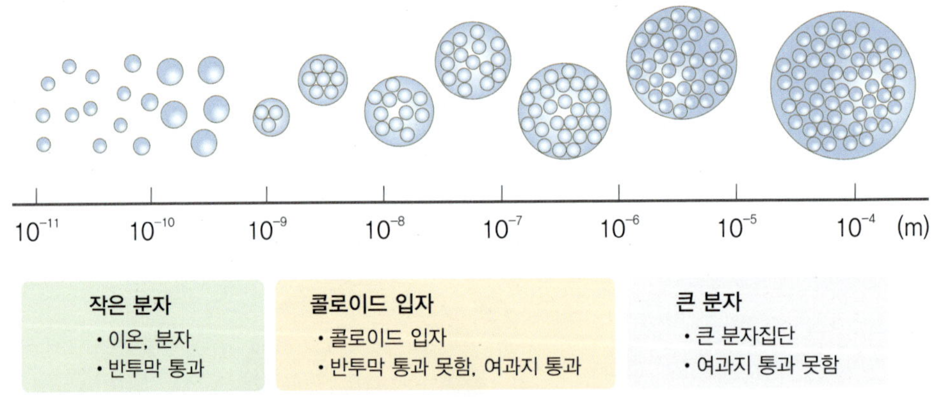

그림 13-1 • 콜로이드 입자의 크기

표 13-1 • 식품 콜로이드 분류

분산매	분산상	분산계	예
액체	액체	유탁액(emulsion)	우유, 마요네즈
	고체	졸(sol)	곰국, 한천 용액
		현탁액(suspension)	전분 용액, 된장국
	기체	거품(foam)	맥주, 탄산음료, 생크림
고체	액체	겔(gel)	두부, 묵, 잼
	기체	스폰지상(sponge)	카스텔라, 식빵

하게 분산되어 있는 상태를 말한다. 이때 교질 안에 분산되어 있는 입자를 분산질 또는 분산상이라고 하며, 입자를 분산시키고 있는 매체를 분산매라고 부른다.

1) 졸

식품에서 가장 많이 볼 수 있는 콜로이드는 액체 속에 액체(에멀션) 또는 액체 속에 고체(현탁액)가 분산되어 있는 형태인데 이와 같이 분산매가 액체이고 유동성을 지닌 콜로이드 상태를 일컬어서 졸(sol)이라고 한다. 따라서 넓은 의미로는 현탁액이나 에멀션도 졸에 포함하기도 한다. 예를 들면 우유, 된장국, 전분 용액, 한천 또는 젤라틴 용액, 수프 등이 졸 상태를 지니고 있는 물질이다.

2) 겔

한천 용액이나 젤라틴 용액을 냉각시키거나, 또는 수분을 증발시키면 교질 안의 분산매가 감소하면서 분산질 입자끼리 서로 접촉하여 유동성이 적은 반고체 상태가 된다.

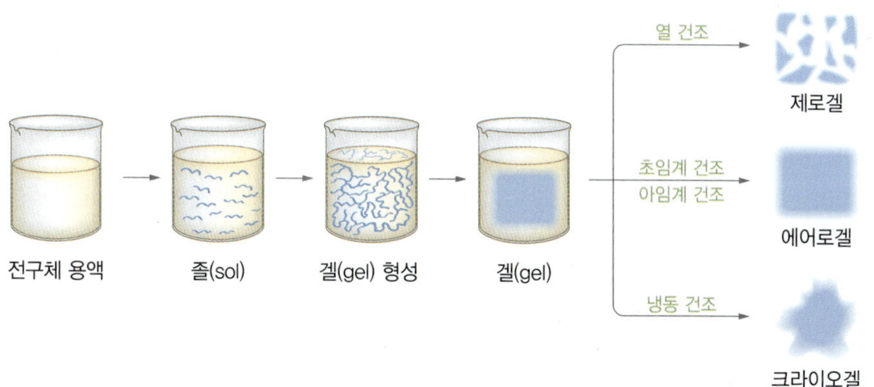

그림 13-2 • 졸과 겔 형성 과정

> Tip **손 소독제**
>
> 대표적인 알코올겔이며, 에탄올, 글리세린, 정제수 등을 적정한 비율로 섞어서 제조한다. 손 세정제 필수 제품으로 에탄올이 70%는 함유되어야 살균 효과가 좋다. 에탄올을 직접 피부에 바를 경우 에탄올이 증발하면서 손이 건조해질 수 있으므로 글리세린을 혼합하여 사용하면 손이 건조해지는 것을 예방할 수 있다.

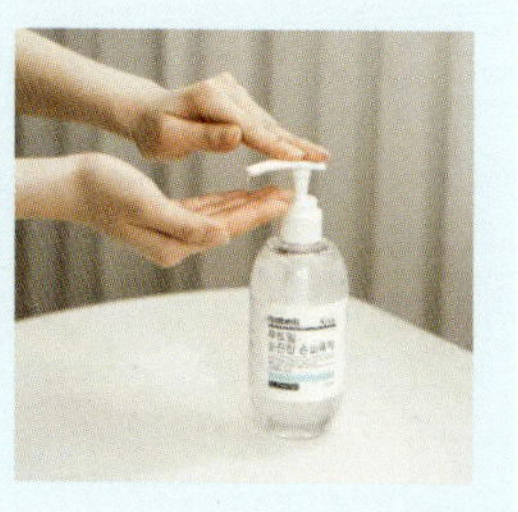

표 13-2 • 다양한 졸과 겔의 종류 및 특성

종류	특징
콜로이드(colloid)	• 분산된 물질이 1~1000 nm 정도로 매우 미세함 • 중력의 영향은 무시되고, 반데르발스 힘이나 표면 전하 등의 영향이 큰 상태의 부유물 형태를 이룸
졸(sol)	• 액체상에 고체 입자가 콜로이드 형태로 분산된 상태 • 기체에 입자가 콜로이드 상태로 분산된 것 : 에어로졸 • 입자가 액체이면 포그(fog), 고체이면 스모크(smoke) • 에멀션은 액체 방울이 또 다른 액체에 분산된 상태
겔(gel)	• 연속적인 골격 구조로 이루어진 액체를 함유하고 있는 고체 형태의 콜로이드 상태 • 분산 매체가 물 : 하이드로겔 또는 아쿠아겔 • 분산 매체가 알코올 : 알코올겔 • 분산 매체가 공기 : 에어로겔
에어로겔(aerogel)	• 기-액 계면이 존재하지 않는 임계온도, 임계압력 이상의 초임계(supercritical or hypercritical) 조건에서 겔 내의 액체를 제거한 상태
크라이오겔(cryogel)	• 용매를 진공 상태에서 고체로 냉동한 후 승화시켜서 건조하는 방법(freeze drying)으로 건조된 겔 • 건조 시의 물질 전달 속도는 초임계 건조 속도가 더 느림
제로겔(xerogel)	• 겔을 통상적인 가열 방법으로 건조하여 겔 내의 액체를 제거한 상태 • 건조 과정에서 기공 내 기-액 계면에서의 모세 압에 의하여 수축되어 겔의 기공 구조 변화가 일어나 결과적으로 표면적 및 기공 부피의 감소 발생 • 'xero'는 'dry'를 의미함

Tip **초임계 유체란?**

일반적으로 액체와 기체의 두 상태가 서로 분간할 수 없게 되는 임계 상태에서의 온도와 이때의 증기압을 임계점이라고 한다. 따라서 초임계 유체(supercritical fluid, SCF)란 임계압력 및 임계온도 이상의 조건을 갖는 상태에 있는 물질로 정의되며, 일반적인 액체나 기체와는 다른 고유의 특성을 가진다.

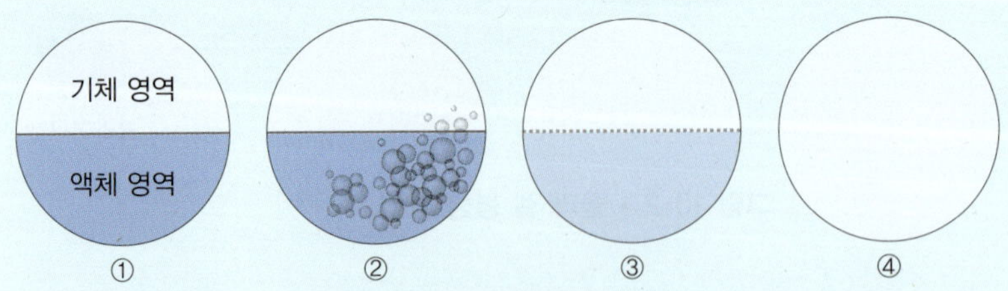

① 내부 온도와 압력이 높지 않으면 이산화탄소는 액체(아래)와 기체가 뚜렷한 경계를 가진다.
② 온도와 압력을 높이면 이산화탄소가 끓기 시작한다.
③ 온도와 압력이 계속 높아지면 액체와 기체의 경계가 사라지기 시작한다.
④ 온도와 압력이 임계점을 넘어서면 초임계 상태가 되어 경계가 사라진다.

그림 13-3 • 초임계 이산화탄소 생성 과정

자료 : 영국 노팅엄대학교

대표적인 식품으로는 잼, 젤리, 어묵, 두부, 묵 등이 있는데 이와 같은 콜로이드를 겔(gel)이라고 한다.

그림 13-2에 형성되는 다양한 졸과 겔은 표 13-2와 같은 특징을 가지고 있다.

2. 콜로이드의 성질

분산질의 크기가 매우 작은 소금물이나 설탕물과 같은 용액을 진용액이라고 하는데, 입자의 크기가 진용액보다 큰 콜로이드 용액은 진용액에서는 관찰되지 않는 다음과 같은 독특한 성질을 나타낸다.

1) 브라운 운동

콜로이드 용액 안에 있는 작은 입자들이 부유하면서 불규칙적으로 움직이는 현상을 브라운 운동이라고 한다. 브라운 운동은 졸 안에 떠돌아다니는 입자가 그림 13-4와 같이 분산매인 물 분자와 충돌하여 발생하는 현상인데 브라운 운동 덕분에 콜로이드 입자는 크기가 작지 않음에도 불구하고 중력에 의해 침전하지 않고 물속에 분산될 수 있는 것이다.

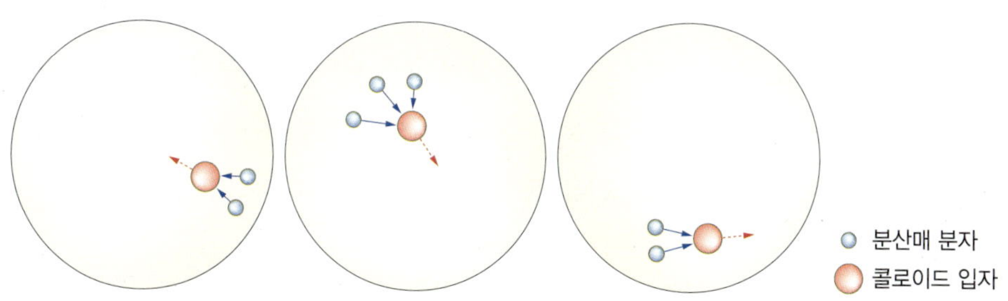

그림 13-4 • 콜로이드 입자의 브라운 운동

2) 반투성

그림 13-5와 같이 셀로판 막이나 생체막은 작은 분자는 쉽게 통과시키지만 콜로이드 입자와 같이 큰 분자는 통과시키지 못한다. 이처럼 일부 성분만 선택적으로 통과시키는 막을 반투막이라고 하며, 반투막의 성질을 반투성이라고 부른다. 식품 조직이 살아

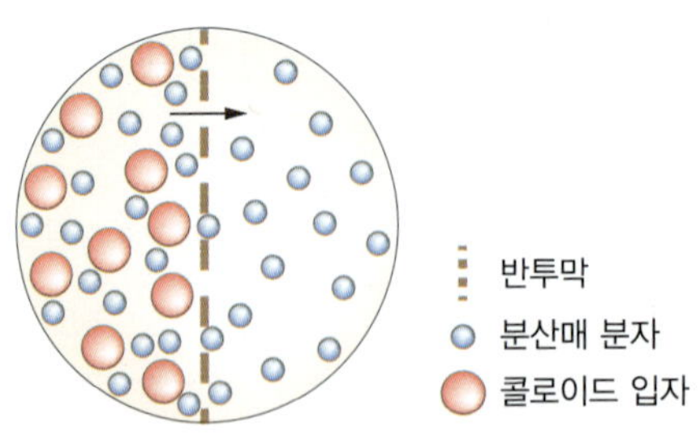

그림 13-5 • 콜로이드의 반투막 투과

있을 때는 원형질막이 반투성을 지니고 있지만 조리 또는 가공에 의하여 파괴되면 반투성이 사라지고 내용물이 녹아 나오는 것을 관찰할 수 있다.

3) 유화

용해성이 달라서 서로 섞이지 않는 액체 상태의 분산매와 분산질을 안정되게 분산시키는 조작을 유화(emulsification)라고 하며, 유화 조작으로 만들어진 콜로이드를 유탁액(emulsion)이라고 부른다. 이때 성질이 달라서 섞이지 않는 두 액체가 섞이도록 하려면 양쪽 액체에 모두 친화성을 지니고 있는 유화제(emulsifier)의 도움이 필요하다. 예를 들면 마요네즈를 제조할 때 첨가하는 난황 속에는 인지질 계통의 레시틴(lecithin)이 기름과 물의 계면에 분포하여 양쪽 성분이 섞여 있을 수 있도록 도와준다. 식품의 조리·가공에 사용되는 천연물 유화 성분으로는 인지질(레시틴), 단백질, 친수콜로이드(아라비아검 등), 사포닌 등이 있으며, 합성 유화제로는 모노글리세라이드 또는 다이글리세라이드와 이들의 에스터류, 당의 지방산 에스터류 등이 있다.

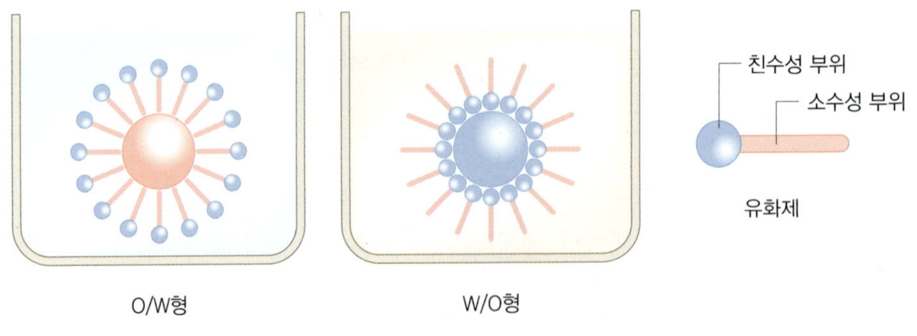

그림 13-6 • 유탁액의 형태

유탁액의 형태는 그림 13-6과 같이 우유, 마요네즈, 아이스크림 등과 같이 물속에 기름이 분산되어 있는 수중유적형(oil in water, O/W)과 반대로 버터나 마가린과 같이 기름 중에 물이 분산되어 있는 유중수적형(water in oil, W/O)의 두 가지 형태로 구분한다.

4) 거품

맥주, 탄산음료, 아이스크림 등과 같이 액체에 기체가 분산되어 있는 형태인 거품(foam)은 식품을 섭취할 때 입 안의 촉감에 큰 영향을 미친다. 안정된 거품을 형성하기 위해서는 액체와 기체의 경계면에 흡착막을 형성하여 안정된 분산상을 유지시켜 줄 수 있는 기포제가 필요하다. 예를 들면 맥주 거품이 형성될 때는 단백질과 호프의 수지 성분이, 스펀지케이크에서는 난백 단백질이 거품을 내는 기포제 역할을 한다. 반대로 조리·가공 과정에서 거품을 제거할 필요가 있는 경우에는 소포제로서 유지, 지방산 에스터, 실리콘, 알코올 등을 사용한다.

5) 흡착

콜로이드 입자는 표면적이 큰 까닭에 다른 물질을 흡착하는 성질이 있다. 예를 들면 국물요리를 할 때 달걀을 풀어 넣으면 달걀이 응고하면서 이물질을 흡착하여 탁했던 국물이 맑아지는 현상을 관찰할 수 있다.

6) 응결과 염석

소수성 졸에 소량의 전해질을 넣으면 콜로이드 입자가 침전하는 현상이 일어나는데 이를 응결(coagulation)이라고 한다.

그림 13-7 • 응결과 염석

친수성 콜로이드 용액에 다량의 전해질을 첨가하면 콜로이드 입자가 침전하는 현상이 나타나는데 이러한 현상을 염석(salting out)이라고 한다. 이 현상은 전해질이 친수성 콜로이드를 둘러싸고 있던 물 분자를 끌어감으로써 콜로이드 입자가 불안정해져서 서로 결합하여 침전을 형성하는 것이다.

7) 틴들 현상

틴들 현상(Tyndall phenomenon)은 빛이 지나가는 방향의 직각이 되는 곳에서 빛이 지나가는 부분이 뿌옇게 보이는 현상으로 콜로이드 입자에 의해 빛이 회절, 산란되기 때문이다. 틴들 현상으로 인해 콜로이드 용액이 탁하게 보이며, 콜로이드 입자가 일정한 크기를 가지고 있을 때 혼탁도가 최대로 된다.

3. 식품의 물성

물성(rheology)은 물체의 변형과 유동(흐름)에 관한 과학이다. 식품에 힘을 가했을 때 발생하는 변형과 흐름에 관련된 물리적 성질 중에서 점성, 탄성, 소성, 점탄성 등에 대해 살펴보기로 하겠다.

1) 점성

물은 잘 흐르는 데 비하여 물엿은 잘 흘러내리지 않는다. 이것은 흐름에 대한 저항이

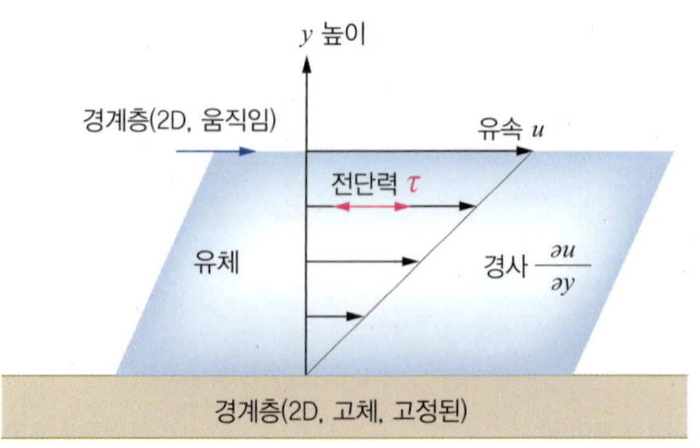

그림 13-8 • 전단력과 유체의 흐름

다르기 때문인데 이와 같은 성질을 점성(viscosity)이라고 부른다. 액체가 나타내는 점성은 온도와 압력에 의해 많은 영향을 받는데 일반적으로 온도가 높을수록 감소하고 압력이 높을수록 증가하는 성질을 나타낸다.

점성은 전단 응력에 기인하는데, 전단 응력은 재료가 그림 13-8과 같이 전단력을 받을 때 이에 저항하여 생기는 응력이다. 속도가 빠른 부분의 액체 분자가 느린 부분으로 들어오면 운동량이 생겨 그 부분이 가속되고 역으로 느린 부분에서 빠른 부분으로 들어온 분자는 그 속에서의 속도를 줄이게 되는데 이것이 점성의 원인이 된다.

표 13-3은 다양한 성분의 유체 점성을 나타낸다. 그중 녹은 초콜릿, 케첩, 땅콩버터 및 쇼트닝은 비뉴턴 유체이고, 나머지는 뉴턴 유체이다. 뉴턴 유체는 전단 응력과 전단 변형률의 관계가 선형적인 관계이며, 그 관계 곡선이 원점을 지나는 유체를 정의한다.

표 13-3 • 다양한 성분의 유체 점성

유체	점성[Pa·s]	점성[cP]
벌꿀	2~10	2,000~10,000
당밀	5~10	5,000~10,000
녹은 유리	10~1,000	10,000~1,000,000
초콜릿시럽	10~25	10,000~25,000
녹은 초콜릿*	45~130	45,000~130,000
케첩*	50~100	50,000~100,000
땅콩버터*	250	250,000
쇼트닝*	250	250,000

* 비뉴턴 유체

Tip **비뉴턴 유체**

비뉴턴 유체(non-Newtonian fluid)는 뉴턴의 점성 법칙, 응력과 무관한, 즉 일정한 점도를 따르지 않는 유체이다. 비뉴턴 유체에서 점도는 힘이 가해지는 정도에 의해 더 액체 또는 더 고체로 변할 수 있다. 예를 들어 비뉴턴 유체인 토마토케첩은 흔들릴 때 더 잘 움직인다. 많은 소금 용액과 용융된 폴리머, 그리고 녹아내린 초콜릿 등은 꿀, 치약, 전분 현탁액, 페인트, 혈액 및 샴푸와 같이 우리 주변에서 흔히 볼 수 있는 물건들과 마찬가지로 비뉴턴성 액체이다. 이러한 의미에서 비뉴턴 유체는 전단 응력이 변형률에 직접적으로 비례하지 않는 유체이다.

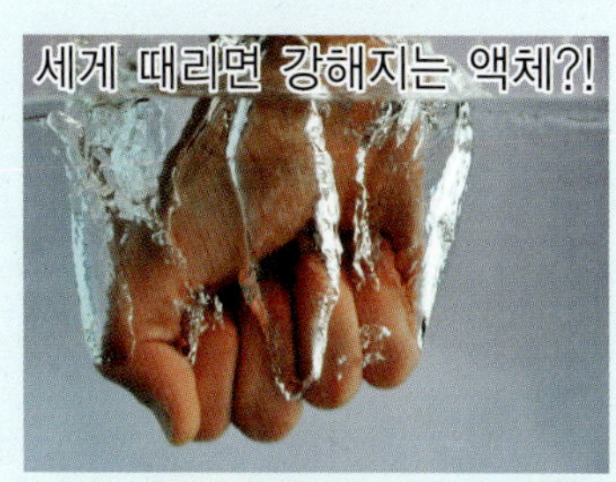

그림 13-9 • 비뉴턴 액체의 특징

2) 탄성

한천 겔이나 묵 등과 같은 고체 식품에 힘을 주면 일시적으로 변형되었다가 본래의 상태로 되돌아가는 성질을 나타내는데 이러한 성질을 탄성(elasticity)이라고 부른다. 물체가 탄성을 가지는 이유는 물체를 구성하는 분자나 원자들이 평균적으로 일정한 거리를 유지하려는 성질이 있기 때문이다. 이러한 힘은 본질적으로 원자를 구성하는 핵과 전자들이 가진 전기력 때문에 생겨난다. 화학적 결합으로 고체가 된 탄성체에 외부에서 당기는 힘이 가해지면 두 원자 사이의 거리가 처음보다 멀어진다. 그러면 원래의 화학적 결합 상태를 유지하려는 작용 때문에 두 원자는 다시 원래 상태로 가까워지려고 한다. 반대로 압축하려는 힘이 가해지면 두 원자 사이의 거리가 처음보다 더 가까워진다. 그러면 두 원자 사이의 반발력이 증가하여 다시 멀어지려고 한다. 이러한 작용들 때문에 대부분 물체들은 크기는 다르지만, 어느 정도의 탄성을 가지게 된다. 그러나 외부의 힘이 너무 커서 이러한 결합 상태를 파괴할 정도가 되면 물체는 탄성 한계를 넘어서서 완전히 변형된다.

3) 소성

식품에서의 탄성은 고체 식품에 힘을 주면 다시 원상태로 돌아가려는 성질을 가지나 이 힘의 크기가 한계를 넘게 되면 힘을 없애더라도 제자리로 돌아오지 못하는 상태로 변형이 된다. 이때의 한계를 항복치라고 하고, 이처럼 돌아오지 못하는 성질을 소성(plasticity)이라고 부른다.

버터, 마가린, 생크림 등에 힘을 가하여 형태가 변형된 후 원상태로 돌아가지 않는 것이 소성에 의한 것이다.

4) 점탄성

점탄성은 외부의 힘으로 물체가 점성 유동과 탄성 변형을 동시에 나타내는 복잡한 성질을 말한다. 밀가루 반죽, 젤리, 껌 등과 같이 힘을 가했을 때 탄성과 점성이 동시에 작용하는 성질의 것을 점탄성(viscoelasticity)이라고 부른다.

한편, 점탄성은 온도 및 시간 변화 등과 관계가 있다. 즉 막대기 모양의 엿은 기온이 낮을 때는 구부리려면 부러지지만, 온도가 높으면 분명한 점탄성을 나타낸다. 그리고 구부리는 속도를 빨리하면 부러지나 천천히 구부리면 부러지지 않고 원하는 대로 구부러진다.

점탄성체는 다음과 같은 여러 가지 복잡한 성질을 가지고 있다.

(1) 예사성

달걀흰자나 나토 세균(*Bacillus natto*)으로 만든 청국장 등에 젓가락을 넣었다가 당겨 올리면 점액질이 실을 빼는 것과 같이 늘어나는데, 이 성질을 예사성(spinability)이라고 한다.

(2) 바이센베르크의 효과

가당연유 속에 젓가락을 세워서 회전시키면 연유가 젓가락을 따라 올라가는데, 이와 같은 현상을 바이센베르크 효과(Weissenberg effect)라고 한다. 이것은 액체에 회전 운동을 부여하였을 때 흐름과 직각 방향으로 현저한 압력이 생겨서 나타나는 현상이며, 액체의 탄성에 기인하는 것으로 생각된다.

(3) 경점성

점탄성을 나타내는 식품의 견고성을 경점성(consistency)이라고 한다. 반죽 또는 떡의 경점성은 패리노그래프(farinograph) 등을 사용하여 측정한다.

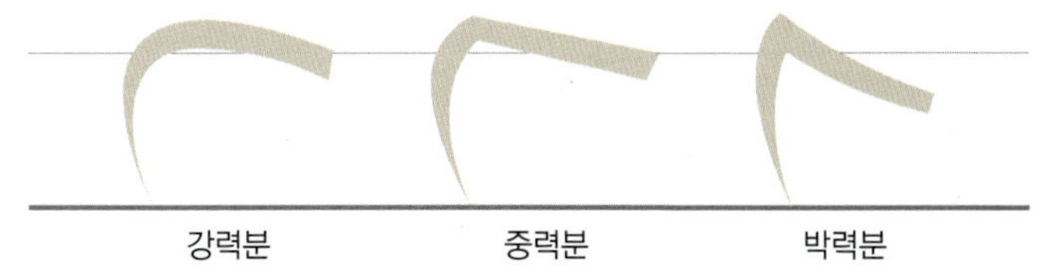

그림 13-10 • 밀가루 종류별 패리노그램

(4) 신전성

국수 반죽과 같이 대체로 고체를 이루고 있으며, 막대상 또는 긴 끈 모양으로 늘어나는 성질을 신전성(extensibility)이라고 한다. 신전성은 인장시험으로 알 수 있으나 실제

Tip 패리노그래프(farinograph)

일정한 온도에서 반죽을 교반하면서 반죽의 가소성(plasticity), 움직임(mobility)을 측정하는 기기이다.

여기서 얻어지는 패리노그램은 반죽이 일정한 굳기를 얻기까지 필요로 하는 수분량(흡수율)과 반죽의 특성을 나타낸다. 패리노그래프는 50 g 또는 300 g용 믹싱볼을 사용하여 반죽의 굳기가 500 BU(Brabender Units)에 도달하도록 물을 더하고 여러 측정치를 시간(분) 또는 BU로 표시한다. 그 결과를 통해 밀가루 타입과 반죽하는 동안에 나타난 특성 등을 검토한다.

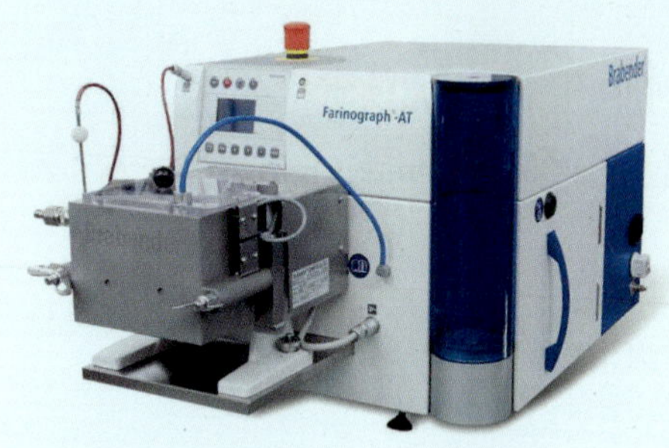

그림 13-11(A) • 밀가루 반죽의 변형과 흐름을 측정하는 패리노그래프

자료 : By Brabender-Brabender GmbH, CC BY-SA 3.0, https://commons.wikimedia.org/w/index.php?curid=32602029

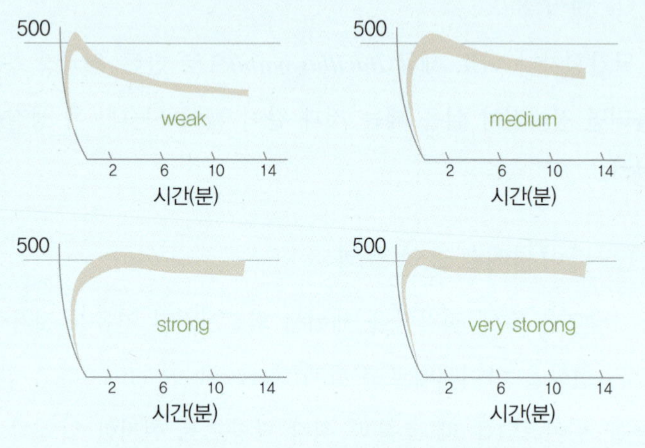

그림 13-11(B) • 패리노그램의 다양한 측정 형태

로는 그림 13-12와 같이 엑스텐소그래프(extensograph) 등을 사용하여 측정 및 예측할 수 있다.

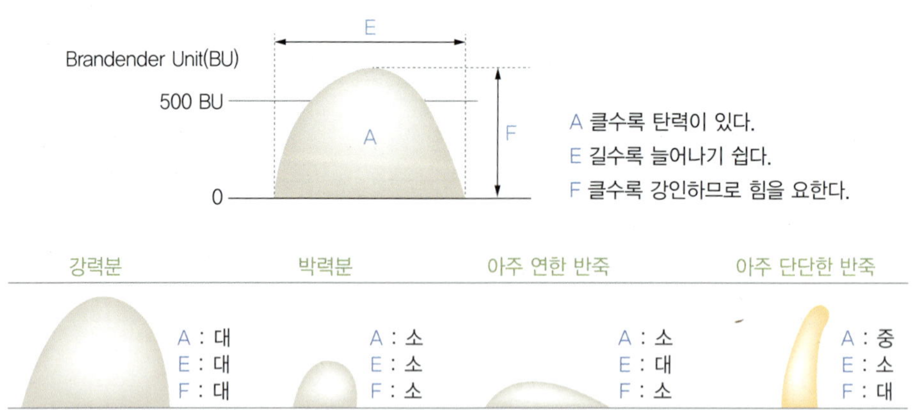

그림 13-12 • 각종 밀가루의 엑스텐소그램

Tip 엑스텐소그래프(extensograph)

밀가루 반죽을 일정 속도로 늘어나게 할 때 저항력을 측정하는 시험기기이다. 기록계에는 늘어난 거리에 대한 저항의 관계가 나타난다. 밀가루의 종류나 밀가루 반죽을 완성하고 난 후의 숙성의 정도에 따라 저항은 변화한다.

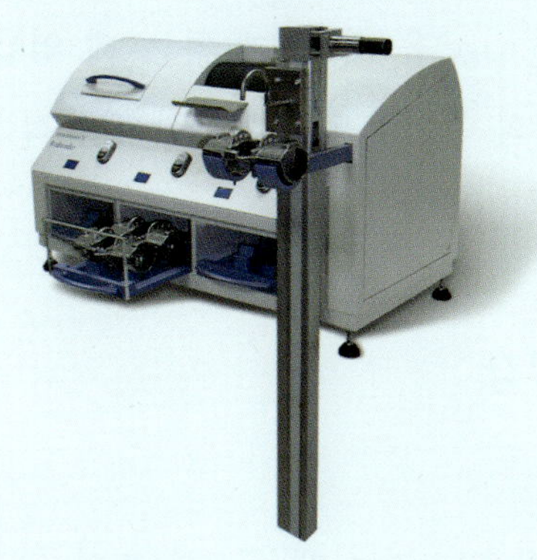

그림 13-13 • 밀가루 반죽의 저항력을 측정하는 엑스텐소그래프
자료 : By Brabender-Brabender GmbH, Duisburg, CC BY-SA 3.0, https://commons.wikimedia.org/w/index.php?curid=32618389

품질 관리(quality control)

모든 공장에서 생산되는 제품은 소비자에게 같은 경험을 제공하기 위해서 일정 수준의 품질 관리가 필요하다. 작은 규모의 제과점에서는 숙련된 제과제빵사(patissier)가 본인의 기법을 통해 일정 수준의 품질 관리가 가능하지만, 대량 제품을 생산하기 위한 공정에서는 많은 제과제빵사 또는 자동화된 기계로 동등한 품질의 제품을 만들어야 하므로 품질 관리 지표를 객관화하여 평가하고 관리해야 한다.

품질 관리를 통해 오늘 생산한 제품과 내일 생산되는 제품의 품질을 최대한 동일하게 유지할 수 있고, 고객에게도 같은 경험을 제공할 수 있다. 예를 들면 빵 풍미를 위해서는 재료 관리, 재료의 배합비, 온도 관리 등이 우선되어야 하며, 손의 촉각이나 입 안에서 느껴지는 조직감을 위해 다음과 같은 3단계의 물성 측정 지표가 필요하다.

표 13-4 • 빵 제조 3단계별 물성 해석

	1단계	2단계	3단계
기능	반죽의 혼합	발효 및 숙성에 의한 반죽의 구조적 변화	오븐 내에서 빵의 호화
측정 방법	패리노그래프	엑스텐소그래프	아밀로그래프
그래프 모양			
수집 가능한 밀가루 특성 자료	흡수율 안정도 반죽 시간 반죽 저항도 연화도	저항도 신장도	오븐 내에서 호화 특성

4. 식품의 조직감

식품의 조직감(texture)은 식품을 입에 넣었을 때나 씹을 때 혀와 입 안에서의 촉감, 시각이나 청각 등을 통해 느껴지고 평가되는 물리적 특성이다. 식품 품질의 관점에서 조직감은 소비자들에게 식품의 형상(image)을 떠올리게 하는 데 영향을 주므로 매우 중요하다. 식품의 조직감 측정은 사람의 주관적 관점에 의한 관능적 평가와 객관적인 기계적 특성 평가로 이루어진다.

1) 기계적 특성에 속하는 조직감

(1) 견고성

견고성(굳기, hardness)은 일정 변형을 일으키는 데 필요한 힘의 크기이며, 관능평가 방법으로 어금니 사이 혹은 혀와 입천장 사이에 놓고 눌렀을 때 드는 힘의 크기를 측정한다.

(2) 응집성

응집성(cohesiveness)은 어떤 물체를 형성하는 내부 결합력의 크기를 말한다. 관능평가 방법으로 직접 감지되기 어려우며, 다음과 같은 이차적인 특성으로 나타난다.

① 파쇄성

파쇄성(brittleness)은 견고성과 응집성에 영향 받는 이차 특성이며, 관능평가 방법으로 어금니 사이에 놓고 깨어질 때까지 필요한 힘의 크기와 눌리는 정도를 측정하며, 힘의 크기와 눌리는 정도가 작을수록 깨어지는 성질이 큰 것을 의미한다. 언어적 표현으로 바삭바삭, 아삭아삭, 푸슬푸슬 등으로 나타내기도 한다.

② 저작성

저작성(chewiness)은 고체 식품을 삼킬 수 있을 때까지 씹는 데 필요한 일의 양이다. 견고성, 응집성 및 탄성력에 의해 영향 받고, 관능평가 방법으로 일정 크기의 시료를 일정한 힘과 속도로 삼킬 수 있을 때까지 씹는 횟수를 측정한다. 씹는 횟수가 많을수록 씹히는 성질이 크다고 평가한다. 언어적 표현으로 연한, 쫄깃쫄깃한, 질긴 등으로 나타내기도 한다.

③ 점착성

점착성(gumminess)은 반고체 식품을 부서뜨리는 데 필요한 일의 크기이며, 견고성과 응집성에 영향을 받는다. 관능평가 방법으로 반고체 식품을 혀와 입천장 사이에 놓고 비벼보았을 때 부서지기까지 필요한 힘의 크기로 측정하며, 비벼대는 힘이 많이 들수록 뭉치는 성질이 크다고 볼 수 있다. 언어적 표현으로 파삭파삭한, 푸석푸석한, 존득존득한, 껌 같은 등으로 표현한다.

(3) 점성

점성(viscosity)은 흐름에 대한 저항의 크기로, 일반적으로 점조도(consistency)를 의미한다. 관능평가 방법으로 숟가락에 액체 물질을 떠서 입에 대고 빨아들이는 데 필요한 힘의 크기를 측정한다.

(4) 탄력성

탄력성(springiness)은 물체가 주어진 힘으로 변형되었다가 그 힘이 제거될 때 다시 복귀되는 정도를 나타낸다. 관능평가 방법으로 어금니 사이 혹은 입천장과 혀 사이에 놓고 완전히 깨어지지 않을 정도로 눌렀다가 떼었을 때 복귀되는 속도와 정도에 의해 측정한다.

(5) 부착성

부착성(adhesiveness)은 식품의 표면이 접촉부 위에 달라붙는 힘을 극복하는 데 필요한 일의 양을 의미한다. 관능평가 방법으로 혀로 입천장에 눌러 붙인 다음 다시 혀로 떼어내는 데 필요한 힘의 크기를 측정한다.

2) 기하학적 특성에 의한 조직감 요소

(1) 입자의 크기와 형태에 따른 구분

분말상(밀가루, 콩가루 등), 모래 같은(배의 석세포), 거칠은(콩떡, 시루떡), 응어리진(백설기, 팥죽 등) 그리고 구슬 같은(명란젓, 연어알 등) 등으로 나눌 수 있다.

(2) 입자의 형태와 배열에 따른 구분

박편상(북어 박편), 섬유질상(시래기, 김치 등), 기포상(아이스크림, 밀크셰이크 등), 팽화(쌀튀기 등) 그리고 결정상(소금, 설탕) 등으로 나눌 수 있다.

3) 기타 특성

기타 특성으로는 수분함량/지방함량의 형태, 흡수되거나 방출되는 양 등으로 나눌 수 있다. 습기 있는, 질퍽질퍽한, 기름기 있는 미끈미끈한 등으로 나타낸다. 육즙의 경우에는 반출 수분의 양이 중요하고, 케이크는 함유 수분량이 중요한 요소이다.

4) 조직감의 감지 순서

(1) 셔먼의 조직감 묘사법

맛이나 냄새와 달리 조직감은 감지 순서가 존재한다. 그중 셔먼(Sherman)의 조직감 묘사법은 다음과 같은 순서를 따른다.

Tip 맛은 무엇인가?

맛은 혀에 느껴지는 감각으로 구분하기는 하나 코에 의해서 느껴지는 풍미도 함께 존재한다. 우선 그것으로 맛을 표현할 수 있지만 '이 음식 맛있다'의 맛을 표현하기에는 부족하다.

음료 이외의 여러분이 좋아하는 어떠한 맛을 상상해 보자. 나는 개인적으로 소갈비를 좋아하지만 갈아 만든 소갈비는 싫을 것 같다. 늙어서 치아가 빠져서 어쩔 수 없이 못 먹는다고 해도 갈아 만든 갈비는 먹지 않을 것이다. 여러분들도 자신이 좋아하는 식품을 머릿속으로 분쇄해서 한번 가상으로 먹는 상상을 해 보라. 딱히 좋은 느낌은 아닐 것이다.

모든 식품은 지방, 탄수화물, 단백질, 비타민, 미네랄로 구성되어 있으며, 현 시대의 우리는 이 모든 것을 충분히 합성해 낼 수 있다. 이러한 새로운 트렌드로 그린 푸드의 카테고리가 만들어지고 있고, 대표적으로 식물성 원료로 만든 대체육 시장이 활발히 조성되고 있다. 기존 육고기의 기준과 동등한 영양 성분이 맞춰져 있고, 이는 현재 햄버거 패티 분야에서 활용되고 있다. 하지만 조직감이 있는 갈비와 같은 대체육은 아직 존재하지 않는다. 물론 영양 성분은 충분히 맞출 수 있지만 그 특유의 씹는 맛이 없으면 그건 갈비가 아니기 때문이다.

따라서 식품에서 물성 및 텍스처는 매우 중요한 맛의 핵심 요소이다. 이러한 물성 및 텍스처를 임의로 만들어 낼 수 있는 기술이 있다면 식품 업계의 새로운 혁명을 만들어 낼 수 있을 것이다.

그림 13-14 • 비욘드미트의 식물성 고기 제품

① 입에 넣기 전 최초의 감촉

- 외관, 잘리는 성질 등 시각에서 느끼는 성질

② 입속에서 느끼는 최초의 감촉

- 일차 특성 : 화학 성분 조성, 입자 형태 크기에 의한 성질
- 이차 특성 : 탄력성, 점성, 응집성 등 작은 외부 힘에 작용하는 요소

③ 씹는 과정에서 느껴지는 조직감

- 삼차 특성 : 비교적 큰 외부 힘으로 표현되는 기계적 성질, 삼키는 동작에서의 성질 등

5) 조직감의 정량적 표현

이러한 조직감을 정량적으로 표현하기에는 측정하고자 하는 대상 식품뿐 아니라 주변 환경 요소 변화 등의 관여 요소가 많이 존재한다. 따라서 체계적인 규명이 쉽지 않지만 최대한 객관화하기 위해서 식품 종류에 따라 몇 가지 중요 지표를 선정하고, 관능적, 기계적으로 측정하고 수치화하며, 표 13-5와 같이 종합적인 조직감으로 묘사하여 기록한다.

표 13-5 • 밥의 조직감

조직감 특성	묘사 용어
단단함	굳은, 무른
씹히는 성질	쫄깃
탄력성	말랑
접착성	차지다, 푸설푸설하다
입자 크기와 형태	부드럽다
수분함량	질다, 되다
지방함량	기름이 잘잘 흐른다

Tip **물성분석기(texture analyzer)**

압축·인장 등 여러 가지 시험 방식을 적용하여 가공식품, 육류, 농산물, 제빵, 과일 등 다양한 식품의 물성을 측정하여 분석하는 장비이다.

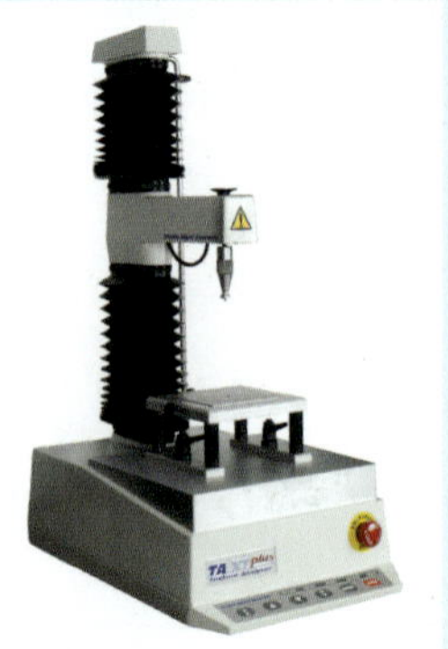

그림 13-15 • 식품의 물성을 분석하는 texture analyzer

자료 : By Mireia.sabat-Own work, CC BY-SA 4.0, https://commons.wikimedia.org/w/index.php?curid=74735661

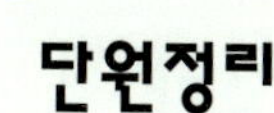

- 교질(콜로이드colloid) 용액이란 1~1000 nm 정도의 작은 입자가 어떤 물질 속에 균일하게 분산되어 있는 상태이다.
- 식품 콜로이드는 유탁액이나 현탁액과 같은 졸, 잼이나 젤리와 같은 겔 형태로 나누어진다.
- 겔의 대표적인 식품은 잼, 젤리, 어묵, 두부, 묵 등이다.
- 콜로이드의 성질로는 브라운 운동, 반투성, 유화, 거품, 흡착, 응결과 염석, 틴들 현상 등이 있다.
- 전해질을 첨가하면 소수성 콜로이드는 엉김이, 친수성 콜로이드에는 염석 현상이 일어난다.
- 식품이 지니고 있는 점성, 탄성, 소성, 점탄성 등의 물성은 식품의 가공 적성과 기호성에 영향을 미치게 된다.
- 뉴턴 유체는 전단 응력과 전단 변형률의 관계가 선형적인 관계를 맺게 되나, 비뉴턴 유체는 뉴턴의 점성 법칙, 응력과 무관한, 즉 일정한 점도를 따르지 않는 유체이다.
- 비뉴턴 유체에서 점도는 힘이 가해지는 정도에 의해 더 액체 또는 더 고체로 변할 수 있다.
- 점탄성체는 예사성, 바이센베르크의 효과, 경점성, 신전성과 같은 여러 가지 복잡한 성질을 가지고 있다.
- 식품의 구조에서 유래한 물리적 특성 중에서 주로 촉감에 의해 느껴지는 특성을 조직감(texture)이라고 한다.
- 기계적 특성에 속하는 조직감으로는 견고성(hardness), 응집성(cohesiveness), 점성(viscosity), 탄력성(springiness), 부착성(adhesiveness) 등이 있다.
- 조직감을 정량적으로 표현하기에는 측정하고자 하는 대상 식품뿐 아니라 주변 환경 요소 변화 등의 고려할 요소가 많이 존재한다.

연습문제

1 외부의 힘에 의하여 변형된 물체가 그 힘을 제거해도 원상태로 되돌아가지 않는 성질을 무엇이라 하는가?

2 다음 중 식품과 주요 물성의 연결이 잘못된 것은?

① 물엿 – 점성
② 스펀지케이크 – 소성
③ 젤리 – 탄성
④ 밀가루 반죽 – 점탄성

3 콜로이드와 관련한 다음 설명 중 옳은 것은?

① 분산매가 고체이고 분산질이 액체인 상태를 졸이라고 한다.
② 겔을 가열한 후 냉각시키면 유동성을 잃게 되는데 이를 졸이라고 한다.
③ 졸은 반고체로 도토리묵, 젤리와 같은 상태이다.
④ 겔 상태는 소량의 분산상 입자들 사이에 다량의 분산매가 있어 유동성이 있는 것이다.

4 다음 중 수중유적형 유화액에 속하는 예가 아닌 것은?

① 우유
② 마가린
③ 마요네즈
④ 아이스크림

5 기-액 계면이 존재하지 않는 임계온도, 임계압력 이상의 초임계 조건에서 겔 내의 액체를 제거한 상태의 겔을 무엇이라 하는가?

① 콜로이드
② 크라이오겔
③ 에어로겔
④ 제로겔

6 친수성 콜로이드 용액에 다량의 전해질을 첨가했을 때 콜로이드 입자가 침전하는 현상을 무엇이라 하는가?

① 응결
② 염석
③ 틴들 현상
④ 흡착

7 이 유체의 점도는 힘이 가해지는 정도에 의해 더 액체 또는 더 고체로 변할 수 있다. 이 유체를 무엇이라 하는가?

① 액체
② 뉴턴 유체
③ 비뉴턴 유체
④ 겔

8 압축·인장 등 여러 가지 시험 방식을 적용하여 가공식품, 육류, 농산물, 제빵, 과일 등 다양한 식품의 물성을 측정하여 분석하는 장비는 무엇인가?

① Farinograph
② Extensograph
③ Amylograph
④ Texture Analyser

정답

1 소성 **2** ② **3** ④ **4** ② **5** ③ **6** ② **7** ③ **8** ④

CHAPTER 14

식품화학 실험

식품을 보다 합리적이고 안전하게 제조·가공하거나 보존 및 유통하기 위해서는 식품 성분을 정확하게 측정할 수 있어야 한다. 이 장에서는 식품을 분석하는 과정에서 요구되는 몇 가지 실험 방법에 대하여 살펴보고자 한다.

1. 기본 조작

시료 채취는 식품에서 시료를 선택하는 기술로 시료 채취 이후에 수행되는 모든 실험의 성패를 좌우할 만큼 중요하다. 채취한 시료의 무게는 저울을 이용하여 측정하며, 부피는 뷰렛, 피펫, 메스플라스크, 메스실린더 등 용도에 따라 좀 더 다양한 기구들을 사용하여 측정한다.

1) 시료 채취

시료를 채취하는 부위와 상관없이 모두 동일한 성질을 갖는 시료를 동질의 시료 혹은 균질 시료라고 하며, 그렇지 않은 시료를 이질의 시료 혹은 비균질 시료라고 한다. 식품은 대표적인 이질적 시료로서 보통 어떤 부위에서 시료를 채취하는가에 따라 결과에 영향을 미치게 된다. 따라서 잘 짜인 샘플링 계획을 통해 전체 시료를 대표할 수 있는 시료를 준비하는 것이 중요하다. 따라서 액체 시료는 시료 채취 전에 잘 흔들어서 전체 시료가 모두 동일한 조건을 갖도록 해야 하고, 고체나 분체 시료는 여러 부분에서 무작위로 시료를 채취하도록 한다.

2) 무게 측정

물질의 무게, 즉 질량을 측정하는 것은 화학분석, 특히 정량분석에 있어서 매우 중요한 조작이며 화학실험에서는 주로 분석용 전자저울을 사용한다. 전자저울의 조작 방법은 아래와 같다.

(1) 전자저울을 이용한 무게 측정법

① 실내의 평평하고 안정된 표면에 전자저울을 놓는다. 이때 수평 확인 기포를 점검한다.

② 'on' 버튼을 누르고 디지털 화면이 표시될 때까지 기다린다.

③ 저울 접시에 측정할 물질에 사용할 빈 용기 또는 유산지를 놓는다. 이때 지문 등이 묻으면 측정의 정확도가 떨어지므로 주의해야 한다.

④ 'tare' 또는 'zero' 버튼을 누르면 디지털 디스플레이에 0이 표시되어 용기의 무게가 저울의 메모리에 저장되었음을 나타낸다. 이 과정을 통해 저울은 용기의 무게가 자동으로 빠진 시료의 무게만을 표시하게 된다.

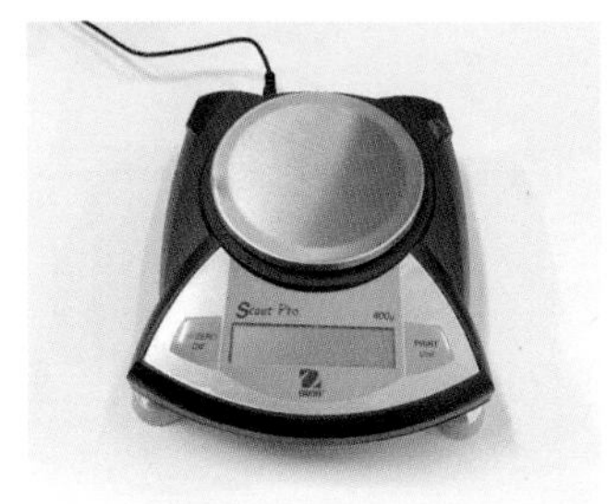

그림 14-1 • 전자저울

⑤ 시약스푼 등을 이용하여 조심스럽게 용기에 측정하고자 하는 시료를 첨가한다. 필요한 경우 용기를 저울 외부로 꺼내서 시료를 첨가하기도 한다.

⑥ 표시된 숫자가 안정화될 때까지 기다린 후 무게를 기록한다.

3) 부피 측정

실험 시 일정량의 용액을 채취, 측정, 조제하기 위해 부피를 측정하는데, 다음과 같은 다양한 측정 도구를 사용한다.

- 비커 : 액체를 담을 때 사용, 대략적인 부피 측정
- 삼각플라스크 : 액체 혼합 시 사용, 대략적인 양 측정
- 메스플라스크와 메스실린더 : 액체의 부피 측정
- 뷰렛과 피펫 : 정확한 양(소량)의 액체를 옮김

(1) 메스플라스크와 메스실린더

메스플라스크[용량플라스크(volumetric flask)]는 표준 용액을 제조하거나 시료를 일정한 부피의 용매에 용해시키고자 할 때 사용하는 유리 기구이다. 비교적 정확하게 부피를 측정할 수 있는 장점이 있다.

메스실린더[눈금실린더(graduated cylinder)]는 유리나 플라스틱으로 만든 원통형 용기로, 눈금이 표시되어 있어 일정량의 용액이나 용매를 담을 수 있도록 하였다.

대부분의 액체 표면은 오목한 형태인 메니스커스(meniscus)를 형성한다. 액체의 부피를 정확히 읽기 위해서는 눈높이를 메니스커스의 오목한 부분과 같이 한다.

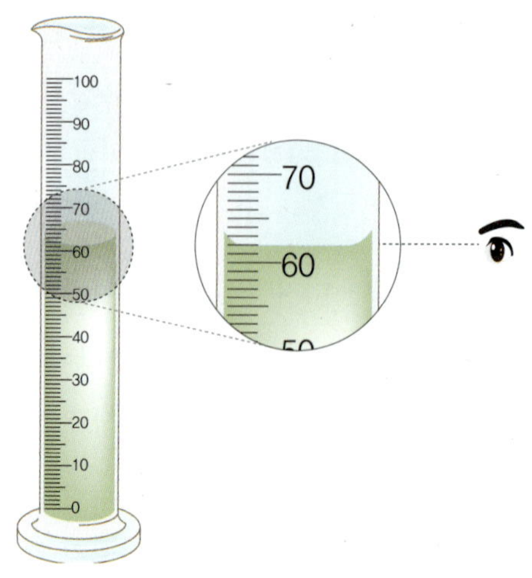

그림 14-2 • 메스실린더의 눈금을 읽기 위한 바른 눈의 위치

(2) 뷰렛

뷰렛(buret)은 액체의 부피를 측정할 수 있는 기구로, 가늘고 균일한 굵기의 유리관에 정밀한 간격으로 눈금을 새겨 놓았다. 적정할 때 사용하는 기구로 뷰렛에서 액체를 빼내기 전후의 눈금 차이를 통해 사용된 액체의 부피를 측정할 수 있다. 이때, 눈금을 읽을 때는 항상 최소 눈금 단위의 1/10까지 읽도록 한다.

용액을 뷰렛에 채울 때는 먼저 소량을 흘려보내 뷰렛이 충분히 헹구어지도록 한 후 사용한다. 측정 오차를 줄이기 위해서 코크 아래의 공기 방울을 반드시 제거하도록 한다.

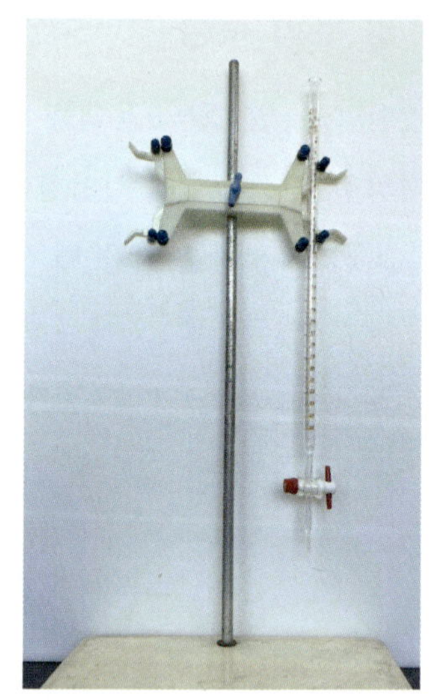

그림 14-3 • 뷰렛과 뷰렛대

(3) 피펫

피펫(pipet)은 일정한 부피의 액상 부피를 채취하여 옮기기 위해 사용한다. 피펫 필러를 사용하여 액체를 이동시킬 수 있는데, 사용 방법은 다음과 같다.

① A 부분을 눌러서 ㉠ 부분에 들어 있는 공기를 모두 빼준다.

② ㉢ 부분에 피펫을 끼운다.

③ 용액이 담긴 비커에 유리 피펫 끝을 담근 후 S 부분을 누르면 용액이 올라온다. 이때, 일반적으로 눈금선보다 약간 높게 흡입한다.

④ 피펫을 수직으로 하여 E 부분을 지긋이 눌러 용액을 서서히 배출하면서 용액의 메니스커스의 밑면이 원하는 눈금과 일치되도록 조정한다.

⑤ 옮기고자 하는 용기에 피펫 끝을 위치하도록 한 다음 E 부분을 누르면 용액이 배출된다.

⑥ 유리 피펫에 용액이 조금 남아 있다면 ㉡ 부분 옆쪽의 구멍을 톡톡 쳐서 남아 있는 용액을 배출한다.

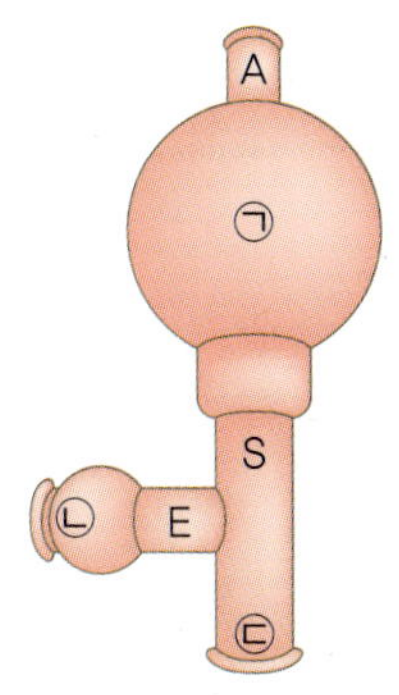

그림 14-4 • 피펫 필러(벌브형)

2. 용액의 조제 및 농도 변경

1) 실험 원리

용액의 농도를 나타내는 여러 가지 방법 중에서 일정 질량(또는 부피)의 용액에 대한 용질의 질량(또는 부피)의 비율을 백분율로 나타낸 값을 백분율 농도 또는 퍼센트 농도라고 부른다. 백분율 농도는 계산이 매우 쉬운 장점을 지니고 있으므로 일상생활에서 가장 많이 사용하고 있으며, 식품의 일반 성분 함량도 백분율 농도로 표시하고 있다. 그러나 백분율 농도는 용질의 분자량이 서로 다른 점을 반영하지 않기 때문에 화학반응의 양상을 정확하게 설명할 수 없다는 단점이 있다. 따라서 이러한 필요성이 요구되는 경우에는 몰농도(M)나 노르말농도(N)를 사용하는 것이 적합하다.

백분율 농도를 계산할 때는 원칙적으로 용액과 용질의 단위가 같아야 한다. 그러나 용액과 용질의 단위가 서로 다른 상황이 종종 발생하는데 이 경우에는 %(w/v)처럼 각각의 측정 단위를 별도로 표기해 주어야 한다.

참고로 가장 많이 사용되고 있는 질량 백분율, 즉 %(w/w)을 기준으로 계산 과정을 참고해 보기로 하자.

만약 물 95 g에 설탕 5 g을 섞어 설탕물 용액 100 g을 만들었다면 백분율 농도는 용액 100 g에 용질이 5 g 포함되어 있으므로 5%의 수용액이 되는 것이다.

$$
\begin{aligned}
\text{백분율농도(\%)} &= \frac{\text{용질의 질량}}{\text{용액의 질량}} \times 100 \\
&= \frac{\text{용질의 질량}}{(\text{용매의 질량} + \text{용질의 질량})} \times 100 \\
&= \frac{5}{(95+5)} \times 100 = 5\%
\end{aligned}
$$

이번에는 백분율 농도가 서로 다른 두 용액을 혼합하여 다른 농도로 변경하고자 할 때 혼합에 필요한 각 용액의 소요량을 구하는 방법에 대하여 살펴보기로 하자. 예를 들어 a%의 용액 X mL와 b%의 용액 Y mL를 혼합하여 c%의 용액 (X+Y) mL를 조제하는 경우, 각 용액의 필요량은 다음의 식에 의해 구할 수 있다.

$$aX + bY = c(X+Y)$$

이 식을 X와 Y항에 대해 다시 정리하면 다음과 같다.

$$X(a-c) = Y(c-b)$$

따라서 두 용액의 혼합비 사이에는 $\frac{Y}{X} = \frac{(c-b)}{(a-c)}$의 관계가 형성되므로 이 비율로부터 혼합에 필요한 각 용액의 소요량을 계산할 수 있다.

2) 기구 및 시약

설탕, 증류수, 깔때기, 100 mL 메스플라스크, 비커

3) 실험 방법

(1) 당 용액(10%, 4%)의 조제

① 설탕 10 g을 정확하게 취하여 비커에 넣고 소량의 증류수로 용해한다.

② 제조한 설탕물 용액을 100 mL 메스플라스크에 옮긴 다음 소량의 증류수로 비커를 여러 번 세척하여 메스플라스크에 넣어준다.

③ 증류수를 표선까지 채우고 혼합하여 10%(w/v) 설탕물 용액을 완성한다.

④ 설탕 4 g을 취하여 같은 방법으로 4%(w/v) 설탕물 용액을 조제한다.

4) 용액의 혼합비 계산

a%의 용액 X mL와 b%의 용액 Y mL를 혼합하여 c%의 용액 (X+Y) mL를 얻고자 할 때 두 용액의 혼합 비율은 다음과 같은 도식으로 정리하여 계산하면 쉽게 구할 수 있다.

먼저, 제시된 농도 값 중에서 진한 쪽에서 묽은 쪽 농도를 차례로 위에서부터 아래 방향으로 배치하여 적는다(a, c, b순).

이제 큰 쪽 농도에서 작은 쪽 농도를 차감하여 대각선 방향에 각각 기입한다. 이때 산출된 수치가 진한 용액과 묽은 용액의 혼합에 필요한 소요량의 비율이다. 결과 값을 앞에서 다룬 식으로 구한 값과 비교해 본다.

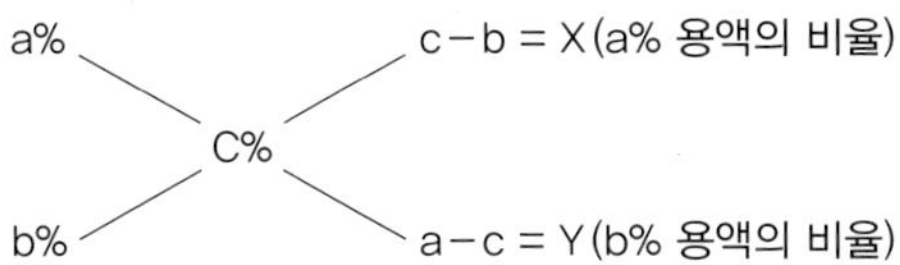

a: 진한 용액의 백분율 농도(%), b: 묽은 용액의 백분율 농도(%), c: 목표하는 농도 용액의 백분율 농도(%)
X: 진한 용액의 소요량(mL), Y: 묽은 용액의 소요량(mL)

설탕물 용액 혼합 비율 계산 예

10% 설탕물 용액과 4% 설탕물 용액을 혼합하여 8% 설탕물 용액 100 ml를 조제하고자 할 때 각 용액의 필요량을 계산해 보자.

먼저 3가지 용액의 농도 중 가장 진한 10%부터 4%까지를 차례로 배치하여 그림과 같이 적은 후 큰 쪽 농도에서 작은 쪽 농도를 차감하여 대각선 방향에 각각 기입한다.

10% (8−4) = 4(10% 용액의 비율)
8%
4% (10−8) = 2(4% 용액의 비율)

즉 10% 설탕물 용액과 4% 설탕물 용액을 4:2의 비율로 혼합하여 100 mL로 만들어 주면 8% 설탕물 용액을 조제할 수 있다.

따라서 10% 설탕물 용액의 소요량은 $\frac{4}{(4+2)} \times 100\ \text{mL} = 66.7\ \text{mL}$이고

4% 설탕물 용액의 소요량은 $\frac{2}{(4+2)} \times 100\ \text{mL} = 33.3\ \text{mL}$가 된다.

3. 굴절 당도 측정

1) 실험 원리

당도는 순수한 물과 설탕으로 이루어진 수용액에 용해된 설탕의 질량을 백분율 농도(%)로 나타낸 값이다. 당도의 측정에 사용하는 굴절당도계는 수용액의 당 농도에 따라 빛이 굴절되는 정도를 광학적 또는 전기적 신호로 나타낸다. 이렇게 측정한 Brix%는 용액 중에 녹아 있는 가용성 고형분(물에 용해될 수 있는 고체 상태의 물질)의 무게를 %로 나타낸 수치를 말한다. 그러나 가용성 고형분에는 당 이외의 다른 성분도 포함되어 있기 때문에 실제 당 농도와는 약간의 차이를 나타낼 수도 있다. 굴절당도계로 측정할 수 있는 Brix%의 범위는 당도계에 따라 0~32%, 28~62%, 45~82%, 58~92% 등 여러 종류가 있기 때문에 적당한 범위의 당도계를 선택하여 사용해야 한다.

2) 기구 및 시약

설탕물 용액, 굴절당도계, 스포이드

그림 14-5 • 굴절당도계

3) 실험 방법

(1) 영점 확인

① 굴절당도계의 덮개를 들어 올린 후 증류수를 떨어뜨리고 덮개를 덮는다. 이때 당도계 표면은 사용 전에 다른 이물질이나 시약 또는 증류수가 묻어 있지 않도록 깨끗이 세척하고 물기를 제거해야 한다.

② 빛이 있는 쪽으로 당도계의 덮개가 향하도록 하고 조절기를 조절하여 초점을 맞춘 후 경계면의 당도를 읽는다.

③ 당도가 0을 가리키면 이상이 없는 것이다.

(2) 당도 측정

① 굴절당도계의 덮개를 들어 올린 후 당액 한 방울을 떨어뜨리고, 덮개를 덮어 표면에 당액이 도포되도록 한다.

② 빛이 있는 쪽으로 당도계의 덮개가 향하도록 하고, 조절기를 조절하여 초점을 맞춘 후 경계 면의 당도를 읽는다.

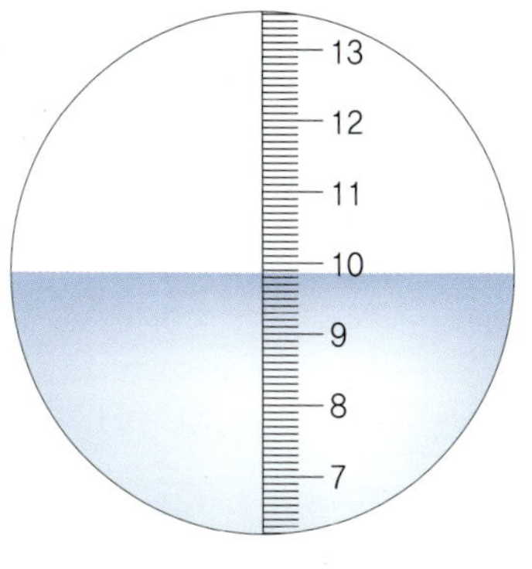

그림 14-6 • 굴절당도계를 이용한 당도 측정

4) 굴절 당도 표시

굴절당도계에 나타난 경계면의 눈금을 읽어 당도로 표시한다. 그림과 같은 결과를 얻었다면 당도는 9.8 Brix%가 된다.

4. pH 측정

1) 실험 원리

pH는 용액의 산성도를 가늠하는 척도로서 수소 이온 농도의 역수에 상용로그를 취한 값이다. 또는 수소 이온 농도의 상용로그 값에 마이너스를 붙여서 구할 수도 있다.

$$pH = -\log[H^+]$$

일반적으로 용액의 수소 이온 농도는 매우 작은 값이기 때문에 다루기가 불편하다. 따라서 pH라는 지수를 도입해 간단한 숫자로 용액의 산성도를 나타낸다.

물은 자동 이온화 과정을 통해 1.0×10^{-7}M의 수소 이온과 1.0×10^{-7}M의 수산화 이온을 만든다. 그래서 중성인 물의 pH는 $-\log(1.0 \times 10^{-7}) = 7$이다. 용액 속에 수소 이온이 많을수록 작은 값의 pH를 갖고, 수소 이온이 적을수록 큰 pH값을 갖는다. 순수한 물의 pH인 7을 기준으로 pH값이 7보다 작은 용액은 산성 용액, 7보다 큰 용액을 염기성 용액이라 한다.

pH는 pH 시험지나 pH 미터를 이용해 간단하게 측정할 수 있다. pH 미터는 수소 이온 선택성 지시 전극인 유리 전극과 염화은(AgCl) 기준 전극을 시료 용액에 담그고 두 전극 사이의 전위차를 측정하여 pH를 측정하는 장치이다.

2) 기구 및 시약

물엿, 피펫, 전자저울, 시약스푼, 비커, pH 미터

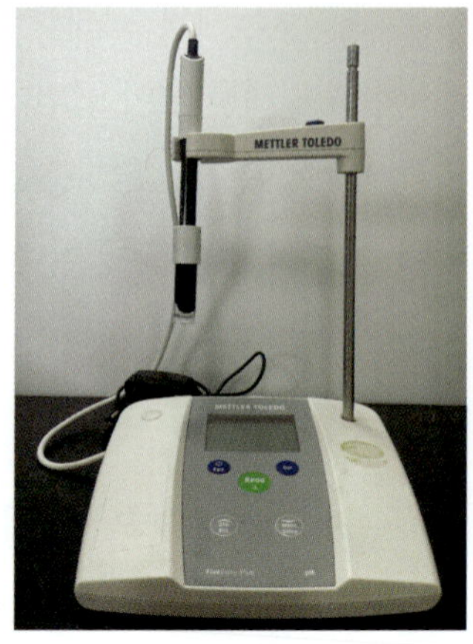

그림 14-7 • pH 미터

3) 실험 방법

① pH 미터의 전원을 켠다.

② 저울에 비커를 올리고 영점을 맞춘 뒤 시약스푼으로 비커에 시료를 정량한 후 증류수를 추가하여 희석한다.

③ pH 미터 유리 전극의 끝부분을 증류수를 이용하여 세척한 후 조심스럽게 물기를 제거한다.

④ 보정이 필요한 경우 보정을 실시한다.

⑤ 시료에 유리 전극을 담근 후 측정 버튼을 누르고 값이 어느 정도 안정화되면 측정값을 읽는다.

⑥ pH 미터 사용이 끝나면 유리 전극을 증류수로 헹군 후 흡습성 있는 종이로 물기를 제거한다. 이후 전극을 보존 용액에 담가둔다.

5. 수분의 정량

1) 실험 원리

수분의 정량 방법에는 건조법(상압, 감압, 동결 등), 증류법, 적정법 등의 여러 방법이 있는데 이 중 일반적으로 널리 이용되고 있는 방법은 상압가열건조법이다. 한편, 수분 정량에 사용한 방법에 따라서 결과 값이 다르게 나타날 수 있으므로 수분함량을 표시할 때는 수분 정량에 사용한 방법이나 조건 등을 정확하게 표시해야 한다.

상압가열건조법은 수분이 다른 성분에 비하여 쉽게 증발하는 성질을 이용하여 식품을 가열·건조시킬 때 감소하는 무게를 측정함으로써 수분함량을 정량하는 방법이다. 그러나 이렇게 측정한 수분함량에는 아주 미량이지만 향기 성분 등과 같이 쉽게 증발하는 휘발 성분도 함께 측정될 수 있으므로 이때 얻은 측정값이 절대적인 수분함량이라고 할 수 없다.

2) 실험 재료

식품에 따라서는 건조할 때 표면에 딱딱한 피막이 생겨서 내부의 수분이 쉽게 증발하지 않는 경우가 발생하기도 한다. 따라서 수분을 효과적으로 제거하기 위해서는 가열에 의한 분해의 염려가 없는 범위 안에서 가능한 한 고온으로 건조해야 하며, 수분의 증발 면적을 넓히기 위하여 시료를 분쇄하거나 세절하는 등의 전처리를 하는 것이 바람직하다.

3) 실험 기구

(1) 항온건조기

항온건조기(dry oven)는 수분 정량에 이용하는 가열 장치로서 자동 온도 조절 장치가 있어 내부 온도를 60~150℃(±1℃) 정도로 자동으로 조절할 수 있게 되어 있다.

(2) 데시케이터

검체의 보존이나 가열 건조시킨 칭량병, 회화된 도가니 등을 건조한 상태에서 보존하는 기구이다. 데시케이터(desiccator)의 내부에는 흡습제(실리카겔)가 들어 있어 내부 공기가 건조된 상태로 유지된다. 도가니처럼 높은 온도로 가열한 기구는 공기 중에서 100~150℃ 정도로 냉각시킨 후 데시케이터로 옮기는 것이 바람직하다. 그리고 데시케이터 안에서 냉각된 시료는 수분이 다시 부착되지 않도록 하기 위해 가능한 한 빨리 칭량하는 것이 좋다.

(3) 칭량병

칭량병은 유리로 만든 병으로서 뚜껑으로 밀폐할 수 있도록 되어 있기 때문에 수분 정량이나 방습을 필요로 하는 시료를 담아 보관하는 데 사용하는 용기이다.

(4) 도가니집게

칭량병은 직접 손으로 만지지 않고 도가니집게로 집어서 옮긴다.

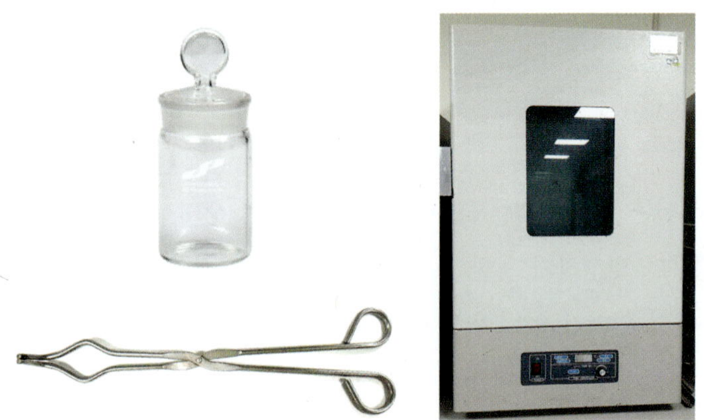

그림 14-8 • 칭량병, 도가니집게, 항온건조기

4) 실험 방법

(1) 칭량병의 항량 측정

① 깨끗한 칭량병의 뚜껑을 열어서 105°C로 조절되어 있는 항온건조기에 넣고 1시간 동안 가열한다.

② 칭량병 뚜껑을 닫고 데시케이터에 옮겨 약 30분간 방랭한다. 이때 칭량병의 취급은 도가니집게를 사용한다.

③ 전자저울을 사용하여 칭량병의 무게를 정확히 측정한다. 칭량할 때는 뚜껑을 덮고 실시한다.

④ ①~③항의 조작을 반복한다.

⑤ 건조 전후의 무게 차이가 이전에 측정한 무게의 0.1% 이하의 항량을 얻을 때까지 건조, 방랭, 칭량 조작을 반복한다. 이때 마지막으로 구한 칭량병의 무게를 칭량병의 항량값(W_1)으로 사용한다.

(2) 시료 중의 수분함량 측정

① (1)의 과정을 통해 항량을 구한 칭량병에 분말 상태 또는 세절한 시료 3~5 g을 담아 무게를 정확하게 측정한다(S).

② 105°C로 조절한 항온건조기에 넣고 3~5시간 동안 가열·건조한다. 이때 칭량병의 뚜껑은 비스듬하게 열어둔다.

③ 가열이 끝나면 칭량병의 뚜껑을 닫고 데시케이터로 옮겨서 30분 정도 방랭한다.

④ 전자저울을 사용하여 칭량병의 무게를 정확히 측정한다.

⑤ ①~④항의 조작을 반복한다.

⑥ 건조 전후의 무게 차이가 이전에 측정한 무게의 0.1% 이하의 항량을 얻을 때까지 건조, 방랭, 칭량을 반복한다. 이때 마지막으로 구한 무게를 항량값(W_2)으로 사용한다.

5) 수분함량 계산

시료 중의 수분함량은 다음 식에 의해 계산한다.

$$수분함량(\%) = \frac{수분의\ 무게}{시료의\ 무게} \times 100$$

$$= \frac{(S + W_1) - W_2}{S} \times 100$$

S: 시료의 무게, W_1: 칭량병의 무게, W_2: 건조 후의 무게(칭량병+시료)

수분함량 계산 예

수분함량 실험 결과 다음의 결과 값을 얻었을 때 시료 중의 수분함량을 계산해 보자.

항량이 된 칭량병의 무게	26.1842 g
시료의 무게	2.0011 g
건조 후의 무게	27.5836 g

$$수분함량(\%) = \frac{수분의\ 무게}{시료의\ 무게} \times 100$$

$$= \frac{28.1853 - 27.5836}{2.0011} \times 100$$

$$= 30.0\%$$

• 식에서 28.1853 g은 어떻게 얻어졌는지 생각해 보자.

6. 조회분의 정량

1) 실험 원리

식품 분석에 있어서 회분이란 식품을 태우고 남은 재를 말한다. 그러나 재의 무게가 무기질의 총량과 반드시 일치한다고 할 수는 없다. 일부의 식품에는 무기질의 염소 이온 등과 같은 휘발성 무기물이 휘산되기도 하고 양이온의 일부는 공존하는 음이온과 반응하여 인산염, 황산염 등으로 되기도 하며 유기물 기원의 탄산염 등이 형성되어 약간의 오차를 포함하기 때문에 조회분(crude ash)이라고 한다.

2) 실험 재료

시료가 지니고 있는 특성에 따라서 회화를 실시하기 전에 전처리 과정을 필요로 하는 시료들이 있다.

(1) 전처리가 필요하지 않은 시료

곡류, 두류 또는 아래의 어느 것에도 해당하지 않는 시료는 전처리를 하지 않고 바로 회화한다.

(2) 사전에 건조시켜야 하는 시료

채소, 과실 등과 동물성 식품과 같이 수분이 많은 시료는 계량한 후 건조기 안에서 건조시킨 후 회화한다. 또한 술, 주스 등의 음료나 간장, 우유 등의 액체 시료는 끓는 수조에서 증발·건조시킨 후 회화한다.

(3) 예비 탄화(미리 태우는 것)가 필요한 시료

사탕류 및 당분이 많은 과자류, 정제 전분, 난분, 어육 등과 같이 회화시킬 때 팽창하는 시료는 계량 후에 버너 등을 사용하여 내용물이 넘치지 않을 정도로 약하게 가열하여 예비 탄화시킨 후 회화시킨다.

(4) 연소가 필요한 시료

유지류는 미리 기름기를 태워 없애야 한다. 시료를 계량한 후 공기 중에서 연소시키고, 불꽃이 약해지면 뚜껑을 덮어 불을 끈 다음 회화시킨다.

3) 실험 기구

① 도가니 : 회화 과정은 높은 온도에서 진행되므로 도자기 재질로 만든 용기를 사용하는데 주로 직경 6cm 내외의 증발접시 또는 용량 25 mL 정도의 도가니를 사용한다.

② 회화로(muffle furnace) : 시료를 회화시키는 기구로 온도 조절이 가능하다.

③ 기타 : 전자저울, 데시케이터, 도가니집게, 석면장갑 등

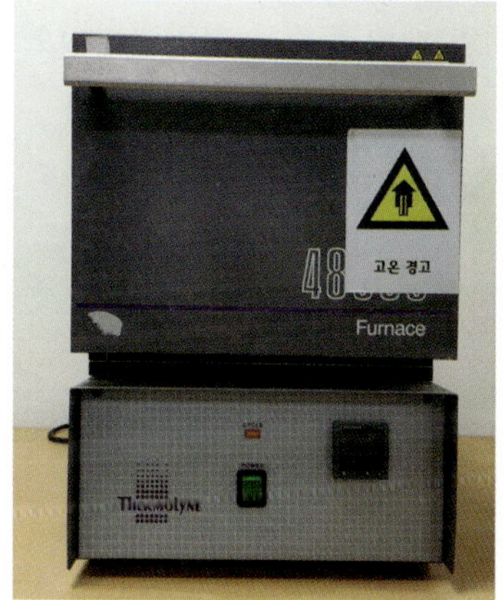

그림 14-9 • 도가니(왼쪽)와 회화로(오른쪽)

4) 실험 방법

(1) 도가니의 항량 측정

① 깨끗한 도가니를 회화로에 넣고 550~600℃에서 수 시간 동안 가열하여 태운다.

② 도가니집게를 사용하여 바트로 옮겨 냉각시킨 후 데시케이터로 옮겨 실온으로 방랭시킨 다음 전자저울을 사용하여 무게를 정확하게 측정한다.

③ 항량에 도달할 때까지 회화, 방랭, 칭량(①, ② 과정)을 반복한다. 이때 무게의 변화가 0.1% 이내일 때의 도가니 무게를 도가니의 항량값(W_0)으로 사용한다.

(2) 시료의 회분함량 측정

① 항량에 도달한 도가니에 시료 2~5 g을 취해 무게를 정확하게 측정한다(S). 이때 주류, 주스, 차 등 또는 유지류와 같이 회분함량이 적은 시료는 약 20 g 정도를 취하는 것이 좋다.

② 550~600℃의 회화로에서 수 시간 동안 가열하여 백색~회백색의 재가 남을 때까지 회화시킨다.

③ 도가니집게를 사용하여 바트에 도가니를 옮겨 실온에서 약 200℃ 정도까지 식히고 데시케이터에 옮겨 방랭한 다음 전자저울을 사용하여 무게를 정확하게 측정한다.

④ 항량에 도달할 때까지 회화, 방랭, 칭량(②, ③ 과정)을 반복한다. 이때 무게의 변화가 0.1% 이내일 때의 무게를 항량값(W_1)으로 사용한다.

5) 회분함량 계산

시료 중의 회분함량은 다음 식에 의해 계산한다.

$$\text{회분함량}(\%) = \frac{\text{회분의 무게}}{\text{시료의 무게}} \times 100$$

$$= \frac{W_1 - W_0}{S} \times 100$$

W_0: 도가니의 항량(g), W_1: 회화 후의 도가니와 회분의 무게(g), S: 시료의 무게(g)

회분함량 계산 예

회분 정량 시험 결과 다음의 결과 값을 얻었을 때 시료 중의 회분함량을 계산해 보자.

항량이 된 도가니의 무게	38.4630 g
시료 무게	3.1234 g
회화 후 도가니와 회분의 무게	38.5867 g

$$\text{회분함량}(\%) = \frac{\text{회분의 무게}}{\text{시료의 무게}} \times 100$$

$$= \frac{38.5867 - 38.4630}{3.1234} \times 100 = 3.96(\%)$$

• 수분 정량과 계산 과정이 다른 이유는 무엇일까?

7. 속슬렛법에 의한 조지방 정량

1) 실험 원리

식품 중에 함유된 지질은 일반적으로 유기 용매로 추출하여 정량한다. 그러나 에테르, 석유 에테르, 헥산 등과 같은 유기 용매에 추출되는 물질에는 중성지방 이외에도 유리지방산, 지용성 색소, 왁스류 등이 포함된다. 따라서 이렇게 추출한 지방 형태의 모든 성분을 조지방(crude fat)이라고 부른다. 조지방 정량에는 일반적으로 속슬렛법(Soxhlet method)이 가장 많이 사용되고 있다.

2) 실험 재료

시료를 잘 분쇄(필요한 경우)하여 균일하게 한 후 사용한다.

3) 실험 기구 및 시약

① 속슬렛 추출 장치 : 속슬렛 추출 장치는 추출관, 냉각관과 수기로 구성되어 있다. 이때 수기는 실험 전에 미리 세척, 건조하여 항량을 구한 후 데시케이터에 보관한다

② 에테르 : 일반적으로 다이에틸에테르(diethyl ether) 또는 에테르(ether)라고 부르는 유기 용매로서, 인화성과 휘발성이 매우 강하므로 폭발에 주의해야 한다.

③ 기타 : 원통여과지, 항온수조, 항온건조기, 데시케이터, 핀셋, 탈지면

그림 14-10 • 속슬렛 추출 장치

4) 실험 방법

① 분말화된 시료 2~10 g을 정확하게 계량(S)하여 원통여과지에 넣고 탈지면으로 약하게 막은 다음, 비커에 넣고 100~105℃ 항온건조기에서 2~3시간 동안 건조하고 데시케이터에서 냉각시킨 후 속실렛 추출관에 넣는다.

② 항량(W_0)을 측정해 둔 수기에 1/2 정도의 에테르를 넣은 후 냉각관, 속실렛 추출관 및 수기를 연결한다.

③ 항온수조의 온도를 약 50~60℃로 조절하여 8시간 동안 가열 추출한다(이때 1회 사이클이 2~3분 정도가 되도록 온도를 조절한다). 증발로 인해서 에테르가 1/2 이상

손실되면 수시로 냉각관 상부를 통하여 재공급해야 하며, 실내 환기에 주의해야 한다.

④ 추출이 끝나면 속슬렛관을 분리하여 원통여과지를 핀셋으로 꺼내고 에테르를 수기에 모두 회수한다.

⑤ 수기를 항온수조에 담그거나 회전진공농축기를 이용하여 에테르를 증발시킨다.

⑥ 수기의 바깥쪽에 묻은 수분을 제거하고 98~100℃ 항온건조기에 넣어 약 1시간 동안 항량이 될 때까지 건조시킨 후 데시케이터에서 30분간 냉각하고 무게를 칭량한다(W_1).

5) 조지방함량 계산

시료 중의 조지방함량은 다음 식에 의해 계산한다.

$$조지방함량(\%) = \frac{조지방의\ 무게}{시료의\ 무게} \times 100$$

$$= \frac{W_1 - W_0}{S} \times 100$$

W_0: 빈 수기의 항량(g), W_1: 조지방 추출 후 수기의 항량(g), S: 시료의 무게(g)

조지방함량의 계산 예

조지방 정량 시험 결과 다음의 결과 값을 얻었을 때 시료 중의 조지방함량을 계산해 보자.

항량이 된 수기의 무게	82.5342 g
시료 무게	1.1234 g
건조 후 무게	82.6024 g

$$조지방함량(\%) = \frac{조지방의\ 무게}{시료의\ 무게} \times 100$$

$$= \frac{82.6024 - 82.5342}{1.1234} \times 100 = 6.07(\%)$$

8. 뢰제-고트리브법에 의한 조지방의 정량

1) 실험 원리

이 방법은 주로 우유 또는 유제품의 조지방 정량에 이용되는 방법으로서 비교적 지방함량이 높고 액상이나 우유와 같은 모양으로 만들 수 있는 식품에 응용하는 조지방 정량 방법이다. 이 방법은 암모니아와 알코올을 시료에 첨가하여 지방구를 싸고 있는 단백질 피막을 용해시킨 다음 2종의 에테르를 사용하여 지방을 용해·추출하여 조지방 함량을 알아내는 방법이다.

2) 실험 재료

① 우유 : 약 10 g을 정확하게 칭량하여 사용한다.

② 연유 : 희석 시료(20 g/100 mL) 10 mL를 정확하게 취하여 사용한다.

③ 전지분유 및 조제분유 : 50 mL 비커에 시료 4~5 g을 취하고 4배의 따뜻한 증류수를 섞어 잘 용해시킨 후 마조니어관으로 옮긴다. 비커는 3 mL의 더운 증류수로 2회, 강 암모니아수 2 mL, 알코올 10 mL의 순서로 씻어서 마조니어관에 모아 시료로 사용한다.

④ 크림 및 아이스크림 : 크림은 약 0.5 g, 아이스크림은 약 4~5 g의 시료를 추출관에 취하고 더운 증류수 5~6 mL를 가하여 잘 혼합하여 사용한다.

3) 실험 기구 및 시약

① 마조니어(mojonnier)관

② 수기 : 미리 세척·건조하여 항량을 구한 후 데시케이터에 보관한다.

③ 진한 암모니아수

④ 95% 에틸알코올

⑤ 에테르

⑥ 석유에테르

⑦ 기타 : 항온건조기, 데시케이터, 항온수조, 피펫, 정밀저울, 깔때기

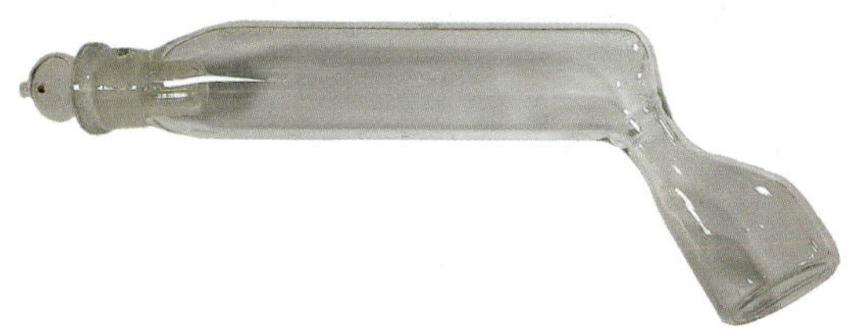

그림 14-11 • 마조니어관

4) 실험 방법

① 시료 1~10 g(시료 조제 참조)을 정밀하게 계량하여(S) 마조니어관에 넣은 다음 물을 가해서 시료를 용해시키고 전체 양이 약 11 mL 정도가 되도록 묽게 한다.
② 마조니어관을 40~50℃ 항온수조에서 중탕 가열한다.
③ 진한 암모니아수 1.5~2 mL를 가하여 잘 혼합하고 2분 이상 방치한 다음 95% 에틸알코올 10 mL를 넣고 다시 잘 혼합한다.
④ 여기에 에테르 25 mL를 넣고 가볍게 섞은 다음 마개를 열어 에테르 증기를 날려 보낸 후 다시 마개를 닫고 약 1분간 흔들어 섞는다.
⑤ 석유에테르 25 mL를 넣고 다시 1분간 흔들어 섞는다.
⑥ 20~30분간 또는 상층이 투명하게 될 때까지 방치한 후 상층액이 완전히 투명해지면 에테르층(상층)을 미리 항량(W_0)을 측정해 둔 수기에 옮긴다.
⑥ 마조니어관의 잔액에 에테르와 석유에테르를 각각 15 mL씩 주입하여 위와 같은 조작을 반복한다.
⑦ 다시 에테르와 석유에테르 각 15 mL씩을 주입하여 추출하는 과정을 3회 실시한다.
⑧ 에테르·석유에테르 혼합액(1:1) 소량으로 깔때기를 씻어 수기에 함께 모은다.
⑨ 끓는 수조에서 용매를 날려 보낸 후 100℃ 항온건조기에서 항량이 될 때까지 건조하고 데시케이터에서 냉각한 다음 무게를 측정한다(W_1).

5) 조지방함량 계산

시료 중의 조지방함량은 다음 식에 의해 계산한다.

$$\text{조지방함량(\%)} = \frac{\text{조지방의 무게}}{\text{시료의 무게}} \times 100$$

$$= \frac{W_1 - W_0}{S} \times 100$$

W_0: 빈 수기의 항량(g), W_1: 조지방 추출 후 수기의 항량(g), S: 시료의 무게(g)

9. 알칼리 용액의 조제 및 표정

1) 실험 원리

일정한 농도의 시약 용액을 조제하는 과정은 각 시약이 지니고 있는 특성이나 상태 또는 실험자의 숙련도 차이로 인해서 오차를 포함할 수 있기 때문에 100% 정확한 농도의 용액을 만들 수 없다. 그러므로 용량 분석에 사용하는 용액들은 반드시 그 용액이 얼마나 정확하게 만들어 졌는지를 확인한 후에 실험에 사용해야 한다. 이와 같이 용액의 정확한 농도를 확인하는 과정을 '표준화' 또는 '표정'이라고 한다.

표정을 위해서는 용액의 역가(factor)를 측정해야 하는데 역가란 용액의 표시된 농도와 실제 농도값의 차이를 환산하는 계수이다. 이때 묽게 조제된 용액의 역가는 1보다 적은 수치로, 반대로 진하게 조제된 용액의 역가는 1보다 큰 수치로 표현된다.

$$\text{역가(factor)} = \frac{\text{실제 농도(N)}}{\text{표시 농도}(N_0)}$$

예를 들어 0.1 N 용액을 조제했는데 실제 농도값이 0.0998 N로 조제되었다면 역가는 0.998이 되는 것이다. 농도와 역가를 알고 있는 시약 용액은 일정 부피 안에 포함하고 있는 산 또는 알칼리의 당량을 정확하게 알 수 있으므로 표준 용액으로 사용할 수 있다.

이제 수용액 안에서 진행되는 산과 염기의 중화반응에 대하여 살펴보기로 하자. 수용액 안에서 산과 염기는 정량적으로 반응(중화)하여 염과 물을 생성한다. 지시약을 사용하면 중화반응이 끝나는 시점인 종말점(end point)을 확인할 수 있기 때문에 화학양론적인 당량점, 즉 산과 염기의 당량이 정확하게 같은 지점을 알아낼 수가 있다. 이 원리를 이용하여 종말점까지 소비된 산(또는 염기) 표준 용액의 부피를 측정하면 이 값으로부터 시료 용액 속의 염기(또는 산)의 양을 확인할 수 있다. 이러한 방법을 중화 적정법이라고 부른다.

당량점에서 산과 염기의 농도(N)와 부피(V) 사이에는 다음과 같은 관계가 성립한다.

$$N \cdot V = N' \cdot V'$$

농도 보정을 위해 이 식에 역가(factor, f)를 포함시켜 다시 정리하면 다음의 식이 완성된다.

$$N \cdot V \cdot f = N' \cdot V' \cdot f'$$

임의의 농도로 조제한 산(또는 알칼리)용액의 역가를 구하기 위해서 농도와 역가를 알고 있는 알칼리(또는 산) 표준 용액을 사용하여 중화적정을 실시하고 위의 식을 사용하면 역가를 계산할 수 있다.

예를 들면 종말점에서 역가가 1.000인 0.1 N 염산 표준 용액 10.0 mL과 반응한 0.1 N 수산화나트륨 용액의 부피가 10.5 mL였다면 역가는 이 식으로부터 다음과 같이 구할 수 있다.

$$N \cdot V \cdot f = N' \cdot V' \cdot f'$$

$$0.1 \times 10.0 \times 1.000 = 0.1 \times 10.5 \times f'$$

$$\therefore f' = \frac{1.00}{1.05} = 0.952$$

2) 실험 재료

① 수산화나트륨(NaOH)

② 페놀프탈레인 지시약 : 페놀프탈레인 0.5 g을 50% 에탄올 용액 100 mL에 녹여 만든다.

③ 0.1 N 염산(또는 황산) 표준 용액

④ 메스플라스크, 깔때기, 피펫, 뷰렛, 뷰렛스텐드, 비커, 삼각플라스크, 시약스푼, 유리막대, 정밀저울

3) 실험 방법

(1) 0.1 N 수산화나트륨 용액 250 mL의 조제

① 수산화나트륨 약 1.1 g(조해성을 고려해서 계산 값보다 10% 정도를 더 취함)을 칭량하여 비커에 넣고 소량의 증류수로 용해시킨다.

② 위 용액을 250 mL 메스플라스크에 옮기고 소량의 증류수로 비커를 여러 번 세척하여 메스플라스크로 모두 옮긴다.

③ 표선까지 증류수를 가해 채우고 혼합한다.

(2) 적정 작업

① 0.1 N 염산 표준 용액 25.0 mL을 정확하게 취해 삼각플라스크에 넣고 페놀프탈레인 지시약 2~3방울을 가해 섞는다.

② 조제한 0.1 N 수산화나트륨 용액을 뷰렛에 채운다.

③ 0.1 N 수산화나트륨 용액을 ①항의 플라스크에 한 방울씩 떨어뜨리면서 적정한다.

④ 삼각플라스크 안의 용액이 무색에서 분홍색으로 변하는 지점(종말점)에서 적정을 마치고 첨가된 0.1 N 수산화나트륨 용액의 부피를 확인한다.

4) 역가 계산

0.1 N 수산화나트륨 용액의 역가는 다음 식에 의해 계산하고, 소수점 넷째 자리에서 반올림하여 셋째 자리까지를 역가로 사용한다.

$$N \cdot V \cdot f = N' \cdot V' \cdot f'$$

N: 수산화나트륨 용액의 농도(0.1 N), N′: 염산 표준용액의 농도(0.1 N)
V: 소비된 0.1 N 수산화나트륨 용액의 양, V′: 0.1 N 염산 표준 용액의 채취량
f: 0.1 N 수산화나트륨 용액의 역가, f′: 0.1 N 염산 표준 용액의 역가

조제 용액의 역가 계산 예

0.1 N 수산화나트륨 용액을 조제하고 표정 작업을 실시한 결과 다음의 결과 값을 얻었을 때 수산화나트륨의 역가를 구해 보자. (계산 결과는 소수점 넷째 자리에서 반올림하여 소수점 셋째 자리까지 표기하시오.)

NaOH의 사용량	1.0091 g
0.1 N 염산 용액의 채취량	25.0 mL
0.1 N 염산 용액의 역가	1.001
소비된 0.1 N 수산화나트륨용액의 양	24.5 mL
작업에 사용한 지시약 이름	

$$N \cdot V \cdot f = N' \cdot V' \cdot f'$$

$$0.1 \times 25.0 \times 1.001 = 0.1 \times 24.5 \times f'$$

$$\therefore f' = \frac{2.5025}{2.4500} = 1.020$$

• 계산 과정에서 염산 표준 용액 대신에 황산 표준 용액을 사용하면 어떤 차이가 발생할까?

Tip 당량(equivalent)

산·염기의 반응에서 1몰의 수소 이온과 반응하거나 생성하는 물질의 양 또는 산화환원반응에서 1몰의 전자와 반응하거나 생성하는 물질의 양을 당량이라고 한다. 어떤 물질 1당량은 이와 반응할 수 있는 다른 물질 1당량과 정확하게 반응한다. 예를 들면 산 1당량과 알칼리 1당량은 정확히 반응하여 중화된다.

Tip 노르말 농도란?

용액 1 L 안에 포함된 용질의 당량수(eq)를 나타낸 농도이다. 노르말 농도를 식으로 표시하면 다음과 같다.

$$N(\text{노르말 농도}) = \frac{\text{용질의 당량수(eq)}}{\text{용액의 부피(L)}}$$

용질의 당량수는 용질의 g수를 용질의 당량 무게(g/eq)로 나누어 구할 수 있다. 예를 들면 수산화나트륨은 1몰이 1당량이기 때문에 40/1 = 40 g 당량 무게이고, 황산은 1몰이 2당량이기 때문에 98/2 = 49 g이 당량 무게이다. 용액 1 L 안에 용질이 1 당량 녹아 있는 농도를 1노르말 농도라고 하며, 기호는 1 N로 표시한다.

10. 유지의 산가

1) 실험 원리

시료 1 g 중에 함유되어 있는 유리지방산을 중화시키는 데 필요한 수산화칼륨(KOH)의 mg 수를 산가(acid values)라고 한다.

산가는 유지 중의 지방산이 글리세라이드 형태로 결합되어 있지 않고 단독으로 유리되어 있는 양에 비례한다. 따라서 식품에 포함된 유지의 산가가 높다는 것은 유지가 산패되어 식용으로는 부적당하다는 것을 의미한다.

2) 실험 재료

식용유지류, 과자류, 조미김, 유탕·유 처리식품, 튀김식품, 식용유지 가공품, 참깨분, 대두분, 식용 번데기 가공품 등을 시료로 사용한다.

3) 실험 기구 및 시약

① 0.1 N 에탄올성 수산화칼륨 용액 : 수산화칼륨 6.4 g에 증류수 15 mL을 가하여 녹인 다음 에탄올을 사용하여 1000 mL로 정용하고 2~3일 동안 방치한 후 여과하여 사용한다.

② 페놀프탈레인 지시약 : 페놀프탈레인 1 g을 에탄올에 녹여 100 mL로 한다.

③ 중성의 에탄올·에테르 혼합액(1:2) : 에탄올 100 mL과 에테르 200 mL을 삼각플라스크에 취하고 섞어서 사용한다.

④ 뷰렛, 뷰렛스텐드, 깔때기, 비커, 삼각플라스크, 메스실린더

4) 실험 방법

(1) 시료의 측정 및 전처리 작업

① 유지 시료 약 1~5 g을 삼각플라스크에 정확히 취한다.

② 중성의 에탄올·에테르 혼합액(1:2) 100 mL를 넣어 유지를 용해한다.

③ 시료를 넣지 않고 중성의 에탄올·에테르 혼합액(1:2) 100 mL만을 삼각플라스크에 취해 공시험 시료로 사용한다.

(2) 적정 작업

① 페놀프탈레인 지시약을 2~3방울을 가하여 완전히 녹인다.

② 0.1 N 에탄올성 수산화칼륨 용액으로 적정 작업을 한다.

③ 지시약의 색이 분홍색으로 변하는 지점(종말점)에서 30초간 지속되면 적정을 마치고 첨가된 0.1 N 에탄올성 수산화칼륨 용액의 부피를 확인하다.

④ 같은 방법으로 공시험 시료에 대해 ①~③ 과정을 통해 적정 작업을 실시한다.

5) 산가의 계산

시료 중의 산가는 다음 식으로 계산할 수 있다.

$$산가 = \frac{수산화칼륨의\ 필요량(mg)}{시료의\ 무게(g)}$$

$$= \frac{5.611 \times (V_1 - V_0) \times f}{S}$$

S: 시료 채취량(g), V_1: 본시험에서 0.1 N 에탄올성 수산화칼륨 용액의 소비량(mL)
V_0: 공시험에서 0.1 N 에탄올성 수산화칼륨 용액의 소비량(mL)
f: 0.1 N 에탄올성 수산화칼륨 용액의 역가
5.611: 0.1 N 에탄올성 수산화칼륨 용액 1 mL에 상당하는 KOH의 mg 수

산가 계산 예

유지 시료의 산가 측정 실험 결과 다음의 결과 값을 얻었을 때 시료의 산가를 계산해 보자(소수점 둘째 자리까지 답할 것).

시료 채취량	8.3726 g
본시험에서 0.1 N 에탄올성 수산화칼륨 용액의 소비량(mL)	2.05 mL
공시험에서 0.1 N 에탄올성 수산화칼륨 용액의 소비량(mL)	0.10 mL
0.1 N 에탄올성 수산화칼륨 용액의 역가	0.998

$$산가 = \frac{수산화칼륨의\ 필요량(mg)}{시료의\ 무게(g)}$$

$$= \frac{5.611 \times (2.05 - 0.10) \times 0.998}{8.3726}$$

$$= 1.30$$

- 산가는 단위가 없다. 왜 그럴까?
- 식에서 5.611은 어떻게 유도되었는지 생각해 보자.

11. 유지의 과산화물가

1) 실험 원리

과산화물가(peroxide value, POV)는 시료에 요오드화칼륨을 가했을 때 유리되는 요오드(I_2)를 싸이오황산나트륨으로 적정하고 시료 1 kg에 대한 요오드의 밀리당량수로 나타낸 값이다. 이것은 지질 산화의 초기에 생성되는 과산화물이 요오드화칼륨과 반응하여 요오드를 유리시키는 성질을 이용한 것으로서 지질 중의 과산화물 함량을 간접적으로 나타낸다.

$$ROOH + 2KI(\text{청색}) \longrightarrow ROH + I_2 + KOH$$

$$I_2 + \text{녹말(청색)} + 2Na_2S_2O_3 \longrightarrow Na_2S_4O_6 + 2NaI + \text{녹말(무색)}$$

과산화물가는 지질의 초기 산화 또는 초기 변패 정도를 확인하는 데 유용하게 사용되고 있다.

2) 실험 재료

① 식용유지류, 조미김, 튀김식품, 유탕·유 처리식품, 식용 번데기 가공품 등을 시료로 한다.

② 지방 형태의 시료는 그대로 사용하나 그렇지 않은 경우는 시료로부터 지방 분획만을 분리해서 사용한다.

시료 1~5 g을 정확히 취하고 용매 25~50 mL를 가해 녹인다. 시료 채취량은 추정되는 과산화물가가 50 이상이면 1 g 이하, 50~10이면 1~5 g, 1 이하는 10 g 이상이 적당하다.

3) 실험 기구 및 시약

① 0.01 N 싸이오황산나트륨 용액 : 0.1 N 싸이오황산나트륨을 탄산가스를 포함하지 않은 물로 정확히 10배 희석하여 사용한다.

② 초산·클로로포름(3:2) 혼합액

③ 포화 요오드화칼륨 용액 : 끓는 물에 과잉의 요오드화칼륨 분말을 가하고 녹지 않는 부분을 남긴 채 포화 용액으로 만든다(10 mL의 물에 약 15 g의 요오드화칼륨이 용해된다). 이 용액은 사용할 때마다 실험하기 바로 전에 만들어서 알루미늄 포일로 용기를 감싸 가능한 빛이 들어가지 않도록 하며 사용해야 한다.

④ 전분시액 : 감자나 옥수수전분 1 g에 물 100 mL를 가해 혼탁한 액이 어느 정도 투명해질 때까지 끓인다. 이때 너무 장시간 가열하면 완전히 풀로 되기 때문에 적당한 시점까지만 끓여 가용화 전분이 되도록 한다. 상층액을 여과하여 사용한다.

⑤ 뷰렛, 뷰렛스텐드, 깔때기, 비커, 250 mL 공전삼각플라스크, 메스실린더

4) 실험 방법

(1) 시료의 측정 및 전처리 작업

① 유지 시료 약 1~5 g을 250 mL 공전플라스크에 정확히 취한다.

② 초산·클로로포름(3:2) 혼합액 25 mL를 넣어 유지를 용해한다. 이때 필요하면 약간 가온한다.

③ 포화 요오드화칼륨 용액 1 mL를 가볍게 흔들어 섞은 다음 어두운 곳에서 10분간 방치한다.

④ 시료를 넣지 않고 초산·클로로폼(3:2) 혼합액 25 mL를 공전플라스크에 취해 공시험 시료로 사용한다.

(2) 적정 작업

① 물 30 mL를 가해 잘 혼합하고 전분시액 1 mL를 가하여 섞는다.

② 0.01 N 싸이오황산나트륨 용액으로 적정 작업을 실시한다.

③ 청색이 없어지는 시점(종말점)에서 30초간 지속되면 적정을 마치고 첨가된 0.01 N 싸이오황산나트륨 용액의 부피를 확인하다.

④ 같은 방법으로 공시험 시료에 대해 ①~③ 과정을 통해 적정 작업을 실시한다.

5) 과산화물가의 계산

시료 중의 과산화물가는 다음 식으로 계산할 수 있다.

$$\text{과산화물가} = \frac{\text{요오드의 밀리당량수(meq)}}{\text{시료의 무게(kg)}}$$

$$= \frac{(V_1 - V_0) \times f \times 10}{S}$$

S: 시료 채취량(g), V_1: 본시험에서 0.01 N 싸이오황산나트륨 용액의 소비량(mL)
V_0: 공시험에서 0.01 N 싸이오황산나트륨 용액의 소비량(mL), f: 0.01 N 싸이오황산나트륨 용액의 역가
10: 1 mL 0.01 N 싸이오황산나트륨 용액에 해당하는 요오드의 밀리당량수(시료 1 g 기준)

과산화물가 계산 예

유지 시료의 과산화물가 측정 실험 결과 다음의 결과 값을 얻었을 때 시료의 과산화물가를 계산해 보자(소수점 첫째 자리까지 답할 것).

시료 채취량	1.0238 g
본시험에서 0.01N 싸이오황산나트륨 용액의 소비량	22.05 mL
공시험에서 0.01N 싸이오황산나트륨 용액의 소비량	0.25 mL
0.01N 싸이오황산나트륨 용액의 역가	1.002

$$\text{과산화물가} = \frac{\text{요오드의 밀리당량수(meq)}}{\text{시료의 무게(kg)}}$$

$$= \frac{(22.05 - 0.25) \times 1.002 \times 10}{1.0238}$$

$$= 213.36 \text{ (meq/kg)}$$

- 결과 값의 단위에 주의하자.
- 식에서 10은 어떻게 유도되었을까?

12. 세미마이크로킬달법에 의한 조단백질 정량

1) 실험 원리

식품 중의 질소가 지방이나 탄수화물에는 거의 함유되어 있지 않고 단백질 특유의 구성 원소라는 점은 식품 중의 단백질 정량에 유용하게 이용할 수 있다. 이 원리를 이용하여 먼저 식품 중의 질소함량을 실험적으로 정량하고, 이 수치에 질소계수(100/16 = 6.25)를 곱하여 단백질함량을 산출하는 것이다. 질소의 화학적 정량 방법으로는 킬달(Kjedahl)법이 가장 많이 사용되고 있다. 킬달법은 다음의 세 과정으로 구성되어 있다.

먼저 식품 시료를 촉매와 함께 진한 황산으로 가열 분해하면 질소는 황산암모늄 형태로 용해된다(분해 과정).

$$\text{시료 중 N} + H_2SO_4 \longrightarrow (NH_4)_2SO_4 + SO_2\uparrow + CO_2\uparrow + CO\uparrow + H_2O$$

이 용액에 30% 수산화나트륨(NaOH) 용액을 가한 알칼리성 조건에서 암모니아를 수증기 증류하여 산 표준 용액에 포집한다(증류 및 포집 과정).

$$(NH_4)_2SO_4 + 2NaOH \longrightarrow 2NH_3 + Na_2SO_4 + 2H_2O$$

$$2NH_3 + H_2SO_4 \longrightarrow (NH_4)_2SO_4$$

이 포집액을 수산화나트륨 표준 용액으로 적정하여 질소의 양을 구한다(적정 과정).

$$H_2SO_4 + NaOH \longrightarrow Na_2SO_4 + 2H_2O$$

이 방법은 표준 용액 안에 최초 존재하는 산이 암모니아의 발생에 의해 중화됨으로써 감소한 양을 알아내는 역 적정 방법에 의해 질소량을 알아내는 방법이다. 따라서 반드시 공실험을 병행하여 실시해야 한다. 실험에 의해 확인한 질소함량에 질소계수를 곱하면 조단백질함량을 산출할 수 있다.

2) 실험 재료

① 총 질소함량의 정량에 있어서 중요한 점은 적당량의 시료를 채취하는 것이다. 시료 채취량은 질소함량에 따라 다소 차이가 있으나 일반적으로는 질소가 2~3 mg 포함될 수 있는 양을 취해 사용하는 것이 적당하다. 그리고 많은 양의 시료를 분해하고 희석하여 사용할 때는 질소 20~30 mg에 해당하는 시료를 취한다.

② 시료는 분쇄기나 균질기를 사용하여 분쇄하여 균일하게 만든 후 시료의 특성에 맞게 칭량하여 사용한다.

3) 실험 기구 및 시약

① 세미마이크로킬달 장치 : 증류플라스크, 수증기 발생 장치, 냉각관, 회수관 등으로 구성되어 있다.

② 분해 장치

③ 분해촉매제 : 황산구리($CuSO_4 \cdot 5H_2O$)와 황산칼륨(K_2SO_4)을 1:4의 비율로 혼합하여 사용한다.

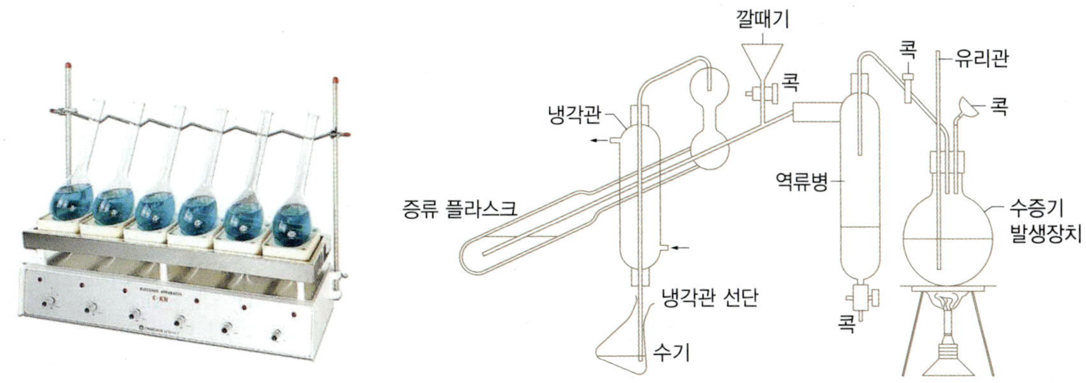

그림 14-12 • 세미마이크로킬달 분해 장치(왼쪽)와 증류 장치(오른쪽)
자료 : http://m.deayounglab.com(왼쪽)

④ 중화용 30% 수산화나트륨 용액 : 시약 1급의 NaOH 450 g을 증류수 1 L에 용해하여 냉각시킨 후 시약병에 옮겨 사용한다.

⑤ 부런스위크(Brunswik) 지시약 : 메틸레드 0.2 g과 메틸렌블루 0.1 g을 에탄올 300 mL에 녹여서 여과하고, 스포이드가 달린 갈색 유리병에 담아 사용한다(pH 5.0 이하에서 적자색, pH 4.5에서 무색, pH 5.6 이상에서 녹색을 나타냄).

⑥ 0.05 N 수산화나트륨 표준 용액, 0.05 N 황산 표준 용액, 진한 황산(c-H_2SO_4), 비등석, 뷰렛, 메스플라스크, 메스실린더, 피펫, 세척병 등

4) 실험 방법

(1) 시료의 분해

① 0.5~10 g의 시료를 정확하게 칭량하여 분해촉매제 1~2 g과 함께 250 mL 킬달플라스크에 넣는다(공시험용은 시료를 넣지 않고 이후 실험을 동일하게 진행한다). 이때 킬달플라스크의 긴 목에 시료가 묻지 않도록 질소를 함유하지 않은 종이에 싸서 넣는 것이 바람직하다.

② 진한 황산 20~30 mL를 킬달플라스크 내벽을 따라 천천히 넣고 내용물과 잘 혼합한다.

③ 킬달플라스크를 분해 장치에서 가열하여 탄화물이 보이지 않을 때까지 분해시키고 분해액이 청색~황록색이 되면 다시 1~2시간 더 가열하여 분해를 완료한다.

④ 분해액을 공기 중에서 서서히 냉각한 다음 250 mL 메스플라스크에 옮기고 소량의 증류수로 여러 번 세척하여 옮긴 다음 표선까지 증류수를 채워 섞은 후 사용한다.

(2) 증류

① 200 mL 삼각플라스크에 0.05 N 황산 표준 용액 10.0 mL를 정확히 취하고 브런스위크 지시약 2~3방울을 가하여 증류 장치에 연결한다. 이때 냉각관(D)의 끝부분(G)이 용액에 충분히 잠기도록 높이를 조정해야 한다.

② 분해액 20.0 mL를 깔때기 F를 통해 증류플라스크(C)에 넣는다.

③ 수증기 발생기(A)를 가열하여 수증기를 발생시킨다. 이때 콕 b를 열고, c는 닫은 상태에서 가열한다.

④ 깔때기 F를 통하여 30% 수산화나트륨 용액 25 mL을 가하고 콕 d를 닫는다.

⑤ 약 30~40분간 증류하여 증류액이 약 100 mL가 되면 수기 E를 약간 내려 냉각관 끝과 액면을 분리한 후 다시 1~2분간 증류를 계속한 다음 수기 E를 분리한다. 이때 냉각관 끝을 소량의 증류수로 씻어 수기에 더한다.

⑥ 같은 방법으로 시료를 넣지 않고 ①, ③~⑤ 과정을 진행하여 공시험(blank test)을 실시한다.

(3) 적정

① 0.05 N 수산화나트륨 표준 용액으로 공시험과 본시험을 통해 얻은 질소 포집액을 중화 적정한다.

② 이때 반응액의 색이 녹색으로 변하는 시점을 종말점으로 한다.

Tip **증류 장치의 세척 방법**

깨끗한 삼각플라스크에 증류수를 담아 수기 위치에 연결한 다음 1~2분 동안 수증기를 불어넣다가 콕 c를 열고, b를 닫아 수증기 공급을 차단하면 수기 속의 증류수가 역류되어 증류플라스크 C를 완전히 씻어 내고 물은 B에 모이게 된다. 이후 콕 a를 열어 세척액을 버린다. 이 조작을 2~3회 반복하면 증류플라스크 C를 완전히 씻을 수 있다.

5) 조단백질함량 계산

시료 중의 조단백질함량은 다음 식에 의해 계산한다.

$$질소함량(\%) = \frac{질소의\ 무게}{시료의\ 무게}$$

$$= \frac{0.7003 \times (V_1 - V_0) \times D \times 100}{S}$$

V_0: 공시험에서의 0.1 N 수산화나트륨 표준용액의 소비 mL수
V_1: 본시험에서의 0.1 N 수산화나트륨 표준용액의 소비 mL수, S: 시료 채취량(mg)
D: 희석배수(조제한 분해액 250 mL에서 20 mL만 사용하였으므로 D=12.5가 된다)
0.7003: 0.05 N 수산화나트륨 표준용액 1 mL에 상당하는 질소량(mg)

여기에서 얻은 질소량에 질소계수를 곱하여 조단백질의 양을 계산한다.

$$조단백질함량(\%) = 질소함량(\%) \times 질소계수$$

조단백질함량 계산 예

조단백질 정량 시험 결과 다음의 결과 값을 얻었을 때 시료 중의 조단백질함량을 계산해 보자.
(소수점 둘째 자리에서 반올림하여 첫째 자리까지 표기하시오.)

시료의 무게	2.2171 g
질소계수	5.83
공시험에 소비된 0.05 N NaOH의 mL 수	19.54 mL
본시험에 소비된 0.05 N NaOH의 mL 수	16.32 mL
0.05N NaOH의 역가	1.0172

$$조단백질함량(\%) = \frac{질소의\ 무게}{시료의\ 무게} \times 질소계수$$

$$= \frac{0.7003 \times (V_1 - V_0) \times D \times 100}{S} \times 질소계수$$

$$= \frac{0.7003 \times (19.54 - 16.32) \times 12.5 \times 100}{2217.1} \times 5.83$$

$$= 7.4\%$$

• 계산 과정에서 시료 채취량 항목에 2.2171이 아니라 2217.1이 사용된 이유는 무엇일까?

Tip **질소계수**

질소함량을 단백질함량으로 환산하는 질소계수는 식품 중의 단백질이 질소를 평균적으로 16% 함유하고 있다는 점을 이용하여 산출한 수치인 6.25(100/16)를 보통 사용한다. 그러나 단백질의 종류에 따라서 질소 함유량이 다르므로 해당 시료의 정확한 질소계수를 확인하여 사용하는 것이 바람직하다.

표 14-1 • 조단질을 산출하는 질소계수

식품명	질소계수
소맥분[중등질·경질·연질·수득률(100~94%)]	5.83
소맥분[중등질·수득률(93~83%) 또는 그 이하]	5.70
쌀	5.95
보리·호밀·귀리	5.83
메밀	6.31
국수·마카로니·스파게티	5.70
낙화생	5.46
콩 및 콩제품	5.71
밤·호도·깨	5.30
호박·수박 및 해바라기의 씨	5.40
원유·유가공품·마가린	6.38
식육, 식육가공품, 알가공품 및 위 이외의 모든 식품	6.25

자료 : 식품의약품안전처, 식품공전, 2020

13. 유기산의 정량

1) 실험 원리

유기산은 과일류, 채소류, 발효식품 등에 많이 함유되어 있는 유기화합물로서 식품의 맛이나 영양에 영향을 미치는 성분이다. 식품 중의 유기산함량은 일반적으로 시료 중 유기산의 총량을 나타낸 값이다. 유기산은 분자 중에 카복실기(-COOH)를 가지고 있는 화합물인데 수소 이온을 해리할 수 있는 수에 따라 일염기산, 이염기산, 삼염기산 등으로 분류한다. 예를 들면 초산(아세트산)과 젖산은 일염기산, 사과산과 호박산은 이염기산, 그리고 구연산(시트르산)은 삼염기산에 해당한다.

유기산 정량 과정에서 과즙, 주류, 식초 등의 액체 시료는 그대로 사용하고, 과일이나 된장 등의 고체 시료는 일정량을 취해서 적당한 부피가 되도록 물에 녹여 희석한 다음 필요하면 여과하여 사용한다. 이때 유기산함량은 수산화나트륨 용액으로 적정하여 얻은 산의 당량 값에 유기산 계수를 곱하여 산출하며 시료에 따라서 표시 방법이 다르다. 일반적으로 액체 시료는 시료 100 mL 중의 g수로 나타내고 고체 시료의 경우에는 100 g 중의 g수로 표시한다. 그리고 시료에 포함되어 있는 대표적인 산으로 환산하여 유기산함량을 표시하는 것이 일반적이다. 예를 들면 감귤류는 시트르산으로, 요구르트는 젖산으로, 그리고 식초는 아세트산으로 각각 표시한다.

2) 실험 재료

과즙(사과주스, 감귤주스 등) 또는 요구르트를 준비한다.

3) 실험 기구 및 시약

① 0.1 N 수산화나트륨 표준 용액

② 페놀프탈레인 지시약

③ 100 mL 메스플라스크

④ 뷰렛, 뷰렛스탠드, 깔때기, 삼각플라스크, 비커, 피펫

4) 실험 방법

(1) 시료 용액의 조제

① 액체 시료는 시료 10~20 g을 취하여 100 mL 메스플라스크에 넣고 표선까지 증류수를 채우고 혼합하여 사용한다.

② 고체 시료는 균일하게 분쇄한 시료 10~20 g을 비커에 넣고 소량의 증류수로 용해시킨 다음 100 mL 메스플라스크에 옮긴다. 이때 비커를 소량의 증류수로 여러 번 세척하여 모두 옮긴 다음 증류수를 가해 표선까지 채우고 혼합하여 사용한다.

(2) 유기산 정량

① 100 mL 삼각플라스크에 시료 용액 25.0 mL를 정확하게 취한다.

② 여기에 페놀프탈레인 지시약 몇 방울을 떨어뜨린 다음 0.1 N 수산화나트륨 표준 용액으로 적정한다.

③ 지시약의 색이 핑크색으로 변하는 지점(종말점)에서 적정을 마치고 첨가된 0.1 N 수산화나트륨 용액의 부피를 확인한다.

5) 유기산함량 계산

식품 시료 중의 유기산함량은 다음 식으로 계산할 수 있다.

$$\text{유기산함량(\%)} = \frac{\text{유기산 무게}}{\text{시료의 무게}} \times 100$$

$$= \frac{V \times f \times A \times D}{S} \times 100$$

S: 시료의 무게(g), V: 0.1 N 수산화나트륨 용액의 적정값(mL), f: 0.1 N 수산화나트륨 용액의 역가
A: 0.1 N 수산화나트륨 용액 1 mL에 상당하는 유기산의 계수(초산 0.0060, 젖산 0.0090, 구연산 0.0064), D: 희석 배수

유기산함량 계산 예

요구르트를 시료로 사용하여 유기산 정량 실험을 실시한 결과 다음의 결과 값을 얻었다. 결과 값을 이용하여 시료 중의 유기산함량을 계산해 보자.

시료의 무게	10.01 g
0.1 N 수산화나트륨 용액의 적정 값(mL)	1.05 mL
0.1 N 수산화나트륨 용액의 역가	1.001
표시되는 유기산 이름	젖산

$$\text{유기산함량(\%)} = \frac{\text{유기산 무게}}{\text{시료의 무게}} \times 100$$

$$= \frac{1.05 \times 1.001 \times 0.0090 \times 4}{10.01} \times 100$$

$$= 0.38\%$$

- 희석 배수 4는 어떻게 계산되었는지 생각해 보자.
- 0.0090은 어떻게 산출된 숫자인지 알아보자.

14. 식염의 정량

1) 실험 원리

식염 정량 방법은 식염(NaCl) 안에 함유되어 있는 염소 이온을 정량하여 식염의 함량을 확인하는 여러 가지 실험 방법들이 개발되어 있는데 그중에서 모어(Mohr)법이 가장 널리 사용되고 있다.

식염을 함유한 시료에 크롬산칼륨을 가하고 질산은을 조금씩 첨가하면 식염에서 해리되는 염소 이온은 은이온과 반응하여 백색의 염화은(AgCl) 침전물을 형성한다.

$$AgNO_3 + Cl^- \longrightarrow AgCl(s) + NO_3^-$$

용액에 함유된 염소 이온이 모두 침전되고 나면 이후 첨가된 은이온이 크롬산 이온과 반응하여 적갈색의 침전을 형성한다. 따라서 이 시점을 종말점으로 확인하면 시료 중의 염소 이온의 양을 정량할 수 있다.

이때 식염(NaCl)의 함량은 식염 중 염소 이온(Cl^-)의 양을 측정하고 이를 환산하여 산출해 낼 수 있다.

$$2AgNO_3 + K_2CrO_4 \longrightarrow Ag_2CrO_4 + 2KNO_3$$

2) 실험 재료

① 식염 약 1 g을 함유하는 양의 시료를 취하여 사용한다.

② 필요한 경우 끓는 수조에서 시료 중의 수분을 증발 건조하여 회화시킨 다음, 이를 증류수로 녹여 500 mL 메스플라스크로 옮긴 후 증류수를 가해 표선까지 채우고 혼합하여 사용한다.

3) 실험 기구 및 시약

① 0.02 N 질산은 용액 : 질산은($AgNO_3$) 3.5 g을 정확히 계량하여 증류수 1 L에 녹인 후 표준시약용 식염을 사용하여 표정한 후 사용한다. 표정 과정은 다음과 같다. 표준시약용 식염 약 12 mg을 정확히 칭량하여 삼각플라스크에 넣고 물 20 mL에

녹여 크롬산칼륨 지시약 1 mL를 가한 다음 조제한 질산은 용액으로 적정하고 종말점에서 첨가된 부피를 측정하여 역가를 계산한다.

② 크롬산 지시약 : 중크롬산칼륨(K_2CrO_4) 10 g을 100 mL 메스플라스크에 넣고 소량의 증류수로 녹인 다음 표선까지 증류수를 채워 섞은 후 혼합하여 사용한다.

③ 식염(NaCl 표준시약)

④ 뷰렛, 뷰렛스탠드, 깔때기, 메스플라스크(100 mL), 삼각플라스크, 여과지, 비커, 피펫

4) 실험 방법

① 삼각플라스크에 정용한 시료 10.0 mL를 정확하게 취한다.

② 여기에 크롬산칼륨 지시약 2~3방울을 떨어뜨린 다음 0.02 N 질산은 용액으로 적정한다.

③ 용액의 색이 적갈색으로 변하는 지점(종말점)에서 적정을 마치고 첨가된 0.02 N 질산은 용액의 부피를 확인한다.

그림 14-13 • 적정 전(왼쪽)과 적정 종말점(오른쪽)에서의 시료

5) 식염함량 계산

식품시료 중의 식염함량은 다음 식으로 계산할 수 있다.

$$\text{식염함량(\%)} = \frac{\text{식염의 무게}}{\text{시료의 무게}} \times 100$$

$$= \frac{V \times f \times 5.85}{S}$$

S: 시료의 무게(g), V: 적정에 소비된 0.02 N 질산은 용액의 양(mL), f: 0.02 N 질산은 용액의 역가

식염함량 계산 예

간장 시료의 식염함량을 측정한 결과 다음의 결과 값을 얻었을 때 시료 중의 식염함량을 계산해 보자(소수점 둘째 자리까지 계산하고 첫째 자리까지 답한다).

시료의 무게	5.0153 g
적정에 소비된 0.02 N 질산은 용액의 양(mL)	16.3 mL
0.02 N 질산은 용액의 역가	0.9879

$$\text{식염함량(\%)} = \frac{\text{식염의 무게}}{\text{시료의 무게}} \times 100$$

$$= \frac{16.3 \times 0.9879 \times 5.85}{5.0153}$$

$$= 18.8\%$$

- 5.85는 어디에서 유래되었을까?

  0.02 N 질산은 용액 1 mL에 해당하는 식염함량(0.02 × 0.0585)에 희석배수 50과 백분율 계수 100을 곱하여 산출된 수치이다.

참고문헌

강일준 외 17인. **식품화학 길라잡이**(증보판). 라이프사이언스 (2017)

김건희·강일준·윤기선·황은선·정윤화·김묘정·한정아. **재미있는 식품화학**. 수학사 (2018)

노봉수·장판식·백형희·김석중·이광근·유상호·이재환·이기원·최승준·변상균. **식품화학**(4판). 수학사 (2020)

손기남 외. **유기화학**. 창문각 (2004)

심우만 외. **일반화학**. 문운당 (2015)

이수정 외. **식품학**. 파워북 (2019)

이숙영 외. **식품화학**. 파워북 (2017)

정현정·권기한·김기명·김지상·신의철·오희경·윤경영·이제혁. **기초가 탄탄한 식품화학**. 수학사 (2015)

화학교재연구회 옮김. **대학화학의 기초**(15판). 자유아카데미 (2017)

황인경·김정원·변진원·한진숙·김수희·박찬경·강희진. **스마트 식품학**. 수학사 (2018)

변유량. 신분리공정의 식품공업에의 응용. **식품과학과 산업**. 20(2): 4-10 (1987)

보건복지부. **2020 한국인 영양소 섭취기준** (2020)

식품의약품안전처. **식품공전** (2021)

Andreas Dunkel, Martin Steinhaus, Matthias Kotthoff, Bettina Nowak, Dietmar Krautwurst, Peter Schieberle, and Thomas Hofmann. Nature's Chemical Signatures in Human Olfaction: A Foodborne Perspective for Future Biotechnology. *Angewandte Chemie*. 53, 2-22 (2014)

Ann-Charlotte Eliasson. *Starch in Food: Structure, Function and Applications*, 1st Ed. Woodhead Publishing (Cambridge, UK) (2004)

Ban Choongjin and Young Jin Choi. Innovative Techniques and Trends in Freezing Technology of Bakery Products. *Food Science and Industry*. 45(4): 9-15 (2012)

Barry John JA et al. Supercritical Carbon Dioxide: Putting the Fizz into Biomaterials. *Philosophical Transactions of the Royal Society A: Mathematical, Physical and Engineering Sciences*. 364(1838): 249-261 (2006)

Choi Eun Ji et al. Effect of Supercooling on the Storage Stability of Rapidly Frozen-Thawed Pork Loins. *Korean Journal of Food Preservation*. 24(2): 168-180 (2017)

Choi Jin-Young and Bong-Soo Noh. Determination of Shelf-Life of Foods. *Food Science and Industry*. 42(1): 71-79 (2009)

Damodaran, S. Parkin, K.L. *Fennema's Food Chemistry*, 5th Ed. CRC Press (2017)

David L. Nelson, Michael M. Cox. *Lehninger principles of biochemistry*, 7th Ed. W.H. Freeman (New York, NY) (2017)

Finkle Philip, Hal D. Draper, and Joel H. Hildebrand. The Theory of Emulsification1. *Journal of the American Chemical Society*. 45(12): 2780-2788 (1923)

Frankel, E.N. *Lipid Oxidation*, 2nd Ed. Woodhead Publishing (2012)

Gordon M. Wardlaw. *Perspectives in Nutrition*, 7th Ed. McGraw Hill (New York, NY) (2006)

H.-D. Belitz, Werner Grosch, Peter Schieberle. *Food Chemistry*. Springer (2009)

Hiemenz, Paul C. and Raj Rajagopalan. *Principles of Colloid and Surface Chemistry*. Revised and Expanded. CRC press (2016)

James N. BeMiller, Roy L. Whistler. *Starch: Chemistry and Technology*, 3rd Ed. Academic Press (Cambridge, MA, USA) (2009)

Jan Velíšek. *The Chemistry of Food*. Wiley Blackwell (2013)

Jeremy M. Berg, John L. Tymoczko, Lubert Stryer. *Biochemistry*, 6th Ed. W.H. Freeman (New York, NY) (2006)

John M. deMan, John W. Finley, et al. *Principles of Food Chemistry*, 4th Ed. Springer (Berlin, Germany) (2018)

Keith N. Frayn. *Metabolic Regulation: A Human Perspective*, 2nd Ed. John Wiley & Sons (Hoboken, NJ, USA) (2003)

Kumiko Ninomiya. Umami: a universal taste. *Food Reviews International*. 18:1, 23-38 (2002)

Lee Cherl-Ho and Sang-Hee Park. Studies on the Texture Describing Terms of Korean. *Korean Journal of Food Science and Technology*. 14(1): 21-29 (1982)

LeeGong Ju-Bok. 브라운운동과 원자론. *The Science & Technology* 1: 68-71 (2005)

Lewicki Piotr P. The Applicability of the GAB Model to Food Water Sorption Isotherms. *International Journal of Food Science & Technology*. 32(6): 553-557 (1997)

Lucía Oscar, Pascal Maussion, Enrique J. Dede, and José M. Burdío. Induction Heating Technology and its Applications: Past Developments, Current Technology, and Future Challenges. *IEEE Transactions on Industrial Electronics.* 61(5): 2509–2520 (2013)

M. Victoria Martinez and John R. Whitaker. The biochemistry and control of enzymatic browning. *Trends in Food Science & Technology.* 6:6, 195–200 (1995)

Małgorzata Grembecka. Sugar alcohols–their role in the modern world of sweeteners: a review. *European Food Research and Technology.* Volume 241, 1–14 (2015)

Malika Auvray and Charles Spence. The multisensory perception of flavor. *Consciousness and Cognition.* 17:3, 1016–1031 (2008)

McKenna B.M. and J.G. Lyng. Introduction to Food Rheology and its Measurement. *Texture in food.* 1: 130–160 (2003)

Mooney R.W., A.G. Keenan, and L.A. Wood. Adsorption of Water Vapor by Montmorillonite. I. Heat of Desorption and Application of BET Theory1. *Journal of the American Chemical Society.* 74(6): 1367–1371 (1952)

Nahid Tamanna and Niaz Mahmood. Food Processing and Maillard Reaction Products: Effect on Human Health and Nutrition. *International Journal of Food Science.* Article ID 526762 (2015)

Nirupa Chaudhari and Stephen D. Roper. The cell biology of taste. *The Journal of Cell Biology.* 190(3): 285–296 (2010)

Persson P.O. and G. Londahl. *Frozen food technology.* Springer (1993)

Rao M.A. Phase Transitions, Food Texture and Structure. *Texture in food.* 1: 36–62 (2003).

Roy L. Whistler, James N. BeMiller. *Carbohydrate Chemistry for Food Scientists*, 2nd Ed. American Assn. of Cereal Chemists/Eagan Press (St. Paul, MN, USA) (2007)

Srinivasan Damodaran, Kirk L. Parkin, Owen R. Fennema. *Fennema's Food Chemistry*, 4th Ed. CRC Press (Boca Raton, FL, USA) (2007)

Troller, John. *Water Activity and Food.* Elsevier (2012)

Vickie A. Vaclavik, Elizabeth W. Christian, Tad Campbell. *Essentials of Food Science*, 5th Ed. Springer (Berlin, Germany) (2020)

Wenli Wang, Xirui Zhou and Yuan Liu. Characterization and evaluation of umami taste: A review. *Trends in Analytical Chemistry.* Volume 127, Article ID 115876 (2020)

https://www.qmul.ac.uk/sbcs/iubmb

https://enzyme.expasy.org

찾아보기

ㅅ

ㅇ

ㅈ

저자 소개

이호재 서울대학교 식품공학과 박사
현재 동의과학대학교 호텔조리영양학부 교수

김상오 서울대학교 식품생명공학전공 박사
현재 상명대학교 식물식품공학과 교수

노재필 세종대학교 식품공학과 박사
현재 신구대학교 식품영양학과 교수

신승호 미네소타대학교 생물정보학전공 박사
현재 경상국립대학교 식품영양학과 교수

이병호 퍼듀대학교 식품과학과 박사
현재 가천대학교 식품생명공학과 교수

이혜영 캘리포니아대학교 데이비스 식품과학과 박사
현재 동의대학교 식품공학전공 교수

이희섭 서울대학교 식품공학과 박사
현재 부산대학교 식품영양학과 교수

스마트 식품화학

2021년 8월 25일 초판 인쇄
2021년 8월 30일 초판 발행

지은이 이호재 · 김상오 · 노재필 · 신승호
이병호 · 이혜영 · 이희섭
발행인 이 영 호
발행처 **수 학 사**
10881 경기도 파주시 회동길 56 기한재 1층
출판등록 1953년 7월 23일 제2020-000143호
전화번호 031) 946-4642(代) 팩스 031) 944-1457
http://www.soohaksa.co.kr
디자인 북큐브

정가 24,000원

ISBN 978-89-7140-737-0 93590